黑龙江省精品图书出版工程

陶瓷半导体材料中的热敏陶瓷研究

冷森林　著

哈尔滨工业大学出版社

内 容 简 介

本书以陶瓷半导体材料中的热敏陶瓷为研究对象,共分为七章,第一章对陶瓷半导体与热敏陶瓷进行概述;第二章简述热敏陶瓷材料的制备与分析,包括 $BaTiO_3$ 基热敏陶瓷材料的制备和高温 NTC 下热敏陶瓷材料分析;第三章对热敏陶瓷的性能进行探索,从 NTC 热敏陶瓷的性能研究、复合 BN 与成型压力对 PTC 热敏陶瓷性能的影响以及基于飞机电热防冰的热敏陶瓷性能改进三方面进行阐述;第四章简要介绍 $Sr_2Bi_2O_5$ 掺杂 $BaTiO_3$ 基无铅热敏陶瓷研究;第五章和第六章分别对 NTC 与 PTC 热敏陶瓷的结构与导电机理进行探究;第七章介绍热敏陶瓷的其他研究,以叠层片式 PTC 热敏陶瓷与基体研究进展和工艺条件对热敏陶瓷喷雾造粒影响研究为例进行论述。

本书适合各大高校材料学专业教师和学生阅读使用,也是半导体行业从业人员提升自身理论和技术水平的重要读物。

图书在版编目(CIP)数据

陶瓷半导体材料中的热敏陶瓷研究/冷森林著. —
哈尔滨:哈尔滨工业大学出版社,2018.12
ISBN 978 - 7 - 5603 - 7677 - 6

Ⅰ.①陶…　Ⅱ.①冷…　Ⅲ.①热敏陶瓷一研究　Ⅳ.①TM283

中国版本图书馆 CIP 数据核字(2018)第 211224 号

责任编辑　杨秀华　李青晏
出版发行　哈尔滨工业大学出版社
社　　址　哈尔滨市南岗区复华四道街 10 号　邮编 150006
传　　真　0451 - 86414749
网　　址　http://hitpress. hit. edu. cn
印　　刷　哈尔滨圣铂印刷有限公司
开　　本　787mm×1092mm　1/16　印张 11.25　字数 285 千字
版　　次　2018 年 12 月第 1 版　2018 年 12 月第 1 次印刷
书　　号　ISBN 978 - 7 - 5603 - 7677 - 6
定　　价　45.00 元

前　　言

高放射性、高毒性类的工作危害身体健康,这时就需要有一种设备来代替人完成工作,这对设备的自动化有非常高的要求,传感器件作为其基础是必不可少的。为得到高品质的传感器件,热敏陶瓷应运而生,其凭借对温度敏感的特性成为日常生活中各种设备的必要组成部分,其中以 NTC、PTC 热敏陶瓷最为突出。

本书以陶瓷半导体材料中的热敏陶瓷为研究对象,共分为七章,其简要内容介绍如下:第一章对陶瓷半导体与热敏陶瓷进行概述;第二章简述热敏陶瓷材料的制备与分析,包括 $BaTiO_3$ 基热敏陶瓷材料的制备和高温 NTC 下热敏陶瓷材料分析;第三章对热敏陶瓷的性能探索,从 NTC 热敏陶瓷的性能研究、复合 BN 与成型压力对 PTC 热敏陶瓷性能的影响以及基于飞机电热防冰的热敏陶瓷性能改进三方面进行阐述;第四章简要介绍 $Sr_2Bi_2O_5$ 掺杂 $BaTiO_3$ 基无铅热敏陶瓷研究;第五章和第六章分别对 NTC 与 PTC 热敏陶瓷的结构与导电机理进行探究;第七章介绍热敏陶瓷的其他研究,以叠层片式 PTC 热敏陶瓷与基体研究进展和工艺条件对热敏陶瓷喷雾造粒影响的研究为例进行论述。

热敏陶瓷材料以其熔点高、抗氧化、性能稳定等特点,广泛应用于传感技术等领域,伴随着工艺的不断改良,热敏陶瓷将会有更大的应用市场。

本书在撰写过程中,借鉴了国内外相关学者的研究成果,在此表示感谢。

由于作者水平有限,书中疏漏之处在所难免,敬请广大读者予以批评指正。

作　者
2018 年 10 月

目　　录

第一章 陶瓷半导体与热敏陶瓷

第一节 陶瓷半导体概述

陶瓷中有很多半导体,如负温度系数非线性电阻(NTC非线性电阻)随温度上升而电阻降低,具有一般的半导体特性。铁系金属的氧化物陶瓷,因为具有化学稳定性和热稳定性,所以可以用于非线性电阻元件,可以在很宽的范围内控制温度。与此相反,称为正温度系数热敏电阻(PTC热敏电阻)的元件,用的是半导体化的$BaTiO_3$陶瓷,这种陶瓷在相变温度下电阻急剧增大,如果作为电阻加热元件而应用,则可以在相变温度附近自动控温。

陶瓷半导体是指具有半导体特性,电导率为$10^{-6} \sim 10^5$ S/m的陶瓷。半导体陶瓷的电导率因外界条件(光照、电场、气氛和温度等)的变化而发生显著变化,所以可以将外界环境的物理量变化转变为电信号,制成各种用途的敏感元件。

陶瓷半导体生产工艺的共同特点是必须经过半导化过程。半导化过程可以掺杂不等价离子取代部分主晶相离子(例如,$BaTiO_3$中的Ba被La取代),使晶格产生缺陷,形成施主或受主能级,以得到n型或p型的半导体陶瓷。另一种方法是控制烧成气氛、烧结温度和冷却过程。例如氧化气氛可以造成氧过剩,还原气氛可以造成氧不足,这样可以使化合物的组成偏离化学计量而达到半导化。陶瓷半导体敏感材料的生产工艺简单、成本低廉、体积小、用途广泛。

一、压敏陶瓷

压敏陶瓷是指电阻值随着外界电压变化有显著的非线性变化的半导体陶瓷,具有非线性伏安特性。在某一临界电压下,压敏陶瓷的电阻值非常高,几乎没有电流,但是当超过这一临界电压时,电阻将急剧变化,并有电流通过,随着电压的少许增加,电流会很快增大。

1. 背景

自20世纪70年代日本首先使用ZnO无间隙避雷器取代传统的SiC串联间隙避雷器以来,国内外都相继开展这方面的研究,但氧化锌压敏陶瓷在高压领域的应用还存在局限性。如生产高压避雷器,则需要大量的ZnO压敏电阻阀片叠加,不仅加大了产品的外形尺寸,而且高压避雷器要求较低的残压比也极难实现,为此必须研究开发新的高性能高压压敏陶瓷材料。过去SnO_2主要用作气敏材料,未见用于高性能压敏材料的研究,山东省硅酸盐研究设计院研究人员经过反复研究开发出性能优异的新一代压敏陶瓷材料以满足国内外市场的要求。

2. 相关研究

用化学级原料制备的性能优异的SnO_2压敏陶瓷,具有优异的非线性电流—电压特性,其性能高于目前国内外市场上流行的ZnO压敏材料。

(1) 抗菌杀菌压敏陶瓷(特种涂料)。

产品外观为白色超微细粉末或微乳液,颗粒小,比表面积大,分散稳定性好,经过特殊处理后,按不同的适用范围,添加到化纤、塑料、油漆、涂料、玻璃等产品中,赋予其新的功能。应用于化纤及玻璃制品中,不仅可以全面抵御 UVA 和 UVB 对人体皮肤的伤害,而且还能反射可见光和红外线,具有遮热功能;应用于塑料、油漆、涂料等制品中,抗老化性、耐候性强,同时可以增强涂料、油漆与基体表面的结合强度,耐洗刷性强,保持制品色泽鲜艳、持久,延长使用寿命。

(2) 氧化锌压敏陶瓷。

ZnO 压敏陶瓷是一种半导体陶瓷材料,用它制作的压敏电阻器具有优异的 $I-V$ 非线性特性,目前已经广泛应用于电子仪器和电力装置领域中对异常电压的控制,作为浪涌吸收能量等方面的保护元件。

二、热敏陶瓷

热敏陶瓷是指电阻率明显随温度变化的一类功能陶瓷。在工作温度范围内,零功率电阻随温度变化而变化的陶瓷材料,主要用于制作热敏电阻器、温度传感器、加热器以及限流元件等。

三、光敏陶瓷

光敏陶瓷主要是半导体陶瓷,其导电机理分为本征光导和杂质光导。对本征半导体陶瓷材料,当入射光子能量大于或等于禁带宽度时,价带顶的电子跃迁至导带,而在价带产生空穴,这一电子空穴对即附加电导的载流子,使材料阻值下降;对杂质半导体陶瓷材料,当杂质原子未全部电离时,光照能使未电离的杂质原子激发出电子或空穴,产生附加电导,从而使材料阻值下降。不同波长的光子具有不同的能量,因此,一定的陶瓷材料只对应一定的光谱产生光导效应,所以有紫外($0.1 \sim 0.4~\mu m$)、可见光($0.4 \sim 0.76~\mu m$)和红外($0.76 \sim 3~\mu m$)光敏陶瓷。

CdS 是制作可见光光敏电阻器的陶瓷材料,纯 CdS 的禁带宽度为 $2.4~eV$,相当于绿光波长范围。制作时,掺入 Cl 取代 S,可以烧结成多晶 n 型半导体;掺入 Cu 及 Ag、Au 的一价离子,使其起敏化中心的作用,可以提高陶瓷的灵敏度。纯 CdS 的灵敏度峰值波长为 520 nm,纯 CdSe 的灵敏度峰值波长为 720 nm。将 CdS 与 CdSe 按一定配比烧结形成不同比例的固溶体,可以制得峰值波长在 $520 \sim 720$ nm 连续变化的光敏陶瓷。ZnS、PbS、InSb 等是制作紫外及红外光敏电阻器常用的陶瓷材料。

四、气敏陶瓷

气敏陶瓷,也称为气敏半导体,是用于吸收某种气体后电阻率发生变化的一种功能陶瓷。它是用二氧化锡等材料经压制烧结而成的,对许多气体反应十分灵敏,可以用于气敏检漏仪等装置进行自动报警。在生活中,它的应用越来越多,可以保障人们的生命财产安全。

在地球的表层,埋藏着大量的煤炭资源,煤矿工人夜以继日地在井下作业,地下的"乌金"被源源不断地送往电厂、钢厂及千家万户,给人类送来光明和温暖。但是,在煤矿的矿井中有一种危害矿工生命的气体 —— 瓦斯,它不仅会令人窒息,而且一旦爆炸,后果不堪设想。在寒冷的冬天,居民用煤炭取暖,稍不注意会造成煤气中毒。在许多城市中做饭烧水都用的是煤气,这种煤气主要是由一氧化碳和氢气组成的,煤气给人们的生活带来了方便,但是这种有毒、易燃、易爆气体一旦泄漏也会造成巨大的危害。为此,科技工作者研制出了专门预报这些有毒、易燃、易爆气体的"电鼻子"。这种"电鼻子"学名称为气敏检漏仪。它的"鼻子"是一块"气敏陶瓷",也称为气敏半导体。它的表面和内部吸附着氧分子,当遇到易燃、易爆的还原性气体时,这些气体就会与其吸附的氧结合,从而引起陶瓷电阻的变化,在这种情况下,气敏检漏仪就会自动报警,这种"电鼻子"对许多气体反应十分灵敏。有了这种"电鼻子",矿井、工厂和家庭再也不会为这些还原性有害气体而提心吊胆了。因为只要空气中还原性气体超标,指示灯就会闪亮,报警器就会鸣响,人们就可以采取通风、检漏、堵漏等措施,这样就会化险为夷,生命财产得到了保障。

1.产品由来

人们在研制实验各种陶瓷时,发现半导体陶瓷作为气敏材料的灵敏度非常高,如薄膜状氧化锌气敏材料可以检测氢气、氧气、乙烯和丙烯气体;以铂做催化剂时可以检测乙烷和丙烷等烷烃类可燃性气体;氧化锡气敏材料可以检测甲烷、乙烷等可燃性气体;氧化铱系材料是测氧分压最常用的敏感材料。

此外,氧化铁、氧化钨、氧化铝等氧化物都有一定的气敏特性,它们有选择地吸附气体,使半导体的表面能态发生改变,从而引起电导率的变化,以此确定某种未知气体及其浓度。目前探测诸如一氧化碳、酒精、煤气、苯、丙烷、氢、二氧化硫等气体的气敏陶瓷已经获得了成功。

半导体陶瓷气敏材料在工业上有极为广阔的应用前景,如对煤矿开采中的瓦斯进行检测与控制,对煤气输送和化工生产中管道气体泄漏进行监测等。

2.主要分类

气敏陶瓷通常分为半导体式和固体电解质式两大类。

按制造方法分类气敏陶瓷可分为烧结型、厚膜型和薄膜型。

按材料成分分类气敏陶瓷可分为金属氧化物系列和复合氧化物系列。

3.基本原理

半导体气敏陶瓷的导电机理主要有能级生成理论和接触粒界势垒理论。按能级生成理论,当 SnO_2、ZnO 等 n 型半导体陶瓷表面吸附还原性气体时,气体将电子给予半导体,并以正电荷与半导体相吸,而进入 n 型半导体内的电子又束缚少数载流子空穴,使空穴与电子的复合率降低,增大电子形成电流的能力,使陶瓷电阻值下降;当 n 型半导体陶瓷表面吸附氧化性气体时,气体将其空穴给予半导体,并以负离子形式与半导体相吸,而进入 n 型半导体内的空穴使半导体内的电子数减少,因而陶瓷电阻值增大。接触粒界势垒理论则依据多晶半导体能带模型,在多晶界面存在势垒,当界面存在氧化性气体时势垒增加,存在还原性气体时势垒降低,从而导致阻值变化。

常用的气敏陶瓷材料有 SnO_2、ZnO 和 ZrO_2。SnO_2 气敏陶瓷的特点是灵敏度高,且出现最高灵敏度的温度 T_m 较低(约 300 ℃),最适于检测微量浓度气体,对气体的检测是可逆的,吸附、解析时间短。ZnO 气敏陶瓷的气体选择性强。ZrO_2 系氧气敏感陶瓷是一种固体电解质陶瓷的快离子导体,因为 ZrO_2 固体中含有大量氧离子晶格空位,所以氧离子导电。

4.发展方向

从现在的水平来看,半导体气敏陶瓷元件的灵敏度高,利于实现快速、连续及自动测量,结构及工艺简单、方便、价廉;缺点是稳定性、互换性不好,对不同气体分辨力差,在低温、常温条件下的工作问题还有待进一步解决,不易实现定量检测等。要解决现存问题需要从以下几个方面着手:① 积极开展有关气敏半导体陶瓷材料基础理论的研究,必须进一步深入开展对上述各项的研究,才能从新的理论基础上探讨解决气敏半导体陶瓷材料的各种性能问题。② 提高材料的性能,积极寻找新材料。目前,氧化锡系、氧化锌系、氧化铁系等气敏半导体陶瓷材料已经实用化,但性能还有待进一步提高。③ 积极开展多功能化、微型化、集成化气敏半导体陶瓷元件的研制开发,气敏半导体陶瓷元件的发展方向将是短、小、轻、薄型化。

五、湿敏陶瓷

湿敏陶瓷是电阻随环境湿度而变化的一类功能陶瓷。与高分子湿敏材料相比,其测湿范围宽、工作温度高(可以达到 800 ℃)。

湿敏陶瓷通常按湿敏特性分为负特性湿敏陶瓷和正特性湿敏陶瓷。前者随湿度增加电阻率减小;后者随湿度增加电阻率增加。此外,按应用又分为高湿型、低湿型和全湿型 3 种,分别适用于相对湿度大于 70%、小于 40% 和等于 0 ～ 100% 的湿度区。常用的湿敏陶瓷有 $MgCr_2O_4 - TiO_2$ 系、$TiO_2 - V_2O_5$ 系、$ZnO - Li_2O - V_2O_5$ 系、$ZrCr_2O_4$ 系和 $ZrO_2 - MgO$ 系,其结构多属于尖晶石型、钙钛矿型。

湿敏陶瓷的湿敏机理还没有定论,在对 $MgCr_2O_4 - TiO_2$ 系等尖晶石型湿敏陶瓷的研究中,曾经提出离子导电理论,即陶瓷中变价离子与水作用,离解出 H^+,导致材料阻值下降;随后又提出电子导电理论,即半导体表面吸附水后,表面形成新的施主态(或受主态),改变了原来的本征表面态密度,表面载流子增加,材料阻值下降。但经过部分实验,又有如下的综合导电理论,即低湿下以电子导电为主,高湿下以离子导电为主。

气敏陶瓷与湿敏陶瓷的区别如下:

气敏陶瓷是基于元件表面的气体吸附和随之产生的元件导电率的变化而设计。当吸附还原性气体时,此还原性气体就把其电子给予半导体,而以正电荷与半导体相吸附着,进入到 n 型半导体内的电子,束缚少数载流子空穴,使空穴与电子的复合率降低。这实际上是加强了自由电子形成电流的能力,因而元件的电阻值减小。与此相反,若 n 型半导体元件吸附氧化性气体,气体将以负离子形式吸附着,而将其空穴给予半导体,结果是使导电电子数目减少,而使元件电阻值增加。

湿敏陶瓷是当气敏陶瓷界处吸附水分子时,由于水分子是一种强极性分子,其分子结构不对称,在氢原子一侧必然具有很强的正电场,因此表面吸附的水分子可能从半导体表面吸附的 O_2 分子或 O^{2-} 中吸取电子,甚至从满带中直接俘获电子。这将引起晶粒表面电子能态变化,从而导致晶粒表面电阻和整个元件的电阻变化。

第二节　　热敏陶瓷综述

一、热敏陶瓷

热敏陶瓷又称为热敏电阻陶瓷,是指电导率随温度呈明显变化的陶瓷。主要用于温度补偿、温度测量、温度控制、火灾探测、过热保护和彩色电视机消磁等方面。

（一）分类

热敏陶瓷按阻温特性分为：① 负温度系数（NTC）热敏电阻，如一些过渡金属（如锰、铁、钴、镍等）的氧化物半导体陶瓷，特点是随着温度升高，电阻呈指数减小。② 正温度系数（PTC）热敏电阻，如掺杂钛酸钡的半导体陶瓷，特点是随着温度升高电阻增大，并在居里点有剧变。③ 剧变型（CTR）热敏电阻，如氧化钒及其掺杂半导体陶瓷，具有负温系数，并在某一温度，电阻产生急剧变化，变化值可以达到 $3 \sim 4$ 个数量级。不同类型的热敏陶瓷性能参数不同。

正温度系数热敏陶瓷的电阻率随温度升高呈指数关系增加。这种特性由陶瓷组织中晶粒和晶界的电性能决定，只有晶粒充分半导体化、晶界具有适当绝缘性的陶瓷才具有这种特性。常用的正温度系数热敏陶瓷是掺入施主杂质，在还原气氛中烧结的半导体化 $BaTiO_3$ 陶瓷，主要用于制作开关型和缓变型热敏陶瓷电阻、电流限制器等。

负温度系数热敏陶瓷的电阻率随温度升高呈指数关系减小。这种陶瓷大多是具有尖晶石结构的过渡金属氧化物固溶体，即多数含有一种或多种过渡金属（如 Mn、Cu、Ni、Fe 等）的氧化物，化学通式为 AB_2O_4，其导电机理因组成、结构和半导体化的方式不同而异，负温度系数热敏陶瓷主要用于温度测量和温度补偿。

还有电阻率随温度升高呈线性变化的热敏陶瓷，以及电阻率在某一临界温度发生突变的热敏陶瓷，后者用于制造开关器件，所以称为开关热敏陶瓷。

（二）热敏陶瓷基本特性及原理

1. 热敏陶瓷特性

（1）电阻－温度特性。

电阻－温度特性指的是在规定电压下，热敏电阻器的零功率电阻值与电阻本体温度之间的关系。

（2）伏安特性。

伏安特性是指热敏电阻器两端的电压和通过它的电流在热敏电阻器的周围介质热平衡时的关系。NTC 热敏电阻伏安关系：$U_T = IR_0 \exp B_N (1/T - 1/T_N)$，那么对于 NTC 热敏电阻有以下结论：① 热敏电阻伏安特性峰值 $I_m = R_0 \exp(-T_m/T)$。② 热敏电阻伏安特性峰值随 R_0 的增加而增加。③ 在相同的电流 I 处，如环境温度 T_0 增加，则热敏电阻温度升高，R_T 下降，P 和端电压 U_T 也下降，使伏安曲线向下移。④ 当耗散系数 H 增加时，U_m 和 I_m 也相应增加。⑤ 当环境温度 T_0、耗散系数 H、室温电阻 R_0 不变，B_N 增加时，伏安特性的峰值向电压低的方向及电流小的方向移动，下降的斜度增加。

PTC 热敏电阻的伏安特性，由于通过热敏电阻器的电流很小，因此耗散功率引起的温度可以忽略不计。当耗散功率增加，阻体温度超过环境温度，引起电阻增大，曲线开始弯曲，当电压增加至 U_m 时，存在一个电流最大值 I_m。电压继续增加，由升温引起电阻值的增加超过电压的增加速度，因此电流反而减小，曲线斜率由正变负。

（3）时间常数 τ。

热敏电阻产生初始温度差 63.2% 的温度变化所需要的时间，即热响应时间常数。

（4）耗散系数 H。

耗散系数 H 表示热敏电阻温度升高 1 ℃ 所消耗的功率，描述了热敏电阻工作时与外界环境进行热交换的大小。

2.热敏电阻效应原理

（1）热敏电阻 PTC 效应原理。

在低于 T_c 的温度区间，热敏电阻为铁电相，存在自发极化，晶界区的电荷势垒被自发极化的电荷分量部分抵消，从而形成低阻通道，使得低温区的电阻较低。在 T_c 以上的温度范围内，铁电相转变为顺电相，当两个晶轴取向不同的晶粒接触后，在晶界区有空间电荷，形成势垒，即对电子电导构成电阻。介电常数 ε 急剧下降，则势垒急剧增高，使电阻激增，形成 PTC 效应。

PTC 效应在晶界区形成，由三种现象汇合而成：可形成半导性；有铁电相；能形成界面受主态。显然，影响上述三个因素中的任何（包括组成和制造工艺）一个，都会影响 PTC 性能，这使得 PTC 陶瓷制备工艺比其他介质陶瓷组成工艺敏感性更高。

（2）热敏电阻 PTC 的工作原理。

PTC 热敏电阻（正温度系数热敏电阻）是一种具有温度敏感性的半导体电阻，超过一定的温度（居里温度）时，它的电阻值随着温度的升高几乎是呈阶跃式增大。PTC 热敏电阻本体温度的变化可以由流过 PTC 热敏电阻的电流获得，也可以由外界输入热量或者这二者的叠加获得。陶瓷材料通常用作高电阻的优良绝缘体，而陶瓷 PTC 热敏电阻是以 $BaTiO_3$、$SrTiO_3$ 或 $PbTiO_3$ 为主要成分的烧结体，其中掺入微量的 Nb、Ta、Bi、Sb、Y、La 等氧化物进行原子价控制而使其半导化，具有较低的电阻及半导特性，通过有目的地掺杂一种化学价较高的材料作为晶体的点阵来达到的，在晶格中钡离子或钛酸盐离子的一部分被较高价的离子所替代，因而得到了一定数量产生导电性的自由电子。

采用一般陶瓷工艺成型、高温烧结而使钛酸钡等及其固溶体半导化，从而得到正特性的 PTC 热敏电阻材料，其温度系数及居里温度随组分及烧结条件（尤其是冷却温度）不同而变化。

（3）NTC 热敏电阻材料工作原理。

所谓 NTC 热敏电阻器就是负温度系数热敏电阻器。它是以锰、钴、镍和铜等金属氧化物为主要材料，采用陶瓷工艺制造而成的。这些金属氧化物材料都具有半导体性质，因为在导电方式上完全类似锗、硅等半导体材料，温度低时，这些氧化物材料的载流子（电子和空穴）数目少，所以其电阻值较高；随着温度的升高，载流子数目增加，所以电阻值降低。

二、热敏陶瓷的发展前景

NTC 热敏电阻器在温度控制、温度补偿中的应用十分广泛，其市场有超过 PTC 热敏电阻的趋势，正向着高稳定、高精度、宽温区使用的方向发展。目前，热敏电阻仍然存在的缺点是在常温下阻值较高，这也是对热敏陶瓷研究的一个重要方面。

无铅化一直是高温 PTC 的发展要求和趋势，目前国内外也有一些可喜的进展。随着信息、汽车、家电等产业的不断发展，热敏陶瓷器件正朝着超低阻、高耐压、高可靠、高精度、大功率、片式化发展，主要包括汽车直流电机等低压电器过载保护用超低阻 PTC 热敏电阻器、通信及网络系统用高抗电强度 PTC 热敏电阻器、低电阻大电流消磁用热敏电阻器等，但是以上这些新型热敏电阻技术含量高，性能指标严格，生产难度大。现代通信和数字化技术呼唤片式热敏电阻，移动通信技术的发展和数字化趋势对电子设备提出了小型化、轻量化、薄型化、数字化和多功能化以及生产过程中自动化的要求，电子元件的开发和生产必须向小型化、片式化和编带化发展。为适应通信及数字化的发展,片式化热敏电阻近年来受到高度重视,并将得以快速发展。

三、结论

热敏陶瓷的发展是迅速的,从最开始单一的制备方法到现在多种方法共同使用,在实践中找到更适合生产制备的条件以及使热敏电阻性质更加优良的精密配方与工艺。制备热敏陶瓷从设计陶瓷原料配方、计算原料配比、原料的选择、掺杂,到进行烧结对温度的大小、时间控制等每一道工序都对热敏陶瓷的性能好坏起到了重要的作用,因此,对每一道工序更进一步地改良、创新,是使热敏陶瓷得到快速发展的重要手段。

第二章　热敏陶瓷材料的制备与分析

第一节　$BaTiO_3$ 基热敏陶瓷材料的制备

一、$BaTiO_3$ 陶瓷

$BaTiO_3$ 陶瓷是一种典型的铁电材料,室温下,由于 $BaTiO_3$ 的禁带宽度较宽($E_g =$ 3.1 eV),电阻率大于 10^{12} $\Omega \cdot cm$,相对介电系数高于 10^4,常用来制造陶瓷电容器。20 世纪 50 年代,$BaTiO_3$ 陶瓷的电阻正温度系数特性(Positive Temperature Coefficient of Resistivity,PTCR) 效应由海曼(Hayman) 等人发现,从而开创了 $BaTiO_3$ 陶瓷发展和应用 的一个新领域。它是通过在 $BaTiO_3$ 材料中加入微量稀土元素,如 Sb、La、Sm、Ho 等,其室 温电阻率会下降到 $10^2 \sim 10^4 \Omega \cdot cm$,与此同时,当材料自身温度超过居里温度时,在几十摄 氏度的温度范围内,电阻率增大 $4 \sim 10$ 个数量级。$BaTiO_3$ 基 PTCR 材料集中体现了半导体 性、铁电性及晶界特性三方面的性质,材料内部发生的功能过程及涉及的影响因素,比一般 陶瓷更为复杂,它是功能陶瓷中的重要代表。$BaTiO_3$ 半导瓷的这种 PTCR 效应与材料的晶 格结构、组分、制造工艺及测量条件等都有密切关系,自发现 $BaTiO_3$ 陶瓷的 PTCR 效应以 来,引起了许多研究者的关注,是材料工程中的重要研究对象。

(一)$BaTiO_3$ 基 PTCR 的研究概况

1. 理论研究概况

自 1955 年第一篇叙述 $BaTiO_3$ 基 PTCR 材料和工艺的论文发表以来,人们对这种材料 的潜在应用进行了广泛研究,人力推动了 PTCR 材料的研究工作,并不断促进人们对 PTCR 效应的机理进行深入的探讨。半个多世纪以来,在世界众多科学工作者的不懈努力下,在 $BaTiO_3$ 陶瓷 PTCR 效应的机理研究方面取得了重大突破。物理工作者倾向于建立宏观模 型,而化学或材料工作者则多从微观上了解此现象的内在规律,为改进及发展新材料提供方 向。

(1)Heywang(海望) 模型。

20 世纪 60 年代初期,Heywang 等人提出了著名的表面势垒模型,成功地解释了与 PTCR 效应有关的实验现象。Heywang 模型把 PTCR 效应归结为晶粒边界上的二维受主 表面态,这些受主表面态俘获体内的电子,在晶界处形成一个电子耗尽层(图 2-1),其宽度 b 为

$$b = \frac{N_s}{2N_d} \tag{2.1}$$

式中　　N_s——表面态密度；

　　　　N_d——载流子浓度。

　　该电子耗尽层对电子电导构成势垒，其高度 ϕ 为

$$\phi = \frac{e^2 n_s^2}{8\varepsilon_0 \varepsilon_{eff} N_d} \tag{2.2}$$

式中　　e——电子电荷；

　　　　n_s——表面态被电子占据的密度；

　　　　ε_0——真空介电常数；

　　　　ε_{eff}——材料在高场强下的介电常数。

　　材料的电阻率 ρ 与势垒有如下的关系：

$$\rho = A\exp\left(\frac{\phi}{kT}\right) \tag{2.3}$$

式中　　A——常数；

　　　　k——玻耳兹曼（Boltzmann）常数；

　　　　T——材料自身的绝对温度。

　　在低于居里温度时，表面态能级处于导带底的 E_s 处，远离费米能级，所有的表面态都被电子占据（$n_s = N_s$）。

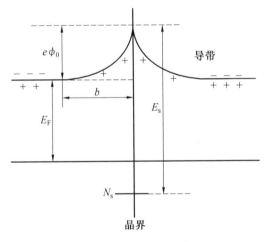

图 2-1　晶界势垒示意图

　　在居里温度以上，由于 ε_{eff} 按居里—外斯定律迅速衰减，因此有

$$\varepsilon_{eff} = \frac{c}{T - T_c}$$

式中　　c——居里常数；

　　　　T_c——居里温度，$T_c = 380$ K。

　　ϕ 随温度升高而增加，随温度升高表面态能级也随之升高，直至达到费米能级，此时 ϕ 达到最大值，使材料电阻率发生几个数量级的变化。当表面态能级达到费米能级时，被俘获的电子开始跳入导带，抑制 ϕ 及 ρ 的上升，且最终使电导增加。

　　Heywang 把 $BaTiO_3$ 陶瓷和掺 Sb 的 $BaTiO_3$ 陶瓷的 ε_{eff}—T 与 ρ—T 关系并列，如图2-2所示，说明 ρ—T 与 ε_{eff}—T 有紧密联系。

　　在单晶中不存在 PTCR 效应以及 $BaTiO_3$ 材料的相对介电常数，随温度及频率的变化规

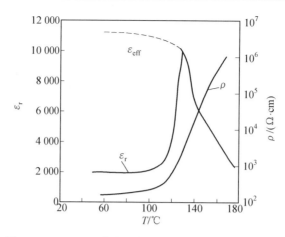

图 2-2　BaTiO₃ 陶瓷的介电常数、电阻率与温度的关系

律等实验事实,是该模型的实验基础。目前,Heywang 模型成为人们普遍接受的关于施主掺杂 BaTiO₃ 基 PTCR 的模型。

　　Heywang 模型的缺点和不足之处主要表现在以下两个方面:①Heywang 在推导中引用了 Poisson(泊松)方程,但是该方程仅仅适用于线性介质,而 BaTiO₃ 铁电体为非线性介质。②居里温度附近材料的有效介电常数在 10 000 左右。通过计算发现,这个数值并不足以使表面态势垒的高度下降到可以忽略的程度。所以在居里温度以下,电阻的跌落仅用介电常数的变化来解释是不完全的。

　　(2)Jonker 模型。

　　Jonker 等人提出了用晶界的铁电补偿对 Heywang 模型进行修正,解释了居里温度下的电阻温度特性。Jonker 模型基于 BaTiO₃ 在居里温度以下的铁电性,即在居里温度以下,BaTiO₃ 的四方铁电相决定了自发极化取向只能沿四方晶轴。由于相邻晶粒具有不同的晶粒取向,晶粒之间的极化方向不同,垂直于晶界极化分量在晶界产生一个表面空间电荷层,负表面电荷和正表面电荷大约各占晶界区域的 50%。在负表面电荷情况下,这种极化电荷与耗尽层电荷相补偿,导致晶界接触电阻的下降或消失。

　　研究人员对高温 PTCR 陶瓷$(Ba_{0.75}Pb_{0.25})_{0.996}Y_{0.004}TiO_3$做极化处理,将陶瓷在高于居里温度时施加电场,然后冷却至室温,测定极化处理陶瓷的 $\rho-T$ 曲线,并与没有经过极化处理陶瓷的 $\rho-T$ 曲线进行比较,发现极化后改变了低于居里温度范围内 $\rho-T$ 曲线的位置,这可以解释为极化改变铁电畴的取向状态,因而改变了势垒的抵消情况,从而明显地影响 PTCR 效应,说明 PTCR 陶瓷的晶界势垒与晶粒的电畴结构有直接联系,从而支持了 Jonker 模型。

　　Jonker 和 Raevskii 两人首先提出电畴结构会对晶界势垒产生影响,因此凡是影响电畴结构的因素都会改变势垒。

　　(3) 建立在缺陷化学基础上的 Daniels(丹尼尔斯)模型。

　　到 20 世纪 70 年代中期,Daniels 等人从 PTCR 效应与烧结工艺有密切相关性出发,在研究了高温平衡动力学和冷却过程热力学之后,用缺陷化学的方法研究了 BaTiO₃ 的 PTCR 效应,提出了 Ba 空位模型。

　　Daniels 的 Ba 空位模型认为,PTCR 效应是由 Ba 空位的不均匀分布在晶界上形成高阻层势垒而引起的。烧结过程中,加入的过量钛在晶界上形成富钛相 BaTiO₃,降温过程中,富钛相在晶界析出 BaTiO₃，并形成 Ba 空位。由于氧的扩散系数较大，上述过程造成的氧分压的变化会通过氧缺位穿过整个材料迅速扩散，加以调整达到新的平衡状态，其结果必然是在晶粒间界形成 Ba 空位。晶粒间界上 Ba 空位的不平衡，必然会由表及里向晶粒内部扩散，直到整个晶粒内达到新的平衡为止。Daniels 模型认为晶粒表层的施主全部被 Ba 空位补偿，势垒高度取决于 Ba 空位扩散层的厚度，而 Ba 空位晶界层的厚度则取决于降温速率，即降温速率决定了 Ba 空位形成数量及其扩散深度。居里温度以下，该势垒层同样受到铁电极化的补偿，全部或部分抵消了空间电荷，使晶界势垒消失或降低，所以电阻率较低。居里温度以上，由于电极化强度降低，对空间电荷的抵消作用降低，晶界势垒变得完全有效，因此电阻率大幅度增加。

相关学者用俄歇电子能谱（Auger Electron Spectroscopy，AES）进行研究，结果表明当 Nb 掺杂量（原子数分数）大于 0.3% 时，在冷却过程中发现有非扩散的 Ba 空位，为 Daniels 模型提供了直接证据。

（4）叠加势垒模型。

从 BaTiO₃ 基 PTCR 的耐电压特性和压阻效应与烧结条件间的依赖关系出发，相关学者提出了叠加势垒模型，从而将 Daniels 模型和 Heywang 模型统一起来。

实际上，Daniels 模型中假设晶粒表面的受主杂质全部为 Ba 空位补偿的设想，缺乏足够的实验依据。例如在冷却过程中，样品室温电阻仍与烧成温度到 Ba 空位形成温度（1 200 ℃）之间的冷却条件有明显的关系。另外，晶粒边界上 Ba 空位的形成与扩散，必将造成载流子（电子）的非均匀分布，可以认为是比晶粒内部弱得多的 n 型电导层。如果考虑晶粒边界上氧化的受主杂质，以及未来得及扩散而被冻结下来的 Ba 空位等的影响，这些晶粒表面的受主态仍然需要从晶粒中吸引电子形成表面电荷层。显然，这种表面电荷层形成的势垒是叠加在 Ba 空位高阻层之上的，所以称为叠加势垒模型。因此，Daniels 模型描述的 Ba 空位扩散高阻层及 Heywang 模型描述的表面态势垒层，可以看作是叠加势垒模型的两种极端情况，叠加势垒模型是以上两种模型的进一步补充和修正。

（5）晶界氧吸附及扩散理论。

尽管存在 PTCR 效应起源的各种模型，但受主表面态受晶界氧化影响的事实是得到证实了的。相关学者在测定晶界氧势垒时发现，对吸附氧形成的势垒在 300 ~ 350 ℃ 温度范围内进行还原和再氧化处理，结果经还原处理后势垒下降，再经氧化处理后势垒又增大。由此认为，Ba 空位不可能在如此低的温度就发生变化，因而是氧吸附形成界面态。Chiang 研究指出，烧结降温过程中慢冷的 PTCR 陶瓷，其晶界氧质量分数比快冷 PTCR 陶瓷高出 10% ~40%。Hasegawa 等发现，PTCR 陶瓷中氧化的温度及时间对 β 有影响，其晶界氧含量和 PTCR 陶瓷的升阻比 β 有直接的定量关系，而且 Mn 的加入使氧吸附更为紧密。Alles 认为，界面能级主要由于低温下吸附的气体排斥了其他受主点缺陷的扩散可能，而且吸附氧的能力与晶粒内杂质有关，如3d 过渡元素 Fe、Mn、Co、Cu 等受主杂质能增强晶界氧吸附力，冷却时起固定氧的作用。Amine 研究表明，对 PTCR 陶瓷的时间老化、温度老化或电循环都将造成 PTCR 最高电阻率 ρ_max 的变化，认为这是由于在这些老化过程中发生了氧的吸附或解吸附以及晶界应力状态的变化，从而改变表面态密度。并且，PTCR 陶瓷在还原气氛条件下的稳定性也与氧的吸附和解吸附有关。

（6）晶界偏析理论。

Lewis 通过实验发现受主离子在晶界处发生偏析现象，他们用受主偏析模型对 PTCR

加以分析,认为受主态在居里温度以上被激活,从而束缚了大量的导电离子,使得居里温度以上呈现高阻态,在计算缺陷形成能的基础上,提出了 n－i－n 结构模型。Payne 根据施主浓度与晶粒生长之间的关系提出了晶界偏析理论模型,同 Lewis 的计算相反,发现施主偏析于晶界,如果施主在晶界浓度超过临界值,补偿由电子向缺位补偿过渡,因此将在晶界形成绝缘层。Chiang 等人提出的空间电荷模型,着重讨论了杂质偏析对 PTCR 效应的影响。

(7) 应力模型。

早在 1961 年,Peria 首先提出了 $BaTiO_3$ 基 PTCR 效应与应变的关系。当 PTCR 陶瓷温度下降经过居里温度时,$BaTiO_3$ 从立方相变为四方相,进入铁电区,立方相时的三个晶轴中的任意一个都可能伸长成为 c 轴,这时晶格参数发生变化,由于多晶陶瓷中的晶粒处于受夹持状态,不能自由伸缩,从而引起大的形变及内应力。Jonker 曾用 X 光测定相同晶粒尺寸的晶轴比 c/a,发现陶瓷中晶粒的晶轴比 c/a 比粉体晶粒即自由晶粒的 c/a 小 14%,说明陶瓷中晶粒处于夹持的应力状态。Janega 计算出在铁电相区,其内应力达 $5.8 \sim 8.8$ MPa,其介电常数 ε_r 很大,可达几万,由 Heywang 模型中势垒与 ε_r 的反比关系知道,此时势垒将很低。当 PTCR 陶瓷温度上升且高于居里温度时,$BaTiO_3$ 进入顺电相区,这时自发极化及四方相时的晶轴伸长均消失,内应力随之趋于零,恢复到无应力状态,ε_r 变小,势垒升高。

(8) 晶界结构模型。

前面各种 PTCR 理论往往涉及晶界势垒的表面受主态的本质或起源,不同的研究者依据不同的实验现象提出了不同的假设,包括晶界区域 Ba 缺位梯度、晶界氧吸附及扩散、晶界偏析、晶界应力等,并未着重讨论对 PTCR 效应起关键作用的晶界结构。

Roseman 曾经利用高分辨率电子显微镜(High Resolution Electron Microscopy,HREM)、聚焦电子衍射(Convergent Beam Electron Diffraction,CBED) 等方法,观测到了 Y 掺杂 $BaTiO_3$ 基 PTCR 陶瓷中的 Ba 离子和 Ti 离子的排列及缺陷分布,微区中的四方相晶型结构,晶界相干性以及电畴在晶粒及晶界的排列情况,认为 PTCR 陶瓷的电导性质取决于晶粒间晶格结构或电畴结构,相干晶界所占的比例,电导方式以及相变时引起的应力所产生的势垒对原有势垒的修正。因此直接研究晶格结构及晶界结构,包括晶粒及晶界区的极化取向和电畴形貌等,是理解 PTCR 陶瓷电导机理的重要途径。PTCR 效应和晶界区电畴结构及晶界相干程度有关,而相变时产生的应力和晶格结构的突变,是引起晶界势垒突变的根本原因。晶界两侧电畴的取向或贯通、晶界的相干性、晶界势垒,三者密切相关。

前面已经提及,Raevskii 曾经注意到加外电场极化能明显地影响 PTCR 效应。这是因为极化工艺促使 PTCR 材料中的电畴定向排列,在不同方向上,畴壁数量和相干晶界数量均不相同,从而使不同方向的性能差异极大,已知 90° 畴壁是电子运动的势垒,因此在 90° 畴壁多的方向与少的方向上,电阻必将有很大差别,从而改变 PTCR 效应。图 2－3 所示为 Y－$BaTiO_3$ 基 PTCR 陶瓷的 $\rho－T$ 关系。

Roseman 的实验还表明,热处理造成显微结构有很大差异,杂质离子容易在晶界区偏析,晶界区发展成复杂的细畴区,畴宽约为 0.08 μm,细畴区应变量比粗畴区大,该晶界区有很高的缺陷浓度,在外电场极化时,由于杂质缺陷等的钉扎作用(pinning),电畴运动受阻,此时外电场极化并不能增加电畴的取向排列。因此,热处理后的 PTCR 陶瓷,其极化前后的 $\rho－T$ 关系曲线相差很小。

(9) 晶粒与晶界电性能的测量。

Goodman 制备了 Sm 掺杂 $BaTiO_3$ 单晶,发现单晶无 PTCR 效应,而把这种单晶粉碎后

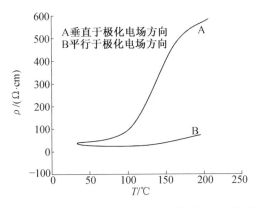

图 2-3　Y-BaTiO₃ 基 PTCR 陶瓷的 ρ-T 关系

烧成多晶陶瓷,则呈现很强的 PTCR 效应。此后,PTCR 效应为晶界现象被世界所公认。后来,有研究人员直接测量了晶粒及晶界的 ρ-T 曲线,结果表明,晶粒并不存在 PTCR 效应,只有晶界才有 PTCR 效应,而且各个晶界的 PTCR 效应大小不同,陶瓷的 PTCR 效应是大量晶界的平均效果。研究人员测定了数十个晶界的 ρ-T 曲线,发现多数晶界呈现一般的 PTCR 效应,一部分晶界显示锯齿形 ρ-T 曲线,而少量晶界 PTCR 效应极微。Ogawa 研究指出,不同晶界 PTCR 效应大小相异,与晶界结构有关。在相干程度高的晶界(如双晶晶界、小角度晶界),缺陷不容易在此处偏析或吸附,因而不易形成 PTCR 效应,而混乱无序的晶界,利于氧的扩散和吸附,受主杂质偏析,可以包容许多缺陷,为缺陷富集区,从而形成势垒,表现出强的 PTCR 效应。由于氧的扩散和吸附或受主杂质偏析大多在烧结冷却阶段产生,如果烧成工艺中急冷,将不发生这类过程,所烧陶瓷也无 PTCR 效应。

　　Gillot 对 Nb 掺杂 BaTiO₃ 陶瓷,利用四点法精确测量瓷片及单个晶界 ρ-T 关系,发现电阻的增加分两个阶段:首先在 T_c 附近突然上升,认为其与晶粒的相变有关,然后逐渐上升,可以用 Heywang 模型解释即随温度升高 ε_r 按 Curie-Weiss 定律下降,使势垒上升。研究人员对单个晶界施加压力,产生极大的压阻效应,并发现在仅几摄氏度的温度区间,电阻突变达 10^4,他认为 PTCR 效应和电畴结构变化紧密相关,在 T_c 以下,晶格畸变引起内应力,从而产生 PTCR 效应。Kulwicki 认为 ρ-T 曲线可以分为 3 段,如图 2-4 所示,每段内控因素各异:1 段可以用 Jonker 的理论来解释;2 段可以用相变时内应力的突变解释;3 段用 Heywang 模型解释。

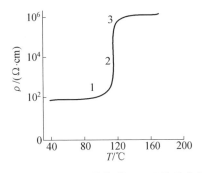

图 2-4　PTCR 陶瓷的 ρ-T 关系曲线

　　在实际的 BaTiO₃ 多晶陶瓷样品中,由于含有多个晶界的串联和并联,因此对单个晶界的性质无法精确计算,为了深入研究 BaTiO₃ 多晶陶瓷中晶界与晶粒对 PTCR 效应的影响,由此发展为两种方法：一种是通过阻抗分析方法将晶粒及晶界性质区分开；另一种是烧制粗晶粒陶瓷，采用显微探针电极，从而测定单个晶粒和晶界的性质。Maiti 首先采用复平面阻抗分析方法区分了晶界电阻与晶粒电阻，发现晶界电阻比晶粒电阻大一个数量级，见表 2－1。Sinclair 用类似方法证明，不仅非铁电的晶界有 PTCR 效应，而且晶粒的铁电表层也有 PTCR 效应，只是前者起主要作用，后者 PTCR 效应较弱。Kim 也得到类似结果，认为整个晶粒的电子浓度是不均匀的，外层浓度低，越靠近晶粒中心，电子浓度越高，因此晶粒内也含有耗尽层，从而显示弱 PTCR 效应。

表 2－1　晶粒电阻、晶界电阻与总电阻

PTCR 陶瓷	晶粒电阻 /Ω	晶界电阻 /Ω	总电阻 /Ω
Nb 掺杂 $BaTiO_3$	2.2	24	26.5
La 掺杂 $BaTiO_3$	3.0	17.5	21

由此可见，经过半个世纪的研究，科学工作者对 PTCR 效应的理解是逐步深化的。从最早认识到两晶粒间的界面受主表面态是形成 PTCR 效应的必要条件，到后来了解到界面受主表面态的本质（如 Ba 空位、受主杂质、吸附氧等），再后来，通过单个晶界的测定，发现各个晶界的 PTCR 效应大小不同，在缺陷较集中的无序晶界（不相干晶界），才能形成表面态，出现 PTCR 效应，而相干晶界有序程度高，杂质和氧难于偏析或吸附，难以形成界面态，因此 PTCR 效应难于出现。发现经高温外电场极化，能改变电畴结构及晶界相干性，从而会在原来施加电场的方向，出现 PTCR 效应，而垂直于电场的方向，则 PTCR 效应极弱，这说明了 PTCR 效应和晶界结构间的重要关系。同时还发现电阻的升高分两个阶段（即突变和渐变），认为相变时应力变化与电阻突变有关。

不同研究者由于使用的 PTCR 材料组成有差异（例如 Ba/Ti 比例不同、是否掺入 AST 助烧剂及掺入量的多少），以及烧成工艺（例如烧成气氛、降温快慢）均不尽相同，从而造成晶界组成及性质上的差别，得到不同或相矛盾的结果，但实质是均在晶界区形成空间电荷或势垒，因此从这个意义上说，这些模型是统一在一起的。随着 PTCR 效应理论日臻完善，将更好地为应用提供指导作用。

2. PTCR 应用研究概况及发展方向

理论研究的同时，PTCR 材料的应用也倍受人们的重视，而且不断扩大了材料的应用范围。$BaTiO_3$ 基 PTCR 材料的商品化始于 20 世纪 60 年代初期，并在 1965 年前后加快了进程。最早的应用是做测温、液面指示及液体流动的热敏电阻器，紧接着出现的应用是用作二极管、三极管这类器件的温度补偿器以及利用材料作为自身调节温度的发热元件。最早大批量应用是电视机消磁器，由于它独特的电－热物理性能，因此目前已经广泛应用于通信、汽车、家电等领域，作为过流保护、过热保护以及自调节型的发热元件和温度传感器。

如今随着科学技术的飞速发展，电子元器件的小型化、多功能化、集成化、大电流及高可靠性已经成为当今电子技术发展的主流，尤其是现代表面安装技术（Surface Mounted Technology，SMT）的出现使电子工业经历了一次革命性的变化，已经成为现代电子设备微型化、轻量化、高性能、高可靠的首要途径。

（1）PTCR 的小型化。

随着 SMT 技术的产生，出现了各种表面贴装元件（Surface Mounted Component，SMC）以适应其技术需要，更进一步刺激了电子元件的片式化，其需求量和产量不断增加，它不仅包括片式化的电容、电感陶瓷元件,也包括片式敏感陶瓷元件,其中用量较大的元件之一就是热敏元件,它分为负温度系数热敏电阻和正温度系数热敏电阻。

这是因为随着半导体 IC 器件的微型化、大规模化及低功耗化的发展,IC 器件对电压和电流的浪涌越来越敏感,即使 10^{-6} 数量级静电噪声也可能导致 IC 器件的损坏或失效,所以抑制瞬间浪涌的片式热敏元件无疑不可缺少。半导体器件另一弱点是热击穿问题,在电路和元件都趋于小型化的今天,这一矛盾尤为突出,对各类半导体器件的过热保护也更加重要,因此过热保护片式元件也亟待开发。由于热敏电阻具有测温精度高、互换性好、可靠性高等特点,在温度测量、控制、补偿等方面应用十分广泛,目前,热敏电阻在整个温敏器件领域已经占据 40％ 以上的市场份额。随着智能化仪器、仪表对高精度热敏器件需求的日益扩大,以及手持电话、掌上电脑(Personal Digital Assistant,PDA)、笔记本电脑和其他便携式信息及通信设备的迅速普及,进一步带动了温度传感器和热敏电阻的大量需求,主要表现在:大量使用二次电流、液晶显示器(Liquid Crystal Display,LCD),温度补偿型晶体振荡器(Temperature-compensated Crystal Oscillator,TCXO) 等都必须采用热敏电阻进行温度补偿,以保证器件性能稳定,高密度组装的电路结构对温度测量和控制的要求也就更加迫切。

(2)PTCR 的低阻化。

随着 PTCR 应用领域的不断扩大,以及应用电子设备的低能耗、低电压化要求,PTCR 热敏电阻被迫向超低电阻率及超低工作电压方向发展,用于低压控温加热、限流保护等电路中的 PTCR 热敏电阻的低阻化问题成为当前重要研究方向之一。对于 PTCR 热敏电阻而言,较低的室温电阻不仅可以扩大其作为过热、过电流和过负载保护元件的控制范围,增大系统正常工作下的工作电流,而且能够避免在控制元件上分压过大而耗能,增大控制元件在异常情况下对电流的敏感程度,应用前景十分广泛。特别是随着彩电、冰箱等家用电器的技术进步,计算机普及率的提高,以及汽车工业的持续发展等,不仅 PTCR 器件的应用在大幅度增加,而且对 PTCR 器件的要求也在不断提高,要求 PTCR 阻值不断下降,近年来低阻值PTCR 陶瓷的发展已经成为热点。极大的市场要求量,巨大的开发和生产价值令许多科研单位和企业为之振奋不已。

例如在彩电行业,由于屏幕的大尺寸化和平面化,要求消磁电流大幅度提高,同时厂家为降低消磁线圈成本,均导致要求消磁电阻的阻值下降,此外,随着我国汽车工业的发展,用于汽车直流电机保护,低温热启动等的超低电阻 PTCR 器件(小于 1 Ω) 正在逐年增加,如汽车上低压直流微电机及其他低压电器过热过电流保护用热敏电阻,这类器件由于应用于低电压场合,用时一般都串联在负载电路中,为满足低电压和低能耗的要求,其电阻值必须很低,一般多在 0.5～5 Ω 之间,它不仅要求热敏陶瓷材料具有超低电阻率,同时要有高的升阻比。虽然技术难度越来越大,但此类产品的市场却是呈指数上升,据有关资料报道,轿车特别是高级轿车中这类 PTCR 元件达数十个之多,例如用于小型直流电机过电流保护的就有 60 余个,如自动车门、汽车后视镜、汽车天窗、百叶窗自动天线、自动座椅、安全带等。遗憾的是目前这类市场(包括通信、汽车产业等)几乎 100％ 被进口产品所占领,因此形势十分严峻。加上其他低压电器的应用年需求量的增加,由此可见,低电阻率 PTCR 生产不仅是方向,也是当务之急。

（3）片式 PTCR 的叠层化。

由于 $BaTiO_3$ 系材料的固有特性决定了传统单层 PTCR 难以降低阻值，因此研究者提出制备叠层片式 PTCR 热敏电阻器（也称叠层 PTCR 热敏电阻器）来降低 PTCR 元件的阻值。叠层片式 PTCR 热敏电阻作为片式 PTCR 元件的一个重要分支，是在片式化元件的基础上，采用叠制、共烧电极技术而形成的一种特殊结构的新型热敏元件。叠层片式结构的 PTCR 热敏电阻器不仅可以通过片式 PTCR 的叠层实现并联达到低阻化，而且能够改进热敏电阻阻值-温度迟滞特性，此外，还可以采取通过不同居里温度 PTCR 材料串联或并联构成复合式 PTCR 热敏电阻。叠层片式 PTCR 热敏电阻主要应用在程控交换机、计算机、便携式手提电脑、高清晰度彩电、便携式移动电话、汽车电子、音响设备、图像视频设备、信息通信设备、军用电子产品等电路温升时过流过热保护等。叠层片式 PTCR 热敏元件是片式敏感元件的一个重要发展方向，顺应了当前片式化的发展趋势，应用量大、面广，具有很好的应用前景，对国家电子产业整体水平的推进具有重要作用，能带来显著的经济效益和社会效益。

（4）PTCR 的高可靠性。

通信设备及汽车电路过流保护用 PTCR 限流电阻，在正常状态下，要求 PTCR 处于低阻状态，此时流过 PTCR 电流产生的温升不足以使其电阻急剧增加，一旦电路出现异常大电流或雷电浪涌电流，则 PTCR 阻值剧增，阻断电路，因此要求 PTCR 能经受大电流冲击。

综上所述，PTCR 材料的研究方向正向低阻化、片式化、叠层化和高可靠性发展。其材料研究势必在尽可能降低电阻率的同时，保证材料的耐电压和升阻比尽可能高，从而满足以上发展趋势。

（二）研究现状及应用

自 20 世纪 90 年代中期开始，敏感元件的片式化得到了迅速发展。目前，全世界的电子整机产品所用元件的片式化率已经高达 80% 以上，平均也已经达到 40%，日本、美国等国家敏感元件的片式化已经达到 90% 以上。以 $BaTiO_3$ 为基的热敏 PTC 元件，作为不可缺少的一部分，其片式化也势在必行。日本在该领域的研究已经后来者居上，在片式化技术方面的研究走在世界前列，已经有相当多的专利，主要涉及材料的配方、元件的结构设计及低温烧结等内容，并已经逐步实现了片式 PTCR 的商品化、系列化；美国、欧洲（如德国西门子、荷兰飞利浦）、我国等一些公司也未停止研究工作，不断有片式 PTCR 的研究报告发表。这些国家和公司不仅在高性能 PTCR 材料方面进行了进一步开发研究，例如日本已经把小于 $1\ \Omega \cdot cm$ 超低电阻率 PTC 材料的研究列为近五年内重大研究课题之一，而且在片式化、叠层式以及多功能化方面做了大量开发研究工作，目前已经有大批商品投放市场，在移动通信、网络系统、表面贴装等技术领域得到了很好的应用，目前正以 20% 的增长速率迅速扩大应用份额。进入 21 世纪以来，日本热敏电阻片式化的比例以每年高于 20% 的速度递增，目前生产和销售数量已经与分立式热敏电阻不相上下。据报道，日本 TDK 公司等已经逐步停止了体状器件的生产，全面转向片式、叠层式器件的生产。随着 PTCR 范围的拓广，亟须满足特殊使用要求的 $BaTiO_3$ 基片式 PTCR，现在，$BaTiO_3$ 基片式 PTCR 的开发和研制正成为世界性的研究热点，国外发达国家每年的应用量高达数十亿美元以上。

20 世纪 90 年代以来，随着高密度组装技术的发展，过热保护用片式 PTC 热敏电阻的应用需求急剧增加，世界各国的热敏电阻厂家相继推出了各种规格和不同性能的片式热敏电阻器，如：MURATA 公司的 NTHSG 系列和 PTH9C 系列，SHIBAURA 公司的 KG 系列，

SEMTEC 公司的 103KT 系列, SIEMENS 公司的 C620、C621 系列等。它们的共同特点是：无引线、体积小、质量轻、易于进行再流焊，适合高密度组装技术的要求。目前，片式化热敏电阻的发展速度已经远远超过了传统的分立式热敏电阻，主要有端电极引出的单片型和叠层叠片型两种形式。表 2－2 列出了 MURATA 公司的用于表面贴装(Surface-mounted Devices,SMD)0603 型片式热敏电阻的主要外形参数。用户还可以根据被保护目标器件的要求，选择相应居里点的片式 PTC 元件，这类片式 PTCR 属于体积小、无封装的四方体结构，具有优异的热响应特性。作为一种过热保护器件，与传统保险管相比，不会因熔断而经常更换，与双金属片热传感器相比，属于非开关接触型，没有噪声。

表 2－2　0603 型片式元件的外形尺寸

型号	尺寸 /mm				
	L	W	T	e	g
PRF18－RB	1.6 ± 0.15	0.8 ± 0.15	0.8 ± 0.15	$0.1\sim0.6$	—

在实际应用电路中，片式 PTCR 热敏电阻能够在一个基本的过热探测偏置电路中对器件进行主动性保护。例如，可以将其贴附于功率晶体管等目标器件，当目标器件的温度超过某一温度后，PTCR 热敏电阻的阻值就会急剧上升，导致偏置电压下降，防止"热失控"。PTCR 热敏电阻在居里点的阻值变化幅度很大，因而过热保护电路的设计比使用齐纳二极管和 NTCR 热敏电阻要简单得多。

由于采用了贴片式设计，片式 PTCR 可以通过 SMI 工艺安装于 HIC 和 DC/DC 转换器等电路中起到过热保护的作用。在 HIC 中，功率放大器的输出晶体管，如果 P－N 结的温度超过 150 ℃，就会被击穿。利用 PTCR 热敏电阻在特定温度点的阻值急剧上升特性，只要设计一个简单的电路，就可以起到热保护作用。在 DC/DC 转换器中，组装密集、高频高速运行的电路常因不能有效制冷而损坏，场效应管(FET)的发热击穿问题也是笔记本电脑面对的问题之一，使用 PTCR 热敏电阻可以有效地阻止 FET 发热现象，对整个器件起到保护作用。

另外，PTCR 与直流电机及电源开关串联，当电源开关闭合时，电机开始工作。比如在轿车自动车门系统中，电机转动使自动车门执行器工作而使车门关闭，这个操作往往持续时间很短，在几秒钟内即可完成。然而若此时电源开关继续闭合，电机上仍然会有电流(锁闭电流)，而且由于电机停止转动，此时电机上的锁闭电流将会很大。如果电机上的锁闭电流持续时间很长，电机线圈将由于长时间加热而烧毁。如果将 PTCR 与电机串联，PTCR 被锁闭电流加热而使阻值增加，从而抑制大电流保护直流电机。

除了上述应用于汽车等用于微电机保护、功率 IC 器件以及低压电器的过热过流保护等外，还有用于电路补偿、测温及其他复合功能片式元件。片式 PTC 热敏电阻的主要性能指标见表 2－3。

表 2－3　片式 PTC 热敏电阻的主要性能指标

电阻 /Ω	升阻比	居里温度 /℃	最大电压 /V
$1.0\sim1\,000$	$\geqslant 10^3$	$40\sim120$	$\geqslant 12$

（三）片式 PTCR 的研究概况

对 PTCR 叠层片式化技术的研究，一般主要包括超低电阻率材料配方、超细粉体的制备、显微结构均匀的坯体的成型技术、片式化制备技术、抗还原性电极材料的研究、低温共烧技术、叠层结构的改进和优化等方面。目前，有关叠层片式 PTCR 的研究报道多见于专利，其工艺路线有高温烧成低温黏合法，即电极玻璃釉黏结法（Electrode Bonding Method）叠层和低温共烧法（Co-firing Method）叠层两种。

1. 片式 PTCR 材料研究

在材料研究上尽可能降低材料电阻率，目前，在制备低电阻率 PTCR 元件方面，其材料体系有有机 PTCR 和 $BaTiO_3$ 基 PTCR 材料体系，前者在电阻率的低化方面有优势，但其批量生产性、稳定性、成本及应用等均不及后者。而 $BaTiO_3$ 基 PTCR 材料在电阻温度特性、耐电压、规模化生产及居里温度的灵活调节方面均有较大的优势，因此，在 PTCR 材料体系研究方面，目前仍然是以 $BaTiO_3$ 基 PTCR 材料体系为主流，其室温电阻率的降低可以采用多位施主掺杂（钙钛矿型 A、B 双位施主掺杂及阴离子取代）结合纳米掺杂技术降低材料电阻率，用以制备超低电阻片式 PTCR 元件。

2. 湿化学法合成超细陶瓷粉体技术

$BaTiO_3$ 基叠层片式 PTCR 热敏陶瓷属于高性能陶瓷，由于单个瓷片较薄，陶瓷粉体的特征（如纯度、形态、粒度分布、化学均匀性及烧结活性）对坯体的微观结构有较大影响，另外为了实现与贱金属内电极的共烧，需要尽可能降低陶瓷材料的烧结温度，因此有必要通过对 $BaTiO_3$ 基热敏陶瓷材料粉体的制备加以改善。

目前，陶瓷粉体制备方法有两种：固相反应法和湿化学法。固相反应法是一种合成 $BaTiO_3$ 的传统方法，虽然这种方法合成的粉料纯度稍低，但是工艺成本低，加之经过多年的实践，其工艺过程不断完善，在混磨设备、喷雾造粒代替手工造粒等方面有了很大改进，制粉技术有了很大提高，目前国内外工业生产上大多采用这种方法，但是因为固相反应法不易保证成分准确均匀，而且机械球磨不可能获得粒度分布均匀的粉料，还带来研磨介质的污染问题，所以该法无法从根本上提高陶瓷材料的性能。

由于多组分氧化物的合成温度依赖于氧化物前驱体中各金属阳离子的化学均匀性，20世纪 80 年代以来，随着对固体材料结构和性能关系研究的深入，材料科学家认识到在材料的合成制备上，必须从最初的源物质进行严格的控制，即通过化学手段来控制和剪裁固体材料的组成、结构和性能，提出了好陶瓷来自化学的观点，以改变过去的固相反应工艺中既不注意控制源物质的化学组成和结构，也不注意控制其尺寸和形貌的状况，建立超结构处理工艺，发展了许多湿化学方法，即在原子／分子水平上混合各组分金属离子的湿化学法合成超细陶瓷粉体的方法。湿化学法合成的准纳米粉体，化学均匀性高，粒径小，比表面大大增加，活性增强，利于降低材料的烧结温度及制备性能优良的低电阻率片式 PTCR，是一类先进的粉体合成方法。

湿化学方法这种最近发展起来的制粉方法，技术并不十分成熟，但用这种方法合成的粉料纯度更高，颗粒更细，可以实现一次烧结，且烧结产品性能更好。从材料系列角度看，无论是无机非金属材料，还是金属及金属－非金属功能材料，湿化学合成都引起了人们的广泛关注，发展很快。它通过液相合成粉料，由于组分充分分散在液相中，各组分的含量可以精确控制,并可实现原子/分子水平上的均匀混合,通过工艺条件的正确控制,生成的固相晶粒尺寸小。目前常用的合成陶瓷粉料的湿化学方法有溶胶－凝胶法、水热法、化学共沉淀法、聚合物前驱体法等。

(1) 溶胶－凝胶法(Sol－Gel法)。

溶胶－凝胶法是湿化学合成法中在陶瓷制备方面应用较多的一种方法,它通过溶质与溶剂发生醇解或水解反应,产物分子生成纳米尺度的晶核粒子并形成溶胶,在一定条件下形成凝胶而避免产生沉淀物,使之转化为由亚微米孔和聚合链互相连接而成的网络凝胶前驱体,再经干燥、固化和热处理生成高纯超细微粉。溶胶－凝胶法与传统固相法相比有许多优点:反应在溶液中进行,均匀度高,对多组分其均匀度可达到分子或原子级,烧成温度比传统烧结方法有较大的降低,化学计量比准确,易于改性,掺杂量的范围加宽,工艺简单易推广,成本低。自从20世纪60年代,人们开始了对溶胶－凝胶法的研究开发,到目前已经在玻璃纤维、复合材料、先进陶瓷等高纯超细微粒材料的制备中得到了广泛的应用。随着学者们对这种方法深入的研究,根据采用的金属盐的不同,溶胶－凝胶法可以分为:半醇盐Sol－Gel法、醇盐Sol－Gel法以及柠檬酸盐Sol－Gel法等。例如,由于Ba仅有两种市售醇盐(甲醇钡和乙醇钡),且极易和水反应,研究人员利用半醇盐Sol－Gel法合成了$BaTiO_3$基PTCR陶瓷粉体,他们用$BaCO_3$和异丙醇钛作为起始原料,先将$BaCO_3$溶解得到硬脂酸钡,然后将Y_2O_3和甲酸加入,搅拌1 h待彻底溶解并获得透明溶液后,再将异丙醇钛加入并强力搅拌;当缓慢加温至50 ℃的过程中,溶胶逐渐变成凝胶;所得凝胶在110 ℃下干燥24 h,接着在800 ℃左右煅烧获得$BaTiO_3$基PTCR陶瓷粉体;粉体经X衍射(X-ray Diffraction,XRD)、热重(Thermo-gravimetry,TG)、差示扫描量热(Differential Scanning Calorimeter,DSC)及扫描电子显微镜(Scanning Electron Microscopy,SEM)分析,粉料均匀性好,颗粒呈球形,平均粒径为100 nm。钟朝位等采用Sol－Gel法制备全组分(包括Ba、Pb、Ti、Si、Nb、Mn、O等7个元素)高温PTCR陶瓷材料,使陶瓷材料各组分在烧结之前达到离子均匀混合水平,与常规固相反应法相比,对于相同配方和烧结工艺,可以明显降低高温PTCR陶瓷材料的电阻率,材料室温电阻率降低一个数量级,同时材料具有良好的PTCR效应,居里温度也有明显提高,这是由于Sol－Gel法合成的全组分高温PTCR陶瓷材料各元素的化学计量比准确,陶瓷材料的粒度小,粒径均匀,化学活性高,烧结中固溶体固溶完全,半导化充分,Pb挥发减少的缘故。

由于这种方法对各种组分要求有相同或相近的水解条件,这将给多组分的陶瓷粉体合成带来一定的困难,因此限制了这种方法的应用。

(2) 水热法。

水热法又名热液法,是在高温高压下,在水或蒸汽等流体中进行有关化学反应的总称。水热法是在特制的密封式反应容器(高压釜)中,以水溶液作为反应介质,对反应容器加热,创造一个高温高压环境,为醇盐分解、无机盐分解等化学反应提供超常规的物理化学环境,使得通常难溶或不溶的物质溶解并且重结晶,因此粉末的形成经历了一个溶解－结晶过程或在位成核－结晶过程。在水热条件下,水可以作为一种化学组成参与反应,既是溶剂又是矿化剂,同时还可以作为传递介质,通过渗析反应和控制其过程的物理化学因素实现无机化合的形成和改性,避免了一些高温制备法不可克服的晶体转变、分解、挥发等缺点,以及绝大部分液相法生成前驱体需要经过高温热处理或灼烧容易产生团聚的步骤。由于水热法是一种适合于规模生产的湿化学制备方法,近年来,人们逐渐将它应用于各种陶瓷粉体的合成。水热法制备的陶瓷粉体具有粒径细小、颗粒均匀、结晶度高、反应活性好、致密度高等优点，而且颗粒形状可控。东南大学李永祥等利用水热法制备了掺杂的 $BaTiO_3$ 基 PTCR 高纯、超细陶瓷粉。他们选用 $TiCl_4$、$Ba(OH)_2$、KOH 等作为水热合成钙钛矿结构 $BaTiO_3$ 陶瓷粉的原料，在进行水热反应之前，在溶液中分别加入适量的溶解度大的施主杂质 YCl_3 和 $La(CH_3CO_2)_3$，在水热合成条件下合成出了掺杂的 $BaTiO_3$ 基 PTCR 高纯、超细陶瓷粉，当掺杂浓度（摩尔分数）在 0.3% ～ 0.7% 之间时，经烧结可获得 α 系数大的 PTCR 陶瓷。

（3）化学共沉淀法。

化学共沉淀法是利用可溶性金属盐类，按照适当的比例配成溶液，其后加入沉淀剂（如 OH^-、$C_2O_4^{2-}$ 和 CO_3^{2-} 等）或在一定温度下使溶液中有关金属离子发生水解，使得各种组分均匀沉淀，合成粉末的性能可以通过调节溶液的浓度和 pH 来控制，最后将沉淀物在适当温度下煅烧，得到化学组成和相组成符合要求的产品。化学共沉淀法不仅可以将原料提纯与细化，并且较适宜于大量的生产制备，所以在制备电子陶瓷中有广阔的应用前景。共沉淀法原料来源广泛，设备简单，过程操作易控制，适于工业化生产，并且在工艺过程中可以添加某些掺杂元素。相比于固相法，生产过程大大缩短，生产成本也得以降低，制得的产品成分均匀，颗粒度细小。徐慢等人利用共沉淀法制备了 PTCR 粉体。他们先将 $TiCl_4$ 溶于水，将 $TiCl_4$ 稀释，再将已知浓度的 $TiCl_4$ 溶液按配比逐渐地在搅拌条件下混入 $BaCl_2$ 溶液中，然后将 $Y(NO_3)_3$、$Mn(NO_3)_3$、$Al(NO_3)_3$ 水溶液加入 Ba—Ti 混合液中，在搅拌条件下，一边加入草酸进行共沉淀，一边加入定量的 $(C_2H_5O)_4Si$ 酒精溶液进行水解，通过过滤、烘干、煅烧，即得 PTCR 粉体。

共沉淀法要求各种组分具有相同或相近的沉淀条件，这必将对所合成的多组分体系有一定的要求。另外，共沉淀法的缺点是易引进杂质，并且有时形成的沉淀成胶体状态，难以过滤和洗涤，这都是共沉淀法制备陶瓷粉体需要改进和进一步完善的地方。

（4）聚合物前驱体法。

聚合物前驱体法合成陶瓷已经得到越来越广泛的应用。此种方法与溶胶－凝胶法类似，也要经历溶胶、凝胶过程。其中应用最为广泛的是 Pechini 方法。在 20 世纪 80 年代，Anderson 等推广了 Pechini 方法，并用来合成了多种多元氧化物。迄今为止，应用 Pechini 方法合成了 $LaMnO_3$、高温超导体、掺 Sr 的 $LaMnO_3$、$BaTiO_3$ 及 $SrTiO_3$ 等多种化合物。在改进的 Pechini 方法中，可以用其他的酸（如乙二胺四乙酸）代替柠檬酸，从而使这种方法的应用范围更广。

（5）高分子网络凝胶法。

由于 Sol—Gel 方法和 Pechini 方法中水解和凝胶化过程非常耗时，Douy 等人在此基础上发明了高分子网络凝胶法这样一种新颖的合成陶瓷粉体的湿化学方法，高分子网络凝胶法采用"溶液 — 凝胶 — 煅烧"的步骤，通过柠檬酸在水溶液中对金属离子强的络合作用获得包含各组分金属离子（按一定的比例）的稳定柠檬酸盐溶液。接着，溶液的凝胶化通过辅助的三维凝胶网络（聚丙烯酰胺）的原位聚合，并利用有机聚合物的空间捕获作用来实现，其中的凝胶网络独立于溶液中的金属离子。所得凝胶不需要干燥过程而直接进行热解，得到超细、高度分散的陶瓷粉体。经过十多年的发展，科学工作者们已经用这种方法合成了几百种物质。此方法多采用无机盐为原料，通过液相合成粉体，由于各组分充分分散在液相中，各组分的含量可以精确控制，并可以实现原子／分子水平上的均匀混合，通过工艺条件的精确控制，可以获得粒度分布窄，形状为球形或近似球形的粒子，高分子网络凝胶法特别适合于制备多组分超细粉体。由于高分子网络凝胶法与传统固相方法相比有许多优点:反应在溶液中进行,均匀度高,对多组分其均匀度可以达到分子或原子级;烧成温度比传统烧结方法有较大的降低;化学计量比准确,易于改性,掺杂量的范围加宽,工艺简单易推广,成本低。

自从 20 世纪 90 年代,人们开始了对高分子网络凝胶法的研究开发,到目前已经在超导陶瓷、复合材料、先进陶瓷等高纯超细微粒材料的制备中得到了广泛的应用。在用高分子网络凝胶法制备陶瓷粉体方面,Douy 首先以 Y_2O_3、$BaCO_3$ 及 $Cu(C_2H_3O_2)_2 \cdot H_2O$ 为原料,HNO_3 和柠檬酸为溶剂制备了 $YBa_2Cu_3O_{7-x}$ 超导陶瓷粉体,以及用 $La(NO_3)_3$ 和 $Al(NO_3)_3$ 合成被广泛地用作衬底材料的铝酸镧($LaAlO_3$)。李强等人用 $Y(NO_3)_3$、$Al(NO)_3$ 及 $Ce(NO_3)_3$ 合成了 $YAG:Ce^{3+}$ 微粉。王宏志等人用 $Al(NO_3)_3$ 合成了纳米 $\alpha-Al_2O_3$ 粉体。邵忠宝等人用 $Zn(NO_3)_2$ 制备了纳米 ZnO 粉体,但目前还没有用高分子网络凝胶法合成 PTCR 陶瓷的报道。

3. 片式 PTCR 生坯成型技术

为实现叠层片式 PTCR 元件结构,首先必须制备厚度满足要求、结构均匀且具有一定机械强度和致密度的坯片,在制作片式元件和叠层制品方面,陶瓷工业生产通常使用的成型工艺有流延成型(Tape Casting)、轧膜成型(Roll Forming)与注浆成型(Slip Casting)。

4. 片式 PTCR 元件的结构设计及制备方案

(1) 高温烧成低温黏合的电极玻璃釉黏结法。

这种方案是在材料组成一定的情况下,按常规工艺制作厚膜坯片,单个坯片先在高温下烧成,在陶瓷坯片的上下表面分别印刷上内电极和玻璃釉绝缘层,内电极采用 Ag-Zn 或 Al,涂覆端头电极和对向电极,叠层后一体烧渗,形成室温电阻小、升阻比大、可靠性高的叠层型 PTCR 热敏元件。此种方法是利用电极浆料中一定含量的玻璃釉以及在 PTCR 边缘留边区域引入的玻璃绝缘浆料在烧渗过程中对陶瓷表面产生的附着力,将多个陶瓷片"黏结"起来形成一个整体,因此称为电极玻璃黏结法。

日本村田制作所小森久夫等最早申请了此法的专利。该专利中报道,采用这种方法成功制备了层数为 10 的叠层 PTCR,其尺寸为 5.8 mm×5 mm×3 mm,室温电阻为 0.3 Ω,电阻温度系数为 24%℃$^{-1}$。日本松下公司的西村弘治采用此方法制备出室温电阻为 0.08 Ω,叠层体尺寸为 15 mm×5 mm×3 mm,升阻比大于 10^5 的叠层型 PTCR 热敏电阻器。

(2) 共烧法制备叠层片式 PTCR。

共烧法以先进的流延(或轧膜)和共烧作为技术依托,工艺过程如图 2-5 所示。

图 2-5　叠层陶瓷样品的流延工艺过程

共烧法制备叠层片式 PTCR 与 MLCC 的制备工艺具有一定的相似性,是在材料组成一定的情况下,按常规工艺做成生片,将叠层电极浆料与陶瓷生片叠合,在其厚度方向热压制作叠层体,再将压成的坯体切割成小块,最后将内电极金属材料与 PTCR 陶瓷生片同时进行烧成,形成完整的"独石"整体结构,然后在烧结好的元件两端形成端头电极,用簧片或引线引出即可进行测试或使用,得到叠层 PTCR 热敏电阻器。

由于 PTCR 热敏电阻器性能优劣依赖于晶界氧化形成的电结构状态,采用叠层电容器的一体共烧方式制备叠层式 PTCR 热敏电阻器时,除要求所采取的内电极材料必须与陶瓷材料具备一定的"相容性"外,还必须解决陶瓷材料的氧化烧成气氛和电极的高温氧化问题,因此降低烧结温度及寻求与 $BaTiO_3$ 基 PTCR 陶瓷材料形成良好欧姆接触的高可靠性内电极是共烧法的研究重点。

在降低 $BaTiO_3$ 基 PTCR 陶瓷材料的烧结温度方面,主要途径是在材料体系中,使用助烧剂来降低陶瓷的烧结温度,如 $SiO_2 + Al_2O_3 + TiO_2$(AST)、BN、Si_3N_4。由于 $BaTiO_3$ 陶瓷的半导化通常发生在瓷体致密化烧结时,而 AST 的共熔点在 1 240 ℃ 左右,当使用 AST 做助烧剂时,致密化烧结在 1 280 ℃ 以上才能发生。当使用 BN 做助烧剂时,虽然可以使材料的烧结温度大幅度降低至 1 200 ℃ 以下,并拓展其烧结温度范围,但由于 N_2 的挥发,因此烧结的 PTCR 陶瓷存在大量的气孔,样品的烧结密度远远低于理论密度,制备出的陶瓷为多孔陶瓷,而 Si_3N_4 作为助烧剂时在降低烧结温度同时使样品的室温电阻率很高。

$BaTiO_3$ 基 PTCR 材料的烧成温度一般在 1 280～1 380 ℃ 之间,因此,内电极必须是高温电极材料,能够在 1 300 ℃ 左右的高温条件下进行烧结而不发生氧化、熔解、挥发、流失等。熔点高于该烧结温度的金属有 Pt(熔点为 1 773 ℃)、Pd(熔点为 1 549 ℃)和 Ni(熔点为 1 453 ℃)等。目前叠层片式元件内电极材料一般为 Pd 或 Ag—Pd 浆料,由于 Ag 电极具有电导率大,焊接方便,价格便宜,工艺性好等优点,所以内电极材料中通常含有 Ag(熔点为 960 ℃)。在 Ag—Pd 浆料中随着 Ag 含量的增加,内电极材料的成本大幅下降,同时内电极的熔点也降低。贵金属 Pt、Pd 虽然高温下的耐氧化性能较好,但是价格昂贵,而且无法与 PTCR 陶瓷形成良好的欧姆接触,因此不能单独用作内电极材料。王玲玲等人研究 $BaTiO_3$ 基 PTCR 陶瓷与纯 Pd 电极的共烧,对共烧过程中电极欧姆接触问题进行了研究,他们将流延的陶瓷膜片涂以纯 Pd 电极浆料,排胶后在 1 330 ℃ 高温下进行共烧。从表面上看,与单片相比,7 层并联共烧独石体的室温电阻率明显降低,呈现出一定的 PTC 效应,其升阻比下降约 1 个数量级,呈现出小升阻比,共烧后的单片室温电阻率比非共烧片约增加 1 个数量级,但对高温电阻率影响很小,可见纯 Pd 电极可以与 $BaTiO_3$ 基 PTCR 材料共烧形成独石结构热敏电阻器,但纯 Pd 电极与 PTCR 陶瓷之间共烧后的接触电阻是不能忽视的。而在陶瓷工业上广泛使用的贱金属 Ni 虽然价格低廉、工艺简单,且能与 PTCR 陶瓷形成良好的欧姆接触,但其耐氧化性能差,与陶瓷高温下共烧时,Ni 电极将被氧化进而扩散到陶瓷中。有关欧姆电极接触内电极浆料的研究将成为今后研究的新课题和重点。综上所述,在共烧法制备叠层片式 PTCR 工艺路线中,对内电极的性能要求主要包括以下几个方面:

① 内电极金属的熔点应该高于 PTCR 陶瓷材料烧结温度;

② 由于 $BaTiO_3$ 基 PTCR 陶瓷材料晶界氧化的需要,材料需要在空气中烧成,因此内电极应具有较强的高温抗氧化能力;

③ 内电极应有高的电导率,可以与 PTCR 形成良好的欧姆接触;

④ 内电极材料与陶瓷材料的线膨胀系数的差异应该尽量小,防止产生应力而导致叠层片式 PTCR 失效;

⑤ 从实用角度考虑,还要求内电极材料价格低廉。

20 世纪 90 年代以来,日本学者在共烧法制备叠层片式 PTCR 元件方面开展了大量研究工作。为避免电极材料高温下氧化,他们提出采用还原—再氧化气氛烧结,使陶瓷与电极先在高温还原气氛下共烧,然后于低温氧化气氛下使晶界氧化,从而实现了 $BaTiO_3$ 半导瓷材料与层间金属电极的共烧。如日本村田制作所的佐野晴信等采用 Ni 作为内电极热压做成叠层体,置于 N_2 气氛下加热到 350 ℃,排胶后,再在含氧分压 $10^{-12} \sim 10^{-9}$ MPa 的 H_2-N_2 混合气氛下于 1 320 ℃ 烧成 1 h,随后,再置于大气条件下再氧化处理,可以得到室温电阻为 1.0 Ω 且电阻温度特性良好的叠层 PTCR。继佐野晴信以后,日本村田制作所的新见秀明对内电极浆料做一定改进,提出以 Ni 为主成分,另外添加原子数分数为 2% ~ 15%Pt 原子或 Pd 而配制成内电极浆料,这种改进后的电极浆料,不仅可以保持良好的欧姆接触性和低的室温电阻值,而且可以提高电极材料的耐热性和耐氧化性。他们的研究表明,采用金属 Ni 作为内电极主成分,将 PTCR 坯体和内电极在高温还原气氛(氧分压为 $10^{-13} \sim 10^{-10}$ MPa) 中共烧,然后在较低的温度(800 ~ 900 ℃) 下做氧化处理使陶瓷晶界氧化的烧结方式,可以有效解决金属电极的氧化问题,并形成良好的 PTC 效应。以上专利报道用共烧法制造的叠层片式 PTCR 器件耐热性及耐氧化性好,与陶瓷层欧姆接触性好,且电阻值低,电阻温度系数大,是得到改善的叠层片式 PTCR 陶瓷元件的制造方法,但用这种方法所制备的叠层片式 PTCR 至今没有实现实用化。

二、低电阻率 $BaTiO_3$ 基 PTCR 陶瓷材料的制备

低电阻率 PTCR 材料是制备片式 PTCR 热敏陶瓷的基础,也是材料应用领域面临的一个重要课题。$BaTiO_3$ 基 PTCR 材料室温电阻率的降低,可以大大扩展 PTCR 热敏陶瓷的应用范围,近年来随着对元件大电流、小型化的迫切要求,围绕材料的低阻化及其与元件的耐压、电流冲击和电阻温度特性的关系,从材料组成、制造工艺及原材料等方面进行了大量的研究工作,并取得了较大进展,通过掺杂改性、控制有害杂质含量、离子置换法及烧结工艺的控制,材料电阻率得到一定程度的降低。由于 $BaTiO_3$ 基 PTCR 材料的固有特性,即随着 PTCR 材料的电阻率降低,将伴随着电阻温度特性恶化,元件耐压性能下降,因此如何使材料低电阻率化的同时保证高可靠性,仍然是当前材料应用领域面临的一个重要课题。低电阻率 PTCR 材料研究的目的是在尽可能降低 PTCR 材料电阻率的同时,保证材料的耐电压和升阻比尽可能高。本节在分析低电阻率 $BaTiO_3$ 基 PTCR 制备途径的基础上,以 Y_2O_3 和 $Mn(NO_3)_2$ 为施受主杂质,对 $BaTiO_3$ 基 PTCR 陶瓷进行微量掺杂,通过组分与工艺研究制备低电阻率 PTCR 陶瓷材料。

（一）$BaTiO_3$ 陶瓷材料产生 PTC 效应的条件

$BaTiO_3$ 陶瓷材料的 PTC 效应起源于陶瓷晶界的肖特基势垒,只有晶粒充分半导化且晶界具有适当绝缘性的 $BaTiO_3$ 陶瓷才具有显著的 PTC 效应。从 $BaTiO_3$ 陶瓷材料的半导化工艺上看,必须采取施主掺杂的半导化技术,使晶粒充分半导化,并在氧化气氛下烧结,使晶界及其附近氧化,呈现适当的绝缘性。

可见施主掺杂是获得性能优良 $BaTiO_3$ 半导瓷材料的前提,通常施主元素可以分为两类:一类选择与 Ba^{2+} 半径相近,化合价高于 Ba^{2+} 的元素取代 Ba^{2+} 位而充当施主杂质,这类元素有 La^{3+}、Sm^{3+}、Y^{3+} 等。另一类选择与 Ti^{4+} 半径相近,化合价高于 Ti^{4+} 的元素取代 Ti^{4+} 位充当施主,如 Nb^{5+}、Ta^{5+}、Sb^{5+} 等。大量研究证明,不同的施主元素、同一施主元素不同的掺入量及掺入方式对材料性能影响较大。例如施主的掺入量直接影响陶瓷材料的电学性能,表现在陶瓷微观结构上,随掺入量的不同,晶粒取向、晶粒尺寸均有所不同。另外氧分压对施主掺杂也有很大影响,氧分压越小,越利于施主元素掺杂。在液相烧结过程中,氧可以通过晶界玻璃相逸出到达晶体表面,进一步降低氧分压。

1. 施主掺杂 $BaTiO_3$ 的半导化过程

当在 $BaTiO_3$ 晶格中掺入高价杂质离子时,为保持晶体的电中性多余一个正电荷,该正电荷将有两种不同的补偿方式:一种是电子补偿,即正电荷吸引电子,在材料的禁带靠近导带底的地方形成浅施主能级,该电子为弱束缚电子,易被激发成为导电电子;另一种是缺位补偿,即形成金属离子缺位,产生多余的空穴补偿电子。在室温下,当电子补偿占主导时成为半导体材料,缺位补偿占主导时则成为绝缘体材料。

$BaTiO_3$ 基 PTCR 陶瓷半导化的表观特征是陶瓷颜色的变化,多晶 $BaTiO_3$ 陶瓷颜色变化主要是受 Ti^{4+} 变价的影响。当施主掺入量很小时,掺入的施主离子受到微量杂质的补偿,剩余的部分不足以使晶粒半导化,因而陶瓷颜色呈浅黄色,此时材料为普通 $BaTiO_3$ 介质材料,且介电常数 C 较低。当加大施主掺入量且施主浓度仍然保持较小时,此时产生电子补偿,掺杂施主进入晶格,施主提供多余电子,这时 $Ti-O$ 八面体中 Ti^{4+} 俘获电子,造成钛原子 3d 轨道上电子的交换,部分 Ti^{4+} 还原成 Ti^{3+},由于此电子为弱束缚电子,容易从禁带跃迁到导带,因此实现晶粒半导化。可见当发生这种电子补偿时,有助电导的提高,此时,电导由施主浓度决定,而且晶粒生长容易。由于 $Ti^{4+} \cdot e$ 呈黑色色心,因此半导化良好的试样呈现深蓝色,其反应式为(以 Y_2O_3 掺杂为例)

$$Ba_{1-x}^{2+}Ti^{4+}O_3^{2-} + xY^{3+} \longrightarrow (Ba_{1-x}^{2+}Y_x^{3+})(Ti_{1-x}^{4+}Ti_x^{3+})O_3^{2-}$$
$$Ti \longleftrightarrow Ti^{3+} \tag{2.4}$$

当施主含量增加到一定程度,且在高氧分压下,会引起金属离子缺位,使补偿形式由电子补偿向缺位补偿转变(在 Ti 过量的 $BaTiO_3$ 半导瓷中,主要以 Ba 缺位为主),此时 Ba 缺位相当于受主,使电子浓度减小,从而使晶粒半导化程度受到限制,电导也减小。并伴随着施主对晶粒生长抑制作用加强,晶粒尺寸下降,因此单位长度上的晶界数量增加,而且细小晶粒也使得晶粒表面氧化更容易,此时电导率随施主含量增加而呈线性关系下降。Ba 缺位产生的反应式为

$$Ba_{1-2y}^{2+}Ti^{4+}O_3^{2-} + 2yY^{3+} \longrightarrow (Ba_{1-2y}^{2+}Y_{2y}^{3+})Ti^{4+}O_3^{2-} + yV_{Ba}'' \tag{2.5}$$

大量研究表明,随着施主含量的变化,室温电阻率呈 U 形曲线变化,即电阻率随施主含量呈现一最小值,并且这种关系与所掺施主种类无关,如 Y_2O_3、Nb_2O_5、Sb_2O_3 都有类似的半导化曲线,最小值出现在电子补偿向缺位补偿的过渡阶段,通常将获得最低电阻率的施主浓度称为临界施主浓度。

2. 受主掺杂

为了增强 PTCR 效应,常在材料中引入 3d 过渡金属受主。微量的受主掺杂对提高材料的宏观性能有显著影响,使材料的 PTCR 效应明显提高。

实验事实表明,即使当施主浓度低于临界施主浓度且材料半导化时,载流子浓度也比初始粉料中额定的施主浓度小得多。由阻抗分析得出的载流子浓度为额定施主浓度的 $\frac{1}{20}$ ~ $\frac{1}{10}$,也就是说,材料中有效施主浓度只有额定施主浓度的 5% ~ 10%。这种现象主要由以下情况引起:

① 在施主掺杂 $BaTiO_3$ 陶瓷中,施主不仅分布在晶粒中,也将分布在晶界中,形成晶界

偏析。对 Y—Mn 掺杂 BaTiO₃ 基 PTCR 陶瓷做面扫描时观察到以上结果,只是 Y 元素在晶粒内分布密集,在晶界处分布稀疏。对晶格而言的施主,对无序的晶界就不再是施主了。

② 施主杂质部分被阳离子缺位补偿。

③ 施主杂质部分被受主杂质补偿。因此只需要在材料中引入与有效施主浓度相当的受主浓度,将对材料的性能产生影响。实际上,受主杂质的掺入量常常仅为施主浓度 1/10 左右。

在对 Y—Mn 掺杂 BaTiO₃ 基 PTCR 陶瓷做面扫描时还观察到,受主杂质 Mn 也同时分布在晶界与晶粒中,而且晶界中的含量比晶粒中的含量稍高。Mn 受主杂质对 PTC 效应的影响可以由 Mn 离子的变价特性来解释,Mn 离子要比 Ti 离子更容易变价。

在 Y^{3+} 掺杂的 BaTiO₃ 陶瓷材料中,Mn^{3+} 将补偿相同数量的 Y^{3+},那么 Mn^{2+} 和 Mn^{4+} 分别相当于施主和受主。在最高烧结温度及高温阶段时,Mn 元素在材料中以 Mn^{2+} 和 Mn^{3+} 的价态形式存在,而在降温阶段,则以 Mn^{3+} 和 Mn^{4+} 的价态形式存在。因此,随着降温的进行,Mn 通过价态的变化从施主转变为受主,在晶界捕获电子使表面态密度提高,使 PTCR 效应提高。

但是,当 BaTiO₃ 陶瓷材料中掺入较多的 CuO、MnO₂、Bi₂O₃、TiO₂ 等受主杂质时,且经过高温度和过长时间的烧结,会使处于晶界上的金属氧化物充分氧化,由于高价金属离子在晶界附近作为受主俘获 BaTiO₃ 陶瓷材料中施主离子给出的电子,因此在晶界上形成一层极薄的高阻层,使 BaTiO₃ 陶瓷失去 PTC 效应,这正是产生边界层电容器的途径。

由于施、受主杂质之间的相互作用对宏观电性能会产生较大影响,因此研究施、受主作用规律对获得半导化程度高、PTC 效应好的 PTCR 材料有重要指导意义。

(二)BaTiO₃ 基 PTCR 陶瓷材料的低阻化

1. BaTiO₃ 基 PTCR 陶瓷材料低阻化的理论依据

由于 BaTiO₃ 基 PTCR 陶瓷材料的电阻率是由晶粒体电阻率 ρ_v 与晶界电阻率 ρ_s 两部分组成的,因此材料的有效电阻率 ρ_{eff} 可以表示为

$$\rho_{eff} = \rho_v + \rho_s \tag{2.6}$$

式中,ρ_v 主要决定于材料的半导化程度,它与施主电离能 E_D 有关:

$$\rho_v = \rho_0 \exp\left(\frac{E_D}{2kT}\right) \tag{2.7}$$

而 ρ_s 主要由晶界势垒高度 ϕ 决定,即

$$\rho_s = \frac{n_{gb} bkT}{e\phi} \rho_v \exp\left(\frac{\phi}{kT}\right) \tag{2.8}$$

式中　　n_{gb}——单位长度上的晶界数目;

　　　　b——电子耗尽层宽度。

结合得到

$$\rho_{eff} = \rho_v \left\{ 1 + \frac{n_{gb} bkT}{e\phi} \exp\left(\frac{\phi}{kT}\right) \right\} \tag{2.9}$$

晶界势垒高度 ϕ 由 Heywang 模型推导的方程给出,由于 PTCR 材料的表观介电系数 ε_a 是由晶界决定的,由介电理论可以知道

$$\varepsilon_a = \frac{C}{2\varepsilon_0 d} \tag{2.10}$$

式中　　C——势垒层电容；

　　　　d——平均粒径。

若将 PTCR 陶瓷的晶粒看成一个立方体，其边长等于平均晶粒尺寸 d，而势垒层电容可以看作为一个面积为 d^2 的平板电容器的容量，其厚度为势垒层宽度 b，且忽略晶粒体对介电性能的微弱贡献，则有

$$C = \frac{\varepsilon_0 \varepsilon_r d^2}{2b} \tag{2.11}$$

由上两式，则得到表观介电系数 ε_a 与相对介电常数 ε_r 的关系式：

$$\varepsilon_a = \varepsilon_r \left(\frac{d}{4b} \right) \tag{2.12}$$

将方程代入 $\rho_{eff} = \rho_v \left\{ 1 + \frac{n_{gb} b k T}{e\phi} \exp\left(\frac{\phi}{kT} \right) \right\}$ 得到

$$\rho_{eff} = \rho_v \left\{ 1 + \frac{\varepsilon_a T}{2 B N_d d^2} \exp\left(\frac{B N_s d}{\varepsilon_a T} \right) \right\} \tag{2.13}$$

式中　　B——常数。

$$B = \frac{e^2}{16 k \varepsilon_0} = 1.313 \times 10^{-3} (\mathrm{cm \cdot K}) \tag{2.14}$$

根据晶粒电阻 ρ_v 与载流子浓度 N_d 间的关系：

$$\rho_v = \frac{1}{e N_d \mu_e} \tag{2.15}$$

式中　　μ_e——材料的电子迁移率。

由方程可以知道，要获得低的室温电阻率，必须满足以下条件：

① 大的载流子（电子）浓度 N_d；

② 小的受主表面态浓度 N_s；

③ 大的表观介电常数 ε_a。

条件 ① 表明应当使掺入的施主量较小，即在 U 形曲线的左边，此时材料产生电子补偿，可以获得大的载流子（电子）浓度 N_d；条件 ② 表明应当使掺入的受主杂质量较小，可以产生小的受主表面态浓度 N_s；条件 ③ 表明在室温下当晶格结构发生较大畸变时，居里点以下铁电四方相产生较大的自发极化强度，在晶界势垒层不变的情况下，较大的自发极化电荷全部或部分抵消了空间电荷作用，导致居里温度下晶界势垒降低，使得室温电阻率进一步降低。

另外，从微观结构上看，$BaTiO_3$ 基 PTCR 陶瓷材料低阻化的实质，就是要求 $BaTiO_3$ 陶瓷具有大而均匀的晶粒尺寸和相对薄的晶界层厚度的显微结构。只有这样，晶界势垒高度才较低，在居里温度以下的四方晶相中，势垒高度被铁电畴充分补偿，形成低阻通道，从而导电电子能够更容易地在晶粒之间穿越。因此要获得室温电阻率较低的 $BaTiO_3$ 基 PTCR 陶瓷材料，要求满足以下两个条件：① 大而均匀的晶粒尺寸；② 薄的晶界层以及室温下充分的铁电补偿。

2. $BaTiO_3$ 基 PTCR 陶瓷材料低阻化的途径与实验基础

(1)$BaTiO_3$ 半导瓷的晶粒生长及晶粒尺寸。

实验表明，在 $BaTiO_3$ 半导瓷烧结过程中，主扩散机制为氧空位的扩散。$BaTiO_3$ 半导瓷的烧结温度一般为 1 280～1 380 ℃，烧结过程中，粉体经颗粒结合、再结晶以及致密化。在钙钛矿结构的 $BaTiO_3$ 中，氧离子相距较近，相对其他正离子而言，氧离子的移动较易。在

烧结温度下，粉体表面氧的蒸气压必然受到环境气氛氧分压的影响，即可能产生氧离子的出入与交换，气氛中的氧离子可以进驻晶格格点，格点上的氧离子也可能逸出形成一定数量的氧空位。氧空位在晶界与环境中氧原子进行交换，并向晶粒内部扩散，从而实现物质流的流动。由于 $BaTiO_3$ 半导瓷一般为空气中的液相烧成，当施主浓度较小时，晶粒在生长过程中发生如下的还原反应（以 La_2O_3 掺杂为例）：

$$La_2O_3 + 2TiO_2 \longrightarrow 2La_{Ba}^{\cdot} + 2Ti_{Ti}^{\times} + 6O_O^{\times} + 1/2O(g) + 2e' \qquad (2.16)$$

这个反应是空气中液相烧结过程中晶粒生长、施主溶入必须经历的，它既是晶粒生长过程，又是施主溶入晶格的过程，此时发生电子补偿作用，电导由施主浓度决定，而且有 O_2 释放。对半导化良好的 $BaTiO_3$ 半导瓷，此反应是主要的反应，在烧结成瓷的过程中，晶粒长大且形成晶界，在随后的冷却过程中，由于温度降低，以晶界扩散为主。

当材料中的施主引入量较高时，会因为缺位补偿而产生 Ba 空位，准化学反应式为

$$La_2O_3 + 3TiO_2 \longrightarrow 2La_{Ba}^{\cdot} + V_{Ba}'' + 3Ti_{Ti}^{\times} + 9O_O^{\times}$$

使式（2.16）的反应过程受到抑制，此时 Ba 空位浓度的提高导致氧空位浓度的减少，由于 Ba 空位的扩散系数比氧空位的扩散系数低 $7 \sim 8$ 个数量级（1 000 ℃时 Ba 空位的扩散系数为 5×10^{-12} cm^2/S，氧空位的扩散系数为 10^{-4} cm^2/S），不利于传质过程的进行，结果减慢了晶粒生长的速度，使晶粒尺寸减小。因此，施主掺杂 $BaTiO_3$ 陶瓷材料的晶粒尺寸随施主浓度的增加单调下降。

从上面的分析可以知道，施主在晶粒生长过程中的融入控制着晶粒长大的整个过程而且是晶粒反常的原因。

（2）低的施受主掺杂降低电阻率。

$BaTiO_3$ 基 PTCR 陶瓷材料的室温电阻率与施受主杂质含量的关系已经得到了广泛的研究。图 2－6 所示为这种关系曲线示意图。

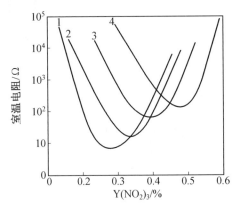

图 2－6　$BaTiO_3$ 基 PTCR 陶瓷材料的室温电
阻率与施受主杂质摩尔分数的关系
$Mn(NO_3)_2$ 摩尔分数：1—0.03%；2—0.05%；
3—0.08%；4—0.10%

可见在 $BaTiO_3$ 基 PTCR 陶瓷材料中，随 Mn 含量的增加，室温电阻率与施主含量的 U 形关系曲线的最低点向施主含量增大的方向移动，而且最低室温电阻率也随之增大，在 $Nb-Mn$、$Sb-Mn$、$La-Mn$、$Y-Mn$ 等施受主掺杂的 $BaTiO_3$ 陶瓷中，都有同样的规律。即要获得低室温电阻率的 PTCR 陶瓷材料，施受主掺杂量存在一定的关系，即当掺入的 Mn

含量固定且较高时,施主含量也要相应提高,反之亦然。从图2-6还可以看出,当$BaTiO_3$基PTCR陶瓷材料中施主含量较小时,随受主含量的增加,材料的最低室温电阻率先缓慢增加,当施主含量较高,且受主含量增加到一定值时,最低室温电阻率增加较快,再后来急剧增大。考虑半导化程度及晶粒尺寸效应,当受主含量确定后,通常将施主含量选择在$BaTiO_3$陶瓷的室温电阻率与施主含量的U形关系曲线的最低点偏左,因为较小的施主含量更易形成大晶粒,同时保证了较小的电阻率。另外,研究者还通过分析这些U形关系曲线得到了不同的施主元素掺杂时,$BaTiO_3$基PTCR取得最低室温电阻率的施受主关系式:

$$[施主] \, mol\% = A + B[Mn] \, mol\%$$

式中　　[施主]——用于掺杂的和受主Mn结合的物质;

　　　　A——常数;

　　　　B——常数;

　　　　[Mn]——用于掺杂的和施主物质结合的受主物质。

对不同的施主取值范围不同,例如,对Sb-Mn掺杂,$A = 0.5\% \sim 0.6\%$(摩尔分数),$B = 1.2 \sim 1.5$。对La-Mn掺杂,$A = 0.275\%$(摩尔分数),$B = 1.67$。A、B有一定的取值范围是因为在$BaTiO_3$基PTCR陶瓷材料制备过程中,不同的研究者使用的原材料纯度不同,液相助烧剂的添加量也有差别,以及烧成工艺的不同等。

另外,PTCR优良的电性能与更高的晶界势垒高度密切相关,Mn本身的存在并不产生深能级,即它与O_2的相互作用才能形成深能级陷阱中心,而Mn易于增大氧化态,冷却时固定氧,化学吸附氧是形成表面态的主要因素。Mn产生大密度的表面态,通常导致体内自由电子浓度减小,室温晶界电阻率决定于非线性自由极化对表面势垒的补偿作用,而Mn使得剩余势垒高度增加。对低电阻率材料,薄的晶界层使得晶界上的双肖特基势垒降低,同时Ba空位的扩散深度较小,影响了表面受主态的活性,结果必然导致PTCR效应变弱。因此低电阻率材料要求薄的晶界层和PTCR优良的电性能要求更高的晶界势垒高度是相矛盾的。

通过以上分析可以知道,较低的施受主掺杂,有利于获得晶粒尺寸大,室温电阻率低的PTCR材料,是$BaTiO_3$基PTCR陶瓷材料低阻化研究的关键所在。

(3)A、B位同时掺杂及O位掺杂降低室温电阻率。

$BaTiO_3$属典型的ABO_3型钙钛矿结构,当材料中同时引入与Ba^{2+}离子半径相近的三价施主杂质和与Ti^{4+}离子半径相近的五价施主杂质(例如Y^{3+}和Nb^{5+}),且总的施主杂质浓度较低时,它们可以同时对A、B位进行取代,这时,对施主杂质的补偿方式主要为电子补偿,其缺陷化学方程式如下:

$$x Y_2O_3 + 2BaTiO_3 = 2(Ba_{1-x}Y_x)(Ti_{1-x}^{4+}Ti_x^{3+})O_3 + x/2O_2(g) + 2xBaO$$

$$y Nb_2O_3 + 2BaTiO_3 = 2Ba(Ti_{1-2y}^{4+}Nb_y^{5+}Ti_y^{3+})O_3 + 3y/2O_2(g) + yTiO_2$$

$$Y_2O_3 + 2TiO_2 \longrightarrow 2Y_{Ba}^{\cdot} + 2Ti_{Ti}^{\times} + 6O_O^{\times} + 1/2O_2(g) + 2e'$$

$$2BaO + Nb_2O_5 \longrightarrow 2Ba_{Ba} + 2Nb_{Ti}^{\cdot} + 6O_O^{\times} + 1/2O_2(g) + 2e$$

由于双位施主分别对A、B位的取代,它们各自在禁带中形成施主能级。根据费米能级统计理论,电离施主浓度与电子占据施主能级的概率有关,相比之下,过剩电子在Ba^{2+}、Ti^{4+}位形成的施主能级应比单一A位取代的要大。另外,根据铁电补偿理论,在居里点以下,晶界势垒层受铁电补偿作用使得势垒高度降低,产生较低的室温电阻率。相比单一施主取代而言,双位施主掺杂时,晶格结构发生较大畸变,居里点以下铁电四方相产生较大的自发极化强度,在晶界势垒层不变的情况下,较大的自发极化电荷更多地抵消了空间电荷的作用,导致居里点以下的势垒高度降低,使得室温电阻率进一步降低。

另外,适量 O 位掺杂(如 Cl^- 掺杂)也利于降低 PTCR 材料室温电阻率,这是因为适量 Cl^- 取代 O 位后,起到施主中心的作用,所以降低材料室温电阻率。

(4)采取合适的烧结工艺降低电阻率。

常规的 $BaTiO_3$ 基 PTCR 陶瓷是在空气中烧成的。前面已经讨论了施主掺杂 $BaTiO_3$ 的烧结过程与晶粒生长的关系。另外,由于 $BaTiO_3$ 基 PTCR 的晶界氧化是在烧结过程(降温过程)中形成的,因此烧结过程对晶界的性质也有决定性的影响。尽管存在有关 PTCR 效应起源的各种模型,但受主表面态受晶界氧化影响的事实是得到了实验证实的。也就是说,不管受主表面态以何种形式存在于晶界区 —— 化学吸附氧、氧化的杂质、过渡金属杂质(如 Mn)或晶粒表面下层可变厚度 Ba 空位梯度层等,它们都与高温下晶界的氧化有关,从而在晶粒表面形成电荷积累而构成势垒。晶界氧化的原因在于晶界的结构缺陷,为氧提供了快速通道,氧沿着这种缺陷扩散比通过点缺陷更容易,这一点可以从 $BaTiO_3$ 基 PTCR 陶瓷材料 PTCR 效应与烧成后的冷却速度的关系中看出,即冷却速度越快,PTCR 特性越小,而冷却速度减慢,PTCR 特性增强。Kim 曾测定冷却速率对晶粒和晶界电阻的影响,试样在 1 330 ℃ 保温 1 h,然后以不同速率冷却,结果表明,当冷却速率从 6 ℃/h 加快至 100 ℃/h 时,晶粒的室温电阻率从 8.24×10^{-2} Ω·cm 缓慢减小至 0.75×10^{-2} Ω·cm,而晶界的室温电阻率则发生了两个数量级的变化,从 2.06 Ω·cm 减小至 0.03 Ω·cm。

同样烧成保温时间对晶界势垒也有较大影响,当烧成保温时间长,则所成势垒高,并可以环绕整个晶粒,瓷片电阻也大;反之该层较薄甚至断开不能包围整个晶粒,样品电阻也小。Sundarun 测定了烧成保温时间对晶粒和晶界电阻的影响,证明随高温(1 350 ℃)保温时间从 0 增加到 20 min,晶粒电阻从 1.3 Ω 缓慢增加到 8.3 Ω,而晶界电阻增加较快(从 6.9 Ω 增加到 2 481 Ω)。

(5)采取湿化学法制备陶瓷粉体降低电阻率。

固相法制备电子陶瓷材料的原材料一般为化工原料,这些原料存在原料纯度低、颗粒均匀性差、粒度分布范围大等缺点。为了制备性能优良的低电阻率 $BaTiO_3$ 基 PTCR,有必要通过对 $BaTiO_3$ 基热敏陶瓷材料粉体的制备加以改善,以高纯超细粉体作为原料。湿化学法不仅可以将原料提纯与细化,而且可以进行掺杂,是值得探索的一种制备低电阻率 $BaTiO_3$ 基 PTCR 的方法。

(6)从元件结构上实现 PTCR 陶瓷材料的低阻化。

由于 $BaTiO_3$ 基 PTCR 材料体系电阻率的降低存在一定极限,当接近这个极限到一定程度后,要想进一步降低材料的电阻率同时保证较好的 PTCR 效应将比较困难。另外,在实际的应用中,一个重要的因素是 PTCR 元件的室温电阻,而不是室温电阻率。因此可以从陶瓷器件的结构设计着手。叠层片式 PTCR 陶瓷电阻器,正是基于这种情形提出的一种新型器件,它由多个 PTCR 元件按一定方式叠合在一起形成并联结构,以达到降低电阻的目的。

下面着重研究微量施、受主掺杂以及烧结工艺对 $BaTiO_3$ 基 PTCR 材料体系室温电阻率及其性能的影响。

(三)施、受主掺杂与低电阻率 PTCR 材料的关系

在以上分析的基础上,下面采取微量施、受主掺杂的方式研究低电阻率 PTCR 材料。为

此以材料体系 $Ba_{0.75}Sr_{0.25}Ti_{1.01}$ 作为基准进行了研究。为了研究微量施、受主掺杂与低电阻率 $BaTiO_3$ 基 PTCR 材料关系,在固定微量受主 $Mn(NO_3)_2$ 含量的条件下,分别改变施主 Y_2O_3 的含量。其实验配方为

$$Ba_{0.75}Sr_{0.25}Ti_{1.01}O_3 + x\%Y_2O_3 + 0.03\%Mn(NO_3)_2 + 2.2\%SiO_2$$

当以上材料体系中引入固定摩尔分数为 0.03% 的受主杂质 $Mn(NO_3)_2$ 时,改变施主 Y 的摩尔分数,其变化范围为:0.06%、0.08%、0.12%、0.16%、0.20%、0.24%。

采用一般电子陶瓷材料的制造方法来制备 PTCR 陶瓷,其工艺流程如图 2—7 所示。将烧结得到的陶瓷印刷铝电极,在 640 ℃ 下烧渗形成欧姆接触电极。样品的电阻温度特性采用 ZWX—B 型 $R-T$ 特性测试仪测试,陶瓷的微观结构通过扫描电子显微镜观察。

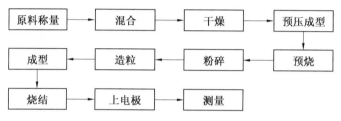

图 2—7　BaTiO₃ 基 PTCR 陶瓷制备流程图

(四)烧结制度对低电阻率 PTCR 材料的影响

晶界缺陷种类及浓度主要由材料的配方决定,不同的表面态所起作用大小则由氧化过程决定,烧结过程对施主掺杂 $BaTiO_3$ 的影响,充分说明了烧结工艺对材料 PTCR 性能所起的核心作用。材料的配方确定后,改变烧结工艺,使晶粒充分半导化的前提下得到晶界层较薄的显微结构是制备低电阻率 PTCR 陶瓷材料的关键。

PTCR 半导瓷对烧结工艺十分敏感,烧结温度、保温时间、升降温速率对陶瓷性能影响极大。由此对以上 $Ba_{0.75}Sr_{0.25}Ti_{1.01}O_3$ PTCR 材料,分别调整最高烧结温度、最高烧结至 1 150 ℃ 的降温速率,研究烧结制度对微量受主掺杂的低电阻 PTCR 陶瓷材料性能的影响。

为了考查烧结制度对微量掺杂 PTCR 陶瓷材料的影响,将上述最低室温电阻率的施、受主掺杂 $Ba_{0.75}Sr_{0.25}Ti_{1.01}O_3$ PTCR 陶瓷坯体分别在箱式炉和隧道窑炉中进行烧结。烧结制度为

箱式炉

$$1\ 300\ ℃/\text{保温 }60\ \text{min} \xrightarrow{35\ \text{min}} 1\ 150\ ℃/\text{保温 }30\ \text{min}$$

$$1\ 320\ ℃/\text{保温 }60\ \text{min} \xrightarrow{35\ \text{min}} 1\ 150\ ℃/\text{保温 }30\ \text{min}$$

$$1\ 340\ ℃/\text{保温 }60\ \text{min} \xrightarrow{35\ \text{min}} 1\ 150\ ℃/\text{保温 }30\ \text{min}$$

$$1\ 350\ ℃/\text{保温 }60\ \text{min} \xrightarrow{35\ \text{min}} 1\ 150\ ℃/\text{保温 }30\ \text{min}$$

隧道窑炉

$$1\ 350\ ℃/\text{保温 }60\ \text{min} \xrightarrow{65\ \text{min}} 1\ 150\ ℃/\text{保温 }0\ \text{min} \xrightarrow{65\ \text{min}} 1\ 050\ ℃/\text{保温 }0\ \text{min}$$

在箱式炉中,在其他烧成条件相同的情况下,对所获得的最低电阻率 $Ba_{0.75}Sr_{0.25}Ti_{1.01}O_3$ PTCR 陶瓷坯体进行高温烧结温度实验,即最高烧结温度分别为 1 300 ℃、1 320 ℃、1 340 ℃ 和 1 350 ℃。实验发现,高温烧结温度对微量施、受主掺杂

$Ba_{0.75}Sr_{0.25}Ti_{1.01}O_3$ PTCR 陶瓷的影响较大，当烧结温度由 1 300 ℃ 增加到 1 320 ℃、1 340 ℃ 和 1 350 ℃ 时，陶瓷的室温电阻率分别为 37.5 Ω·cm、18.5 Ω·cm、8.0 Ω·cm 和 8.2 Ω·cm。这意味着微量施主 Y 掺杂 PTCR 陶瓷材料的烧结温度适当高一些利于室温电阻率的降低。在隧道窑烧结制度下，得到的 $Ba_{0.75}Sr_{0.25}Ti_{1.01}O_3$ PTCR 陶瓷的电阻率为 8.1 Ω·cm。因此对微量施主掺杂 PTCR 陶瓷材料，适当提高烧结温度、延长保温时间及减慢降温速率利于获得低的室温电阻率。而施主摩尔分数为 0.20% 的材料配方在以上四种烧结温度下得到的室温电阻率分别为 57.6 Ω·cm、35.7 Ω·cm、90.8 Ω·cm 和 233.4 Ω·cm，可见当提高烧结温度时，高施主掺杂的样品电阻率先下降，后来急剧上升。

上述实验结果可以用 $BaTiO_3$ 基 PTCR 材料在不同的施、受主含量下的补偿机制来解释。在上述微量施、受主掺杂情况下，施主溶入晶格的过程可用如下准化学反应式来表示：

$$Y_2O_3 + 2TiO_2 \longrightarrow 2Y_{Ba}^{\cdot} + 2Ti_{Ti}^{\times} + 6O_O^{\times} + 1/2O_2(g) + 2e'$$

此时发生电子补偿作用，载流子（电子）浓度由施主浓度决定，随施主浓度的增加，载流子浓度增加，材料的室温电阻率降低。其电中性方程可表示为

$$n = [Y_{Ba}^{\cdot}]$$

式中　　n——电子浓度；

$[Y_{Ba}^{\cdot}]$——电离施主的浓度。

由于温度较高时利于施主的固溶，所以烧结温度升高，室温电阻率下降。由此得出结论：在微量施主掺杂的情况下，较高的烧结温度和较长的保温时间利于获得低的室温电阻率。而在较高施主掺杂（临界浓度以上）情况下，从电子补偿过渡到缺位补偿，此时施主溶入将产生金属缺位（在 Ti 过量的材料体系中主要为 Ba 缺位），其准化学反应式为

$$Y_2O_3 + 3TiO_2 \longrightarrow 2Y_{Ba}^{\cdot} + V_{Ba}'' + 3Ti_{Ti}^{\times} + 9O_O^{\times}$$

电离的施主几乎全部被双电离的 Ba 缺位所补偿，Ba 缺位相当于受主，使电子浓度减小，电中性方程可以写为

$$n + 2[V_{Ba}''] = [Y_{Ba}^{\cdot}]$$

根据热力学的有关理论可以知道，化学反应的质量作用定律常数 K 可以写成如下表达式：

$$K \propto \exp\left(\frac{\Delta S}{k}\right) \cdot \exp\left(-\frac{\Delta H}{kT}\right)$$

式中　　ΔS——反应中系统的熵变；

ΔH——反应中系统的焓变；

k——玻耳兹曼常数。

对于晶体，由于缺陷的浓度相对于正常格点原子的浓度而言，非常微小，因此引起系统的熵变可以忽略不计。同时，缺陷不会引起晶体体积的变化，因此焓变即等于缺陷形成的激活能，则上式可以简写为

$$K \propto \exp\left(-\frac{\Delta H}{kT}\right)$$

因此对应于方程 $Y_2O_3 + 3TiO_2 \longrightarrow 2Y_{Ba}^{\cdot} + V_{Ba}'' + 3Ti_{Ti}^{\times} + 9O_O^{\times}$，化学反应的质量作用定律常数 K 可表示为

$$K \propto \exp\left(-\frac{\Delta H_{Ba}}{kT}\right)$$

上式中的 ΔH_{Ba} 为生成一个中性 Ba 空位及二价电离 Ba 空位的形成焓。显然当提高烧

结温度时,方程中的反应将向右边进行,此时 V''_{Ba} 的浓度增加,使材料中的电子浓度进一步减少,电阻增大。PTCR 陶瓷样品的尺寸 ϕ 为 $9.6\ mm \times 2.0\ mm$,由 $R-T$ 曲线测得样品的室温电阻为 $2.2\ \Omega$,升阻比为 4.3,温度系数为 $10.3\%\ ℃^{-1}$。经过换算,其室温电阻率为 $8.0\ \Omega \cdot cm$。

图 2—8 所示为获得的最低室温电阻率材料体系 $Ba_{0.75}Sr_{0.25}Ti_{1.01}O_3$ PTCR 陶瓷的 SEM 照片,可以看见,所得陶瓷的晶粒生长较大,结构较均匀。

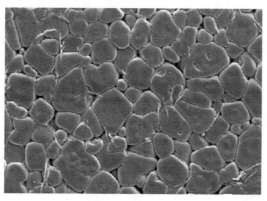

图 2—8　最低室温电阻率材料体系 $Ba_{0.75}Sr_{0.25}Ti_{1.01}O_3$ PTCR 陶瓷的 SEM 照片

三、$BaTiO_3$ 基 PTCR 陶瓷粉体的高分子网络凝胶法合成研究

对于共烧法制备 $BaTiO_3$ 基叠层片式 PTCR 热敏电阻器而言,关键技术之一就是降低陶瓷材料的烧结温度,从而实现与贱金属内电极共烧,而湿化学法合成的准纳米粉体,由于粒径减小,比表面大大增加,活性增强,因此可以有效地降低材料的烧结温度,是一种值得研究的粉体合成途径。另外片式 PTCR 由于瓷体较薄,陶瓷粉体的特征(如纯度、形态、粒度分布、化学均匀性及烧结活性)对坯体的微观结构有较大影响,为了制备性能优良的低电阻率片式 PTCR,也有必要通过对 $BaTiO_3$ 基热敏陶瓷材料粉体的制备加以改善,以高纯超细粉体作为原料。固相法制备电子陶瓷材料的原材料一般为化工原料,这些原料存在原料纯度低、颗粒均匀性差、粒度分布范围大等缺点,而湿化学法制备陶瓷粉体可以克服以上缺点,不仅可以将原料提纯与细化,而且可以进行掺杂,由于各组分在溶液中在分子/原子水平上均匀混合,各组分的含量可以精确控制,所制备的粉体具有化学均匀性高、粒度均匀细小,对制备高性能片式 PTCR 有重要意义。其中,高分子网络凝胶法特别适合于制备多组分超细粉体,因而受到广泛研究,而液相包裹法添加二次掺杂物是制备 PTC 陶瓷粉的一种有效方法,可以将受主和助烧助剂均匀地包裹在陶瓷微粉的表面,从而改善 PTCR 陶瓷粉体的化学均匀性及烧结活性。本节探讨了用高分子网络凝胶法(也称聚丙烯酰胺凝胶法或丙烯酰胺 Sol—Gel 法)与液相包裹法相结合的方法合成 $BaTiO_3$ 基 PTCR 高纯超细陶瓷粉体。

(一)高分子网络凝胶法合成基础

1.高分子网络凝胶法合成原理

高分子网络凝胶法采用"溶液 — 凝胶 — 煅烧"的途径,其制备过程如下。

（1）均匀稳定的溶液（溶胶混合液）的制备。

首先，按照化学计量比分别制备各组分阳离子的水溶液，为了避免水解和缩聚，溶液必须是稳定的。柠檬酸（Citric Acid，CA）是一种广泛使用的络合剂，它能在较宽的 pH 范围内（pH＝3～10）与许多种金属离子形成稳定的络合物，因此可以通过在溶液中加入柠檬酸作为络合剂，通过控制配合基的数量和 pH，从而获得高度络合的、稳定的溶液，溶液中过量的柠檬酸可以通过加入氨水进行中和。将各组分阳离子的水溶液混合得到混合溶液，这里的混合溶液是一种稳定均匀的溶胶混合液，其中的各组分离子按一定的化学计量比。在原料的选择上，通常采用硝酸盐、碳酸盐等无机盐作为原料，一方面，这些无机盐的阴离子可以在溶液中保持稳定；另一方面，在煅烧后，可以避免不需要的中间产物及杂相的生成。

（2）溶液的凝胶化。

在上述溶胶混合液中加入适量的有机单体和交联剂，并使之溶解。目前在高分子网络凝胶法中广泛使用的有机单体是丙烯酰胺（Acrylamide，AM），交联剂是 N,N′－亚甲基双丙烯酰胺（Methylenebisacrylamide，MBAM），其聚合物即聚丙烯酰胺水凝胶，是一种最简单的亲水聚合物网络。丙烯酰胺和 N,N′－亚甲基双丙烯酰胺很容易溶解于水，其聚合通过引发剂过硫酸铵（Ammonium Persulfate，APS）及催化剂 N,N,N′,N′－四甲基乙二胺（Tetramethylethlenediamine，TEMED）的引发和催化作用。溶液中引入的有机单体、交联剂、引发剂和催化剂组成有机体系。凝胶是介于固体和液体之间的中间状态。聚丙烯酰胺凝胶由丙烯酰胺在水介质中聚合成长链，并由交联剂交联形成复杂的三维网络结构。

溶液的凝胶化就是利用溶液中有机单体和交联剂在引发剂和催化剂的作用下，原位交联聚合形成三维网络状聚合物水凝胶来实现的，这种聚合物水凝胶独立于溶液中的阳离子。这种聚合或凝胶化过程可以分为：引发、聚合、聚合物凝胶的形成。首先是引发剂均裂成自由基，有机单体丙烯酰胺（AM）在自由基作用下打开其烯键，这样，与自由基结合后的丙烯酰胺成为活性基团，并与其他的丙烯酰胺分子作用形成聚丙烯酰胺（PAM）分子链，随着聚合物分子链的增长，活性基团的位置移至链的自由端。交联剂 MBAM 分子含有两个烯键，由两个 $CONH_2$ 基团和一个甲基连接起来，和丙烯酰胺（AM）共聚时，一个烯键打开后嵌入到某个 PAM 分子链中，同样另一个烯键嵌入到另一个 PAM 分子链，这样一个 MBAM 分子可以将两个 PAM 分子链在链的侧向联结起来，从而使聚合物具有三维网络状结构。可见，凝胶化过程就是利用丙烯酰胺自由基聚合反应及 N,N′－亚甲基双丙烯酰胺的两个活化双键的双功能团效应，将聚丙烯酰胺高分子链联结起来构成网络从而获得凝胶。引发剂 APS 的作用是产生自由基，打开有机单体的烯键。催化剂 TEMED 的作用是和 APS 一起构成引发系统，降低自由基形成活化能，使得有机单体能在较低温度（室温）下进行聚合。由于凝胶的形成，将溶液中的组分离子原位固定在其中，金属离子在溶液中的移动受到限制。在以后的干燥和煅烧过程中，陶瓷颗粒接触和聚集的机会减少，利于形成颗粒尺寸小、团聚少、化学均匀性好的超细陶瓷粉体。

（3）凝胶的煅烧（超细陶瓷粉体的获得）。

溶液凝胶化后，既可以进行煅烧，也可以将所得凝胶在微波炉中干燥几分钟再煅烧，干燥所得的干凝胶为多孔状泡沫材料，其表观密度一般在 $10^{-2}～10^{-1}$ g/cm^3 之间。凝胶的煅烧在空气气氛中完成，将炉温升至适当的温度，水凝胶通过热处理直接分解，水分及有机物全部去除，获得超细陶瓷粉体。

2. 高分子网络凝胶法合成的特点

高分子网络凝胶法与固相反应法合成研究的差别在于反应性不同。这种反应性不同主要反映在反应机理上,固相反应的机理主要以界面扩散为其特点,而高分子网络凝胶合成主要以液相反映为其特点。在从溶液到凝胶的过程中,聚丙烯酰胺凝胶实质上起节省时间的辅助作用。与 Sol－Gel 法不同的是,这个过程不是将柠檬酸溶液浓缩逐步变成高黏度的溶液、凝胶和树脂,而是将溶液直接变成凝胶,在接着的煅烧过程中只需要将凝胶加热至沸腾温度,凝胶就立即在炉子里分解,因此可比 Sol－Gel 法大大提高合成效率。借助于聚丙烯酰胺凝胶的原位固化作用特别是与柠檬酸络合方法相结合,高分子网络凝胶法使得多组分氧化物的合成快捷、简单而高效,可以在相当低的温度下合成化学均匀性高的超细陶瓷粉体。实际上,高分子网络凝胶法的这种快速凝胶化过程使得这种方法的规模化制粉成为可能。

煅烧粉体的化学均匀性来源于柠檬酸的络合作用,但聚丙烯酰胺凝胶也起到了不可忽视的作用,它们均可以防止从溶液到固态过程中的大规模的相分离(成分偏离),这已经从 $LaAlO_3$ 粉体的合成中可以得到证明。

高分子网络凝胶法具有广泛的通用性,在组合化学中有很好的适应性,表现在目前已经用这种方法合成了多种不同的电子陶瓷粉体(包括硅酸盐和铝硅酸盐),如 $Bi_2Sr_2CaCu_2O_x$、$YBa_2Cu_3O_{7-x}$、$LaAlO_3$、$\alpha-Al_2O_3$、$BaZrO_3$ 等。而且通过高分子网络凝胶法可以制得固相反应无法制得的物相或物种,如 Sin 等人用高分子网络凝胶法合成一种用固相反应法无法制备的新材料 La_2CuNiO_6,其合成将 Ni^{3+} 和 Cu^{3+} 结合在一起,而且在常压下通氧气即可完成。通常,Cu^{3+} 的合成要在较高的压力下进行,而且容易生成 $La_2CuO_4^+NiO$,因此,用固相反应难以合成这种物质。从某种意义上讲,对一些无法用固相反应法制备的氧化物材料,高分子网络凝胶法为合成新材料开辟了途径,并显示出其在合成新材料方面的巨大潜力。

高分子网络凝胶法与固相反应法相比,煅烧温度要低得多,而且其工艺条件(煅烧温度和时间)还可以进行优化。

与传统固相方法相比,高分子网络凝胶法有许多优点,其特点可以总结如下:

① 由于反应在溶液中进行,反应物以离子形式在溶液中均匀混合,其均匀度可以达到分子或原子级,合成粉体的化学均匀性提高。

② 合成的陶瓷粉体具有高的比表面积,因而活性高,烧成温度比传统烧结方法有较大的降低,减少合成时间。

③ 化学计量比准确,易于改性,掺杂量的范围加宽,能均匀地进行掺杂。

④ 适合于制备多组分超细粉体。

⑤ 可以代替固相反应以及难于进行的合成反应,并产生一系列新的物质。

⑥ 工艺简单,易推广。

⑦ 制备的陶瓷粉体的形态和那些传统柠檬酸盐方法合成的粉体形态类似。粉体具有体积大、质量轻、粒径小的特点(小于 $1\ \mu m$ 有的甚至在 $0.1\ \mu m$)并团聚成小板状。这些小板可以很容易地通过球磨来解除团聚从而提高烧结前陶瓷粉体的密度。

由于高分子网络凝胶法一般要经过 $700\ ^{\circ}C$ 左右的煅烧过程,因此不适于合成挥发性氧化物(低熔点的材料)及低分解温度的氧化物这两类材料,如:HgO、Ag_2O。

3. 高分子网络凝胶法合成的引发类型

丙烯酰胺和亚甲基双丙烯酰胺这两种有机单体的聚合通常由自由基引发,可以使用的引发剂有很多种。反应可以由热引发聚合或紫外光引发聚合，还可以在室温下由引发剂与催化剂组成引发体系来引发聚合。

（1）热引发聚合。

聚合反应可以简单地直接由热引发聚合，在这种引发聚合情况下，可以将溶液的温度加热至 80 ℃ 左右，这时引发剂偶氮二异丁腈（a,a－azoisobutyronitrile，AIBN）分离、释放出自由基，因此，AIBN 适合于高温条件下的引发。由于它不溶于水，在水溶液中使用时可以在丙酮中加几滴 AIBN。

（2）紫外辐射（Ultraviolet，UV）引发聚合。

聚合反应还可以简单地直接由紫外光引发聚合。在这种引发聚合场合，使用 2,2 － 二乙氧基苯乙酮（2,2－diethoxyacetophenone）作为引发剂的紫外光照射可以在室温下产生均匀凝胶。

（3）室温引发聚合。

当 APS 和 TEMED 组成引发体系时，自由基形成活化能大大降低，使聚合反应在室温下进行。

在以上所有的引发场合，丙烯酰胺凝胶化过程非常快，通常不超过 15 min，比现在已知的任何其他凝胶方法都要快。这一特点使得这种合成方法在大规模应用方面有很大的吸引力。

4. 高分子网络凝胶法的凝胶体系

（1）水介质体系。

金属性元素可由氧化物（通过硝酸盐或直接和柠檬酸三胺反应获得，如 WO_3）、硝酸盐、碳酸盐、氯化物或醇盐等作为起始原料。对给定的合成目标相，当所有的元素按一定的化学计量比组成水溶液时，合成变得容易且快捷。已经有文献报道用水介质体系合成各种材料及其特性，比如：超导材料 $YBa_2Cu_3O_{7-x}$、高质量的陶瓷粉体 $La_{1.85}Sr_{0.15}CuO_{4-x}$、$MgAl_2O_4$ 尖晶石材料、具有扩展的 Sb 溶解力的材料 $Ba(Sn_{0.7}Sb_{0.3})O_3$ 及 $\alpha－Al_2O_3$。

（2）非水介质体系。

聚丙烯酰胺凝胶能很好地适应水介质，类似地，有机凝胶也可以在有机溶液或悬浮体中产生相同的作用。例如为了合成多铝红柱石，此时以 96% 的乙醇为有机介质，由正硅酸乙酯、$Al(NO_3)_3$ 组成的混合溶液或由 TEOS、$Al(NO_3)_3$、$Mg(NO_3)_3$ 组成的混合溶液可以借助聚羟乙基甲基丙烯酯并通过甲基双丙烯酰胺形成凝胶。尽管有机凝胶化不如聚丙烯酰胺容易快捷，但由这种凝胶煅烧后获得的陶瓷粉体具有非常优异的化学均匀性和非常高的活性，同时具有高的比表面积。例如堇青石在 1 000 ℃ 结晶成 $\alpha－$堇青石之前已经完全致密化。这说明了在由 TEOS 和硝酸盐合成硅酸盐方面，这类有机凝胶具有很大的潜力，而且不需要对无水乙醇做任何处理。

5. 高分子网络凝胶法中丙烯酰胺与溶液中金属离子的作用

在水介质中，丙烯酰胺的聚合通常在 pH 为中性的条件下比较合适，通常，聚丙烯酰胺凝胶的形成速度很快。在实际的丙烯酰胺 Sol－Gel 法合成工艺中，液体介质是包含按照化学计量比混合的各组分阳离子的水溶液。研究表明，丙烯酰胺聚合反应对那些可能与自由基反应的物质特别敏感，如某些阳离子，有机溶剂或溶解的氧等。目前在丙烯酰胺与溶液中金属离子的化学作用方面的研究有了新的进展，这些进展对提高这种湿化学法的应用有很重要的价值。

研究表明，很多种元素，如过渡元素（Cu、Ni、Mn）、稀土元素（Y、La）以及 Zr 和 Bi 等阻碍聚丙烯酰胺凝胶的形成，这是由于它们和丙烯酰胺有机单体中的氨基反应形成复合体。因此，当合成的物相中含有 Cu 或 Y 等元素时，凝胶化过程仅在溶液中的阳离子浓度很低时合成粉体，而且工艺的重复性较差。如 Y—123 相（即 $YBa_2Cu_3O_{7-x}$）的合成，只有当 Cu 离子的浓度较低时才有可能合成目标相。实际上，在这些金属元素中，只有 Cu 离子在形成凝胶时比较缓慢，且产物为高黏度的凝胶而不是弹性凝胶。原因可能是溶液中游离的微量 Cu 离子与自由基之间的反应，阻碍了聚合反应的进行。如果这些金属离子与丙烯酰胺的反应是可能的，这将只有当这些金属离子不能与柠檬酸络合时才有可能发生。这些问题的存在使得这种湿化学法的规模化生产及推广存在一定的困难。

对上述情况，一方面，可以增加引发剂的用量来加快聚合反应，如当 TEMED 作为催化剂时，聚合反应的速率随 AIBN 量的增加而加快。另一方面，可以选用一种比柠檬酸更有效的络合剂使之与金属离子络合，从而使金属离子与丙烯酰胺隔离。

研究表明，乙二胺四乙酸（Ethylenediaminetetraacetic Acid，EDTA）是一种合适的络合剂，它为四元弱酸，是一种六齿配体，比 CA 具有更强的络合作用，而且几乎能与所有金属离子生成十分稳定的水溶性络合物。因此可用 EDTA 代替 CA 和过渡元素离子形成金属－EDTA 络合物，如它与 Cu 形成 Cu—EDTA 络合物，将利于丙烯酰胺有机单体的聚合。

通常，在络合时，EDTA 的四个酸根氢离子离解出来，溶液中的金属离子和乙二胺四乙酸根离子中的两个 N 原子形成并列的共价键。由于 EDTA 有四个羧基，可以大大防止阳离子的游离和偏析，形成更均匀的前驱体。因此，可以用 EDTA 代替柠檬酸来对高分子网络凝胶法进行改进，使 EDTA 与金属离子络合。尽管如此，目前科学工作者已经合成了几十种 Cu—CA 的凝胶。

然而，由于不同的金属离子的不同性能，往往产生一些副反应影响 EDTA 与金属离子的络合。为了避免这种情况，可以将每种金属离子分别和 EDTA 充分络合，并调整溶液的 pH（一般在 2.5～6 之间），使其呈稳定状态，然后将分别络合后的溶液进行混合，这样即使溶液中的金属离子浓度很高（对 Cu 离子来说，浓度高达 100 g/L），也可以很容易地将溶液凝胶化。

上述用 EDTA 代替 CA 后的合成过程称为改进后的丙烯酰胺 Sol—Gel 法，由此可以由较小的凝胶体积一次性合成大量的氧化物粉体。与固相反应法相比，用改进后的丙烯酰胺 Sol—Gel 法合成氧化物只需在较低的温度和较短的时间内完成，且只经过一次热处理，这些合成特点对粉体的后续处理工艺具有深远影响。因此，从某种意义上说，以上改进的丙烯酰胺 Sol—Gel 法是一种准普适的合成超细粉体的方法。

聚丙烯酰胺凝胶的形成过程容易而且快速，它不仅可以在粉体制备过程中，用于前驱体溶液的凝胶化，使其中的金属离子原位固化，而且它还可以用于陶瓷粉体的成型过程中，目前这种成型方法（即注凝成型方法）已经广泛应用于高性能陶瓷的近净尺寸成型。

（二）$BaTiO_3$ 基 PTCR 陶瓷粉体的高分子网络凝胶法合成

$BaTiO_3$ 基 PTCR 陶瓷粉体，其配方组分是典型的多元组分，除了主要成分 $BaTiO_3$ 外，还包括微量施主元素和受主元素，适量的 AST 液相掺杂剂，以及大量掺杂居里点移动剂。$BaTiO_3$ 基 PTCR 陶瓷粉体组分较多，并且为了获得好的 PTCR 效应，要求部分组成（烧结助剂和受主杂质)分布于晶界,这就使得制备 PTCR 粉末具有一定的特殊性。由液相法制得的粉末,其各组成的化学均匀性均保持在离子或原子尺度上,这样对于 PTCR 陶瓷来说,其烧结助剂和受主杂质就很容易进入陶瓷的晶格,从而大大削弱 PTCR 效应。有文献报道曾用一步柠檬酸盐喷雾干燥法制备 PTCR 粉末,制得的样品几乎没有半导化,更谈不上 PTCR 效应了。

鉴于 PTCR 粉末制备的特殊性,拟定了两步湿化学法制备 $BaTiO_3$ 基 PTCR 粉末的工艺:① 首先用高分子网络凝胶法在较低温度下制备施主掺杂的 $BaTiO_3$ 基 PTCR 陶瓷粉体;② 再将受主及助烧剂的混合水溶液与所得粉体超声混合均匀,使得受主及助烧剂均匀包裹在超细 $BaTiO_3$ 基陶瓷粉体颗粒表面,从而改善 PTCR 陶瓷粉体的化学均匀性及烧结活性。

1. 实验过程

实验原材料为 $BaCO_3$、$SrCO_3$、$Ti(OC_4H_9)_4$、Y_2O_3、$Si(OC_2H_5)_4$、$Mn(NO_3)_2$、EDTA、CA、硝酸、氨水。实验所制备 $BaTiO_3$ 基 PTCR 粉料的组成为 $(Ba_{0.75}Sr_{0.25}Y_{0.006})Ti_{1.02}O_3 + 2.4\%Si + 0.1\%Mn$,其中含量为物质的量比。

(1) 施主掺杂 $BaTiO_3$ 基陶瓷粉体的合成。

将 $BaCO_3$、$SrCO_3$ 和 $Ti(OC_4H_9)_4$ 分别与 CA 反应制备 $Ba(C_6H_6O_7)$、$Sr(C_6H_6O_7)$ 和 $Ti(C_6H_6O_7)_2$ 水溶液,并滴加氨水至 pH 为 8 左右,Y_2O_3 溶于稀硝酸中得到 $Y(NO_3)_3$ 的溶液,按 EDTA:Y = 1:1(质量比)的比例加入 EDTA,使 EDTA 与 Y 离子络合。

$Ba(C_6H_6O_7)$、$Sr(C_6H_6O_7)$ 和 $Ti(C_6H_6O_7)_2$ 水溶液与 $Y(NO_3)_3$ 水溶液这四种溶液按比例混合,获得混合的透明溶液。以丙烯酰胺(AM)为有机单体,以 N,N′-亚甲基双丙烯酰胺(MBAM)为交联剂,按溶液:AM:MBAM = 100 mL:(6 ~ 20)g:(0.6 ~ 1)g 的比例加入有机单体和交联剂,继续搅拌至 AM 和 MBAM 溶解,在引发剂过硫酸铵(APS)和催化剂四甲基乙二胺(TEMED)的作用下,溶液中的有机单体交联聚合得到凝胶,从而使得溶液中的离子原位固化。将所得凝胶在 600 ~ 900 ℃ 下处理 2 h,得到蓬松状的超细 $BaTiO_3$ 基陶瓷粉体。

用热重法(TG)和差示扫描量热法(DSC)在空气中研究所得凝胶的分解过程,升温速率为 10 ℃/min。通过 X 射线衍射(XRD)考查掺杂 $BaTiO_3$ 基陶瓷粉体的结晶化过程,并且用离心沉降法测定粉体的颗粒分布曲线,用比表面吸附法(BET)测定粉体的比表面积,用透射电子显微镜(TEM)观察粉体的团聚情况和粉体的实际颗粒直径。

先将 $Si(OC_2H_5)_4$ 与柠檬酸水溶液反应制备含 Si^{2+} 的水溶液,再将其按比例与 $Mn(NO_3)_2$ 水溶液混合,然后将以上制备的施主掺杂 $BaTiO_3$ 基陶瓷粉体按比例加入以上的两组分混合液中,通过超声分散制得稳定的悬浮液,悬浮液经喷雾干燥后,获得包裹了两种组分的粉末,再经 600 ℃,1 h 处理去除其中的有机物,获得 $BaTiO_3$ 基 PTCR 陶瓷粉体。

(2) 烧结助剂和受主杂质的添加。

制得的 PTCR 粉末,采用注凝成型工艺制备尺寸为 15 mm×10 mm×0.4 mm 的若干样品,样品在空气气氛中烧结,得到尺寸约为 12 mm×8 mm×0.34 mm 的陶瓷坯片,用扫描电子显微镜(SEM)观察试样的自然表面。用 Mendolson 方法对 SEM 照片进行晶粒大小的估计,即平均晶粒大小 $\bar{G} = 1.56\bar{L}$,其中,$\bar{L}$ 为四条任意穿越显微照片的直线被单个晶粒的边界所截长度的平均值。

2. 结 果 与 讨 论

(1) 原料的选择及复合前驱体溶液的制备。

实验原料的选择除了纯度上的要求外,还要求它们能溶入柠檬酸。从这一点考虑,碳酸盐(如 $BaCO_3$、$SrCO_3$)是较好的选择,因为碳酸盐即使是在柠檬酸这样的弱酸的稀溶液里也有较好的溶解能力,Ba^{2+}、Sr^{2+} 溶液的制备相对来说比较容易。

但是 Y_2O_3 化学性质不活泼,在柠檬酸里的溶解情况就不同了,Y_2O_3 在柠檬酸里的溶解相当缓慢,实验发现随温度的升高和柠檬酸结晶水的减少,Y_2O_3 在柠檬酸中的溶解大大增强。Y_2O_3 几乎能瞬间溶解于熔融的一水合柠檬酸($C_6H_8O_7 \cdot H_2O$)中,柠檬酸的熔融温度在 $140 \sim 150$ ℃ 之间。当熔融物冷却后,随即固化,因此室温下不易制备 Y^{3+} 的溶液。虽然 Y_2O_3 在柠檬酸水溶液中溶解很困难,但在稀硝酸的溶解较容易,但这种溶解需在一定的温度下(通常在 $80 \sim 85$ ℃),并不断搅拌使反应容易进行,室温下所得 $Y(NO_3)_3$ 溶液能稳定存在。研究发现,$Y(NO_3)_3$ 溶液中游离的 Y^{3+} 阻碍聚丙烯酰胺凝胶的形成,使丙烯酰胺凝胶的聚合过程非常缓慢,而加入 EDTA 对 Y^{3+} 进行络合后,凝胶化速度明显加快,因此,在实验过程中,对制备好的 $Y(NO_3)_3$ 溶液,按 EDTA : Y^{3+} = 1 : 1 的比例加入 EDTA,使之形成 Y－EDTA 络合离子。

由于 Ti^{4+} 的电荷多,同时离子半径小(0.068 nm),因此其前驱体(如 $TiCl_4$、$TiCl_3$、$Ti(OC_4H_9)_4$)极易水解,不易形成稳定的溶液。实验采用 $Ti(OC_4H_9)_4$ 作为 Ti 的前驱体原料,$Ti(OC_4H_9)_4$ 与柠檬酸反应形成的柠檬酸钛溶液,是一种合适的 Ti 前驱体。按钛酸丁酯 $Ti(OC_4H_9)_4$: 柠檬酸 = 1 : 1 $\sim$ 1 : 1.2 的质量比,称量钛酸丁酯 $Ti(OC_4H_9)_4$ 与柠檬酸,在柠檬酸中加入去离子水,配制成柠檬酸溶液,并用氨水调节 pH 为 $6 \sim 7$,将所得溶液与钛酸丁酯 $Ti(OC_4H_9)_4$ 混合,加热至 $80 \sim 85$ ℃,搅拌后静置,溶液分为上下两层,将下层溶液分离出,得到含有 Ti^{4+} 的溶液,并加氨水至 pH 为 $7 \sim 8$。

由以上分析可以知道,在分别制备 Ba^{2+}、Sr^{2+}、Ti^{4+}、Y^{3+} 水溶液的过程中,较难制备的是 Ti^{4+} 和 Y^{3+} 的水溶液。由此首先要对原材料进行处理,使各种成分形成适当的溶液,最后达到制备符合化学计量比,均匀、稳定的前驱溶液的目的。由于复合前驱体溶液中各金属离子分布的均匀性对最后的粉体形成有至关重要的影响,因此制备均匀、稳定,符合化学计量比的 Ba－Sr－Ti－Y 的复合前驱体溶液是获得高性能 PTCR 陶瓷粉体的前提。

(2) 柠檬酸的络合原理及溶液 pH 的控制。

前面已经述及,柠檬酸(CA)是一种应用最广泛的、有用的络合剂。它是三元酸,含有一个羟基和三个羧基,是多齿状的配合体。和其他的 α－羟基酸一样,柠檬酸能很容易地通过羟基上的一个氧原子及羧基上的一个氧原子失去电子,从而和金属离子形成二齿状的络合物,这种络合物的稳定性依赖于 pH 的大小,而且随 pH 的增大而稳定。

通常,当 pH 在 $2 \sim 3$ 之间时,柠檬酸络合物的稳定常数很低;当 pH 在 $3 \sim 10$ 之间时,稳定常数很高;而当 pH 在 $10 \sim 12$ 之间时,稳定常数又变低。可见,当金属盐溶液中仅仅加入柠檬酸时,溶液的 pH 将会很低而使络合程度变小。当溶液的 pH 增加至中性条件(pH = $6 \sim 8$)时,络合物的稳定程度大大提高。另外,很多金属离子的柠檬酸络合物在酸性条件下是不溶的,如 La、Pb、Bi 等,但当在溶液中加入氨水时,即可以获得透明、稳定的溶液。因此柠檬酸能在较宽的 pH 范围内(pH = $3 \sim 10$)与许多种金属离子形成稳定的络合物,通过在溶液中加入柠檬酸,控制配合基的数量和 pH,从而获得高度络合的、稳定的溶液。因此,在实验过程中,溶液 pH 的控制很重要,在制备各组分的溶液时,如果 pH＜7,则混合溶液不能稳定存在,而当 pH＞7 时,由于柠檬酸分子的三个羧基在碱性条件下对许多金属离子有较强的螯合配位作用,可以同时与 Ba^{2+}、Sr^{2+}、Ti^{4+}、Y^{3+} 等离子络合,形成复杂金属离子络合物,它们的金属－柠檬酸络合物在水溶液中比较稳定,溶液中剩余的自由金属离子较少,有助于防止所形成的凝胶中组分偏离化学计量。一般来说,为了获得稳定的 Ba－Sr－Ti－Y 前驱体溶液和凝胶,所用 pH 在 8 左右。从某种意义上说,获得均匀、稳定的 Ba－Sr－Ti－Y 的复合前驱体溶液的前提是各金属离子与 CA 充分络合,溶液合适 pH 的控制。

但迄今为止,很少有研究报道多种金属离子和柠檬酸络合时的本质。对于一种给定的金属离子,依据不同的 pH、配合体与金属离子的比例、浓度及温度的不同,可以形成多种不同的柠檬酸络合物,而当溶液中有两种或更多的金属离子与配合体络合时,可能形成各种不同的络合物而使情形变得相当复杂。在合成 $BaTiO_3$ 陶瓷粉体时,Ba 和 Ti 的柠檬酸盐溶液在酸性条件下混合时为沉淀,而当 pH 升高时,沉淀溶解而变成溶液。在中性条件下,通过柠檬酸与金属离子的强络合作用,可以很容易地得到高度络合的两种或更多金属离子的水溶液。获得这种溶液的另一方法就是直接在含有所需金属离子的溶液中加入柠檬酸三胺,NH^{4+} 的作用即用来平衡金属盐中的阴离子(如硝酸盐中的硝酸根)。如果按每个金属离子加入一个柠檬酸根的比例加入柠檬酸,这样可以保证所有阳离子的高度络合,在后面的煅烧过程中,原子比相对偏离值越小,粉末化学组成越接近目的组成,从而获得化学均匀性高的陶瓷粉体。

由于在中性或弱碱性条件下,柠檬酸能和许多种金属离子络合,如 Ba^{2+}、Ca^{2+}、Zr^{2+}、Ti^{2+} 等,所以柠檬酸可以用来制备多组分溶液,利用柠檬酸通过氨水和 Ba^{2+}、Sr^{2+}、Ti^{2+} 的络合作用分别制备三种金属离子的稳定溶液,Y^{3+} 则通过 EDTA 与之络合形成稳定的溶液,再将四种离子的水溶液混合得到混合溶液,这里的混合溶液是一种稳定、均匀的溶胶混合液,其中的各组分离子按一定的化学计量比。

(3)凝胶前驱体及施主掺杂 $BaTiO_3$ 基陶瓷粉体的物性。

在上述 Ba－Sr－Ti－Y 复合前驱体溶液中加入有机单体和交联剂,在引发剂和催化剂的作用下有机单体和交联剂交联聚合形成不断生长的有机聚合网络,包围金属络合物,减少各金属离子在高温分解过程中的偏析,由于金属阳离子均匀分布在其间,它们被限制在聚合网络中而保持初始溶液中的原始金属离子配比,因此形成结构均一的凝胶,最终获得均一性的粉体。

凝胶的失重分为三个阶段,① 干燥阶段(20 ～ 230 ℃);② 有机物热解阶段(230 ～ 500 ℃);③ 结构重排和致密化结晶阶段(500 ～ 550 ℃),它们分别对应的质量损失为 55.55%、19.11% 和 18.13%。第一阶段,230 ℃ 以下的失重是自由水和吸附水的蒸发。第二阶段,对应有机物的氧化分解,在 230 ～ 500 ℃ 之间,有机物内部的链断裂,继而燃烧,由于前驱溶液中含有大量的有机物,在此阶段释放出大量的 H_2O、CO、CO_2 和 NO_2 气体。第三阶段,急剧的质量损失对应 DSC 上 505～550 ℃ 之间一个较宽的放热峰,表明金属－柠檬酸络合物的逐步分解以及$(Ba,Sr)TiO_3$ 晶相的逐步形成。

多组分氧化物的合成温度依赖于氧化物前驱体中各金属阳离子的化学均匀性。$(Ba,Sr)TiO_3$ 相(JCPDS 44－0093)在 500 ℃ 开始出现,随着煅烧温度的升高,各衍射峰逐渐增强,但在 600 ℃ 以下时,衍射峰强度较小,当煅烧温度为 700 ℃ 以及高于 700 ℃ 时,各衍射峰强度明显,表明无定形前驱体在此温度下已经完全结晶。

（4）前驱体煅烧过程中的升温速率。

研究表明，粉体粒径更多地依赖凝胶前驱体的煅烧过程而不是凝胶前驱体的形成过程。通常，越高的升温速率产生越高的化学均匀性，因为高的升温速率可以一定程度上避免相分离，特别是当阳离子没有被充分络合时，同时高的升温速率也利于获得较小的粉体粒径，但当升温速率过高时容易使有机物燃烧不充分而产生碳残留。对上述的前驱体，当煅烧过程中的升温速率为 10 ℃/min 时，可以获得满意的结果。图 2—9 所示为升温速率为 10 ℃/min、700 ℃ 下煅烧 2 h 所得的施主掺杂的 $BaTiO_3$ 基陶瓷粉体的 TEM 照片，从照片可见，所得粉体的平均粒径为 40 ~ 50 nm，颗粒粒径分布较窄，基本呈球形，颗粒之间存在疏松状的弱团聚，由于柠檬酸的相对分子质量较大以及凝胶煅烧过程中放出大量的 H_2O、CO、CO_2 和 NO_2 气体，因此这些团聚易于打开。

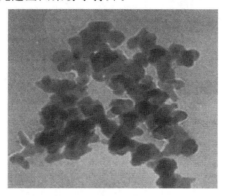

图 2—9　700 ℃ 煅烧得到的施主掺杂 $BaTiO_3$ 基陶瓷粉体的 TEM 照片

（5）凝胶前驱体物理特性与粉体特性的关系。

煅烧粉体的化学均匀性来源于柠檬酸盐的络合作用，但聚丙烯酰胺凝胶也起到了不可忽视的作用，可以防止溶液到固态过程中的大规模的相分离（成分偏离）。为了考查凝胶特性对粉体性能的影响，制备了两种凝胶，其中一种凝胶呈弱交联，另一种为高度交联凝胶。两种凝胶在相同的条件下（850 ℃，5 h）热处理。前者由弱交联凝胶制得接近纯的（Ba，Sr）TiO_3 相，出现第二相，而后者制备的硬而强交连的凝胶获得纯的（Ba，Sr）TiO_3 相，各衍射峰也较前者强。

（6）陶瓷样品的微观结构及 PTC 特性。

固相法制备的 PTCR 陶瓷，其收缩率为 16% 左右，在 1 280 ℃ 左右时陶瓷基本完成收缩。而高分子网络凝胶法制备的 PTCR 陶瓷，其收缩率在 14.5% 左右，且在 1 220 ℃ 试样基本完全收缩，这说明由高分子网络凝胶法制备的粉体在烧结中可以有效降低烧结温度，而且陶瓷在烧结过程中烧结收缩率比固相法的小，这是由于高分子网络凝胶法所制备的粉体具有化学均匀性高、粒度均匀细小、活性高，而且液相包裹法添加二次掺杂物（受主和助烧剂）均匀地包裹在陶瓷微粉的表面，从而改善 PTCR 陶瓷粉体的化学均匀性及烧结活性，使陶瓷的烧结温度降低。从而利于提高坯体及陶瓷的密度，在烧结过程中，传质过程更容易进行，达到致密化烧结的目的。

图 2—10 所示为高分子网络凝胶法制备的陶瓷样品于空气气氛下分别于 1 280 ℃、1 300 ℃ 和 1 330 ℃ 烧结 30 min 的样品的扫描电子显微镜照片，从照片可以看出，烧结样品的晶粒发育均良好，而且生长较为均匀，平均粒径为 5 ~ 6 μm。瓷片相对密度分别为 95.4%、96.3% 和 96.2%，可以看见当烧结温度为 1 280 ℃ 时，瓷体已经致密化，当烧结温

度升至 1 300 ℃及 1 330 ℃时,样品相对密度只是略有提高。这一方面反映了上述工艺制得的 PTCR 粉末具有良好的烧结性能;另一方面也说明了通过液相包裹工艺添加的烧结助剂真正起到了烧结助剂的作用,有效地抑制了晶粒的异常长大。

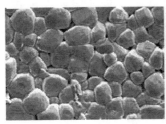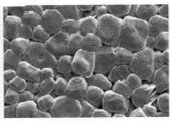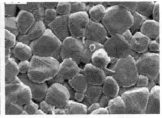

图 2-10　1 280 ℃、1 300 ℃、1 330 ℃陶瓷样品自然表面的 SEM 照片

升阻比均大于 5,温度系数在 12% 左右,室温电阻随烧结温度增加先降低而后增加,从瓷片的颜色观察,1 280 ℃、1 300 ℃和 1 330 ℃下烧结的样品均呈深灰色,表明烧结样品已经充分半导化,随烧结温度由 1 280 ℃升高至 1 300 ℃,室温阻值进一步降低,此时主要由于烧结温度的提高促进施主溶入及晶粒的均匀长大。当烧结温度继续升高至 1 330 ℃,由于晶粒的不均匀长大,因此室温电阻率反而增大。

(三) 不同方法制备的 PTCR 陶瓷比较

为了便于比较,分别用高分子网络凝胶法和固相法制备了材料组分为 $(Ba_{0.75}Sr_{0.25}Y_{0.0012})Ti_{1.02}O_3 + 2.2\%Si + 0.03\%Mn$ 的陶瓷粉体,以上方法制得的 PTCR 粉末,同样采用上述注凝成型工艺制备若干样品,样品在空气气氛中烧结,得到陶瓷坯片,用扫描电子显微镜(SEM)观察试样的自然表面,高分子网络凝胶法制备 PTCR 陶瓷性能明显优于后者。

以上结果可解释如下:由于高分子网络凝胶法制备陶瓷粉体的过程是在溶液中进行的,各组分以分子/原子水平均匀混合,因此能够更均匀掺杂,将有更多的 Y 离子进入晶格 A 位格点上,提供导电电子使 $BaTiO_3$ 材料更好地半导化,使材料室温电阻降低。

根据 Heywang 模型,PTC 效应来源于晶界表面的受主能级,其势垒高度为

$$\phi = \frac{e^2 n_s^2}{8\varepsilon_0\varepsilon_r N_d}$$

材料的 PTC 效应在很大程度上由 ϕ 决定,其中 N_d 是指晶界附近的有效施主浓度。由于高分子网络凝胶法中更多的 Y 离子进入了晶格,因此晶界附近的有效施主浓度降低,富集于晶界的受主浓度相对提高。由此可见,在相同掺杂情况下,固相法中 Y 可能部分富集于晶界,这些富集于晶界的施主离子将会与晶界中的受主(如 Mn)复合,使受主杂质浓度降低,其结果将降低 ϕ,而使 PTC 效应下降。另外,在 ABO_3 结构中,Y^{3+} 半径(0.106 nm)小于 Ba^{2+} 半径(0.135 nm),由于小半径离子的取代将会引起晶胞的收缩,对 $BaTiO_3$ 铁电材料而言,晶胞的收缩会影响钛离子在氧八面体中的位移程度而降低铁电性,使 ε_r 减小,ε_r 的减小则导致 ϕ 的上升。在居里点下,若 ε_r 大到其垂直晶界的极化分量足以屏蔽晶界势垒的表面电荷的前提下,ϕ 的上升会使 PTC 效应提高。

另外,由于施主溶入晶格的过程与晶粒的生长过程相关,因此材料中施主的分布均匀性与晶粒生长的均匀性紧密相关,高分子网络凝胶法样品的晶粒生长均匀,说明 Y^{3+} 在整个晶体中的分布均匀。相反,固相法的样品中,因 Y^{3+} 在整个晶体中分布不及前者均匀,所以晶

粒生长均匀性不及前者。

（四）小结

系统研究了 $BaTiO_3$ 基 PTCR 陶瓷粉体的高分子网络凝胶法制备工艺和性能表征，主要工作及结论如下：

（1）以 $BaCO_3$、$SrCO_3$、$Ti(OC_4H_9)_4$、Y_2O_3 及 $Si(OC_2H_5)_4$、$Mn(NO_3)_2$ 为原材料，以 CA、HNO_3 为溶剂，NH_4OH 为 pH 调节剂，采用改进的高分子网络凝胶法分别制备 PTCR 陶瓷粉体，制备出了相结构、微观结构和 PTC 性能较好的陶瓷，表明高分子网络凝胶法能在比较宽的范围内进行掺杂。

（2）通过使用适当的络合剂使阳离子络合，以及合理控制溶液的 pH($7 \sim 8$)，结合有机凝胶的原位固化作用，可以防止在热处理过程中的成分偏析、相分离，从而保证粉体高度的化学均匀性。通过 TG—DSC 和 XRD 分别研究了高分子网络凝胶法的热分解过程和陶瓷粉体的物相。研究发现，当凝胶高度交联且煅烧温度在 700 ℃ 以上时，可以获得纯的、完全结晶的目标相。

（3）通过 $R-T$ 特性测试和扫描电子显微镜（SEM）分析，对高分子网络凝胶法制备的陶瓷电性能和显微结构进行了研究，结果表明，和固相法相比，高分子网络凝胶法所得 PTCR 粉末具有良好的烧结性能，能明显降低陶瓷的烧结温度，使陶瓷的烧结温度下降到 1 280 ℃，为瓷体与电极共烧奠定了一定的基础，而且高分子网络凝胶法制备的 PTCR 陶瓷具有较小室温电阻率、显微结构更均匀、PTC 性能更优越，其升阻比比固相法制备的材料高一个数量级。

第二节　　高温 NTC 下热敏陶瓷材料分析

随着科学技术的发展，现代社会逐渐进入物联网时代，各种不同特性传感器将被广泛利用。负温度系数（NTC）热敏器件作为一种使用方便、检测灵敏、价格相对低廉的温度传感器，已经得到广泛的实际应用。由于引起 NTC 热敏器件性能变化因素很多，研制高精度、电性能一致的 NTC 器件有一定难度，尤其高温 NTC 热敏器件存在电性能、高温稳定性等诸多问题，国内厂家生产的多为常温 NTC 热敏器件。

一、NTC 热敏半导体陶瓷材料的概述

NTC 热敏陶瓷材料，是指具有负温度系数热敏半导体陶瓷材料。

（一）NTC 热敏材料的历史

NTC 热敏材料是具有负温度系数的热敏材料，一般电阻值随温度上升呈指数关系减小。常见热敏陶瓷材料是由 Mn、Fe、Co、Ni 等多种过渡族金属氧化物掺杂部分稀土金属氧化物为原料，经过传统半导体陶瓷工艺而制成。选择不同体系材料、调节配方离子比例及制备工艺（烧结气氛、预烧温度、烧结温度、保温时间等）可以得到不同的电阻率与 B 值的 NTC 热敏材料，制备出所需要型号的热敏电阻器件。目前 NTC 热敏电阻材料也出现了以 SiC 等为代表的非金属氧化物体系。

NTC 热敏材料经历了一个很长的发展历程，已经发展出很多品种及不同环境下使用的

材料与器件,但随着科学技术的发展以及实际应用需求,特别是现代物联网建立发展对各种传感器迫切需求,NTC 热敏材料仍然处在快速发展时期。早在 1833 年,英国著名化学家、物理学家法拉第(Michael Faraday,1791—1867)就发现随着温度升高,Ag_2S 电阻率快速下降的现象,但限制于当时科学生产技术水平,其后近 100 年内,NTC 热敏材料都未得到实际应用。到 1932 年后,科学家开始陆续利用氧化铀、氧化铜、硫化银等为原料制成了 NTC 热敏器件。由于初期制备 NTC 器件的原料稳定性差,容易被氧化,必须在保护气氛(H_2、N_2 或 Ar)中使用。20 世纪 40 年代后,制备出由热敏半导体陶瓷材料制成的热敏电阻器件,能在空气中直接使用。这类半导体陶瓷材料是以 Mn、Co、Ni、Fe 等过渡金属的氧化物为原料,按一定比例混合再经成型烧结制得。20 世纪 50 年代初,为了满足对高温环境使用的需求,逐步出现能在 300 ℃ 以上工作的热敏电阻器,它们大多数以 Al、Mg、Be 等耐高温金属和 Ni、Cr、Mn、Co、Fe 等过渡族金属氧化物混合并掺杂部分稀土元素氧化物烧结制得的。20 世纪 50 年代后期,随着空间技术的发展对低温测、控温和辐射热探测的需求,国际上研制出越来越多低温热敏电阻器,它们大多数是以两种以上过渡族金属(如 Mn、Fe、Co 等) 氧化物为原料,经固相反应在 1 300 ℃ 以下高温烧结成的。由于低温温度档次不同,电阻材料体系也不同,按照使用环境温度与材料体系又把低温热敏电阻分为:6 ～ 20 K 挡,20 ～ 80 K 挡,80 ～ 300 K 挡。20 世纪 60 年代后,科学家发现一种体系 NTC 热敏材料的电阻率具有突变效应:在升温过程,当温度达到某个临界温度时,电阻值突然下降几个数量级。把具有这种特性的热敏材料称为临界温度热敏陶瓷材料(C. T. R),它主要是以 VO_2 为原料。1965 年日立公司利用这种跃变特性,以 VO_2 为基本原料,掺杂 MgO、BO 等氧化物,在还原气氛下烧结后经高温淬火制备了临界热敏电阻,利用临界温度热敏元件的特性可做电路的过热保护或者建筑物的火灾报警,还可以利用其突变特性制作振荡器。20 世纪 70 年代后国际上开始研制具有电阻值随温度线性变化的特性 NTC 热敏材料;1976 年日本研制出在一定温度区间内具有线性阻温特性的 NTC 热敏电阻,其主要是以 W、Sb、Cd 等金属氧化物为基本成分。这种热敏电阻在测量上比非线性元件方便,且可以使仪表数字化。

1. NTC 热敏电阻种类及材料组成体系

经历百年的发展,NTC 热敏电阻材料形成了许多体系。根据 NTC 热敏电阻的阻－温特性变化规律,可以分成三种类型:一种是电阻值随温度缓慢变化,且在某段区间内 $\ln R$ 与 $1/T$ 具有近似线性关系,称这类电阻为缓变型的 NTC 热敏电阻。在实际中,这类半导体热敏电阻应用最为广泛。另一种是当温度升高到某段狭小温区内,电阻值迅速下降几个数量级,具有非常大的温度系数,称这类热敏电阻为临界温度系数(CRT) 热敏电阻。利用这种热敏电阻的电阻率突变特性可以作为电路的保护或建筑的火灾报警,也可以利用它的阻－温特性制作振荡器。第三种是在一定温度范围内(－ 100 ～ 200 ℃) 阻值随温度变化,而线性变化的半导体热敏电阻,其主要体系为 Cd－Sb－W－O 和 Cd－Sn－W－O 系。由于阻－温特性的线性化,此类型热敏元件可以直接跟数字化仪表连接使用,在测试上比非线性元件更为方便。

按照测量使用的温度区间可以分为:一是低温 NTC 热敏材料,使用温度低于－ 60 ℃;二是常温 NTC 热敏电阻,使用在－60 ～ 300 ℃ 之间,温度系数一般为－(1～6)％ ℃$^{-1}$;三是高温 NTC 热敏电阻,即在高于 300 ℃ 环境中使用的 NTC 热敏电阻,这类电阻是由具有高的常温电阻率和大的 B 值热敏材料制备的。

在低温测量与低温工程中,一般都存在磁场作用,由于磁场对氧化物影响非常小,所以低温氧化物 NTC 热敏电阻在低温的测、控温中具有巨大的实用价值。目前低温氧化物 NTC 热敏电阻的主要作用：① 测量、控制液体汽化的液面与温度；② 作为补偿电阻调节低温阀门直流磁铁圈内的阻值与电流值等。随着空间技术的发展，低温热敏材料用途越来越大。常用工作温区分为 4～20 K、20～80 K、77～300 K 三挡。低温 NTC 热敏材料面临主要问题是随温度的降低，材料阻值快速上升，当低温时材料阻值高于某一个极限值，将导致测量电路无法工作。因此实际应用中需要低电阻率、低 B 值的低温 NTC 热敏材料。过渡金属氧化物仍然是制备低温 NTC 热敏电阻的主要原料，但为了获得低 B 值材料，配方中可以适量掺杂 La、Nd、Yb 等稀土元素氧化物。

　　常温 NTC 热敏陶瓷材料主要分为二元系陶瓷材料和多元系陶瓷材料。二元系热敏材料导电机理相对简单一些。二元系金属氧化物主要有 Mn－Cu－O 系、Mn－Co－O 系、Mn－Ni－O 系等金属氧化物陶瓷。由于二元系原料种类相对少，所以它们的制备、控制工艺相对简单，已经获得了较大的发展和很好的应用。三元系热敏陶瓷材料主要分为含锰系与非含锰系，目前实际生产的常温 NTC 热敏电阻主要是含锰系热敏陶瓷，含锰三元系热敏半导体陶瓷有 Mn－Co－Ni－O 系、Mn－Fe－Ni－O 系、Mn－Cu－Ni－O 系等。锰一般以三价或者四价离子形式存在尖晶石结构固溶体中，随机占据着尖晶石结构中的 A、B 位置，是提供导电的主要载体之一。含锰系的热敏材料化学性一般都很稳定，制备得到 NTC 热敏陶瓷可在空气中直接使用。目前常温 NTC 热敏电阻广泛用于测温、控温、补偿、稳压、遥控、流量流速测量及时间延迟技术领域。

　　高温 NTC 热敏材料是指工作温度在 300 ℃ 以上的热敏材料，这类材料常见体系有 Mg－Al－Cr－La－O 系、Zr－Ce－O 系、Fe－Al－Mg－O 系、Mn－Al－Fe－O 系等。由于 NTC 热敏材料的温度系数与材料 B 值成正比，与温度平方成反比。随温度升高，温度系数会急剧减小，所以高温热敏材料需具有大常温电阻率和高 B 值特性，否则电阻高温测量灵敏度急剧下降。同时材料必须具有长时间高温条件下的物理、化学性能稳定，持续高温工作时电阻值变化很小，一般为在最高温下工作 1 000 h，电阻值变化率在 2% 以内。

2. NTC 热敏电阻的基本特征参数

　　NTC 热敏电阻的基本特征参数主要包括：标准电阻 $R_{25}(\Omega)$、材料热敏常数 $B(\mathrm{K})$ 值、温度系数 $\alpha(\mathrm{K}^{-1})$、耗散系数 $H(\mathrm{mW/℃})$、热容量 $C(\mathrm{J/℃})$、时间常数 $\tau(\mathrm{s})$、额定功率 $P_{\mathrm{n}}(\mathrm{W})$、最高工作温度 $T_{\max}(℃)$、测量功率 $P_{\mathrm{m}}(\mathrm{W})$。在实验室中比较关注室温电阻 $R_{25}(\Omega)$ 和材料热敏常数 $B(\mathrm{K})$ 值。

　　(1) 标准电阻 $R_{25}(\Omega)$，是指在 25 ℃ 时引入一定的测量功率，测热敏电阻所得到的阻值。NTC 热敏电阻的电阻值与温度的关系式为

$$R_T = R_0 \exp\left(\frac{E_{\mathrm{a}}}{kT}\right)$$

式中　　R_0——T 趋于无穷大时的电阻值；

　　　　T——绝对温度；

　　　　E_{a}——材料导电粒子的激活能；

　　　　k——玻耳兹曼常数。

　　(2) 热敏常数 $B(\mathrm{K})$，是描述热敏电阻物理特性的一个参数，定义为

$$B = \frac{E_{\mathrm{a}}}{k}$$

B 值通常都是通过测定两个不同温度下的电阻值计算得到的。对上式两边分别取对数得

$$\ln R_T = \ln R_0 + \frac{B}{T}$$

可见 $\ln R$ 与 $1/T$ 呈线性关系，B 值是直线的斜率，即

$$B = \frac{\ln R_1 - \ln R_2}{1/T_1 - 1/T_2}$$

式中　　R_1、R_2——温度 T_1、T_2 下零功率电阻值。

（3）温度系数 $\alpha(\text{K}^{-1})$，是指零负载时温度升高 1 K，热敏电阻值的变化率。由公式可以知道：

$$\alpha_T = \frac{1}{R_T} \cdot \frac{\mathrm{d}R_T}{\mathrm{d}_T} = -\frac{B}{T^2}$$

温度系数 α 与绝对温度 T 的平方成反比。显然，随温度升高，温度系数 α 的绝对值急剧减小，要获得高的测量灵敏度，即 α 绝对值大，材料必须具有较大的 B 值。

（4）耗散系数 $H(\text{mW/℃})$，表示热敏电阻所耗散的功率与元件体温变化量的比，即

$$H = \frac{\Delta P}{\Delta T}$$

式中　　ΔT——热敏电阻耗散 $\Delta P(\text{mW})$ 功率时电阻温度数值的变化量。

耗散系数是热敏电阻的一个主要参数，其描述了热敏电阻与工作环境的交换热量速率。

（5）热容量 $C(\text{J/℃})$。热容量指热敏电阻体温每升高 1 ℃ 所需要的热量。

（6）额定功率 $P_n(\text{W})$。热敏电阻在一定的环境温度及连续长时间工作条件下，所允许加在其上的功率。热敏电阻长时间工作在额定功率下，其自身温度将不会超过最高工作温度。

（7）最高工作温度 $T_{\max}$。在一定散热条件下，热敏电阻能长期连续工作且不会失效的最高温度，即

$$T_{\max} = T_a + \frac{P_n}{8}$$

式中　　P_n——额定功率；

　　　　T_a——工作环境的温度。

（8）测量功率 P_m。在一定的工作环境温度下，使用的测量功率引起的电流加载在待测热敏电阻上进行一定时间测定后，该功率热引起的阻值变化小于 0.1，即测量误差相对而言可以忽略，则该功率可为测量功率。

3.NTC 热敏电阻的研究热点

目前国际上，美国、德国、日本在新型热敏功能陶瓷材料及器件生产研发上占主导地位，其年总产值约占世界总量的 60% 以上。随着实际应用对热敏材料与器件要求越来越高，我国目前 NTC 行业研究的热点主要为陶瓷电学性能的可控性、材料老化性能的优化过程、NTC 热敏陶瓷多层片式化生产工艺等。

（1）可控性研究。

可控性研究是指改变盲目性的研究，系统地研究材料配方、组成及工艺等与材料的性能之间的关系，掌握性能与可控条件的关系。可控条件主要有配方离子比、材料制备中各种工

艺。依据固体物理学及半导体学理论,由金属元素的可能价态以及分析确定阳离子分布情况来研究 NTC 热敏材料,建立起理论与实际热敏电阻电学性能变化规律关系。如相关学者做了大量的科学研究实验,绘制出了复杂 Mn－Ni－Co－Cu 四元体系的电性能与成分之间的关系。这个研究成果解决了该体系原材料之间的可替换性问题,已经被广泛用于指导具体工业生产,提高陶瓷产品的电性能的一致性,即提高工厂生产的重复性。

（2）老化性研究。

影响老化的诸多因素对电阻值的影响各不相同,各种影响交织一起,不容易区分,因而分析老化性能比较困难。只有通过系统地研究热敏陶瓷配方、制备工艺、电极制备等诸多因素对陶瓷的内部缺陷及浓度、显微结构、内部晶粒边界、气体吸附和解吸的影响,即从老化现象上,物理、化学本质上了解其对热敏陶瓷稳定性的影响,从而提出不同影响因素对材料老化的影响,获得相应的且有效的改进电性能的措施,最终制备出各种高稳定性的 NTC 热敏陶瓷材料。

（3）多层片式化研究。

21 世纪各种电子产品都朝着小型化、轻量化、薄型化方向发展,元器件片式化、薄膜式化发展是目前器件小型化的主要发展方式。实现 NTC 陶瓷片式化的发展,可以制备出一些原来单从改良材料性能而难以得到,具有良好性能的器件。例如单从 NTC 热敏材料性能上很难制得低阻值、高 B 值的电阻,通过发展片式 NTC 电阻后,可以选取高 B 值材料,通过改变片式陶瓷层数及各层电阻的连接方式,制备出各种阻值的热敏电阻。元器件多层片式化研究生产有许多共性,目前国内电容、PTC 陶瓷的片式化研究、生产已经比较成熟,但低温共烧结技术一直是它们片式化生产的主要限制因素,所以同样在 NTC 热敏电阻的多层片式化过程中,低温共烧结技术也将是研究的重点和难点。

4. 提高 NTC 热敏电阻一致性、可靠性的工艺方法

目前要制备电性能与一致性均好、精确度与可靠度都高的 NTC 热敏材料,可以进行以下几个方面的改进。

（1）原料专业化的生产。

为便于控制器件的质量,原料选择主要考虑以下几点:价格的合理程度,原料的粒径、纯度、烧结活性,不同原料的混合性及混合的均匀度,分析其原料不同成分的烧结温度、杂质反应及堆积特性对陶瓷材料的影响。一般以金属性水溶性盐类化合物混合生产共沉淀物质,或以非水溶性盐类和有机化合物混合作为原料,制备少量的高精密度元件。

企业大规模生产一般都要实现原料的大批量的、稳定的、专业化的生产,这是保证产品性能的一致性、降低成本的通用方法。

（2）实现技术广泛深入的协作。

要不断实现科研单位与生产企业的技术协作,为专业化、可持续化生产提供技术支持,实现企业的可持续发展,为科研提供生产实践理论依据。同时必须制备出相应的技术标准、规范,为科研、生产提供技术指标,建立起测量检测机构为产品市场化提供支持与保证。电子陶瓷产业化必须走科技研发与生产结合的科学发展的道路。

（3）科学精细控制的生产方式。

目前我国已经在高纯度原料、超细粉体、高密度、结构化等方面做出很多卓有成效的研究,这为电子陶瓷的研究与生产提供了良好的基础,也为元件制造过程中,实现科学精细控制的生产方式提供基础,为生产高技术产品提供了保障。

（4）新工艺、新设备的研究和应用。

我国已经通过先引进再不断改进的办法，获得了许多较为先进的生产工艺与设备，例如改进了流延成型、连续等静压等先进陶瓷生产工艺，引进了精密的微机控制高温炉等生产设备。所以我国的电子陶瓷产品随着先进技术与高精度设备的不断快速应用，其质量与性能都得到很大的提高，电子陶瓷产业也将获得快速发展。

5. NTC 热敏材料及电阻的应用

NTC 热敏材料制备的器件由于具有优良的性能和低廉价格，已经被广泛应用于生产、生活、科研以及国防等各方面中。从 NTC 热敏材料不同特性的角度看，材料有很多用途：利用其阻－温特性，可以制作成测控温计、热补偿元件等；利用其伏安特性的非线性，可以制作成功率计、稳压器、限幅器、低频振荡器、放大器、调制器等；利用其耗散常数与环境介质的种类、状态有关的特性，可以制作成气压计、流量计、液位计等；利用其热惰性，可以制作成时间延迟器件等。

从 NTC 热敏元件的功能角度看，下面举几个 NTC 热敏器件实际应用的例子具体说明其使用原理。

（1）温度检测及控制。

NTC 热敏电阻最主要也是被应用最为广泛的功能就是测量特殊位置和空间的温度变化。例如检测热水器中水温来调控加热器的功率输出，实现热水器的水温调节作用；实现调控家用电器如空调、冰箱、微波炉等设备的各项温度功能；检测电子产品的电池中内部、外部状态的温度信息；防止因外部环境温度变化、异常工作状态、外部电路的改变等未知因素所引起电池无法使用，使电池一直稳定在一个合理的温度范围内，以保证电池的正常使用。

（2）温度补偿。

由于普通的石英振荡器的振荡频率是随温度变化，因此要获得良好的温度特性的石英振荡器，必须让石英振荡器的温度与环境保持一致，通常都是将石英振荡器放在较为庞大的恒温槽中使用，但这种使用方式振荡器占据较大空间而且费用也较高。现在通常是通过设置温度补偿电路，在相当广的温度范围内石英振荡器都具有良好的温度特性。NTC 热敏元件的稳定性、跟踪性、可靠性及 B 值精度都很高，实际应用中补偿性能非常好。通常一个石英晶体振荡器须使用 $2 \sim 3$ 个 NTC 热敏元件。

（3）抑制浪涌电流。

许多高压电子设备，如变电站的高压开关电源，开关接触处存在较大电容，而是开关等器件导通工作时的电阻值非常小，从而造成接通瞬间产生一个对内部电子元器件破坏巨大的工作电流，其值可以超过仪器正常工作时电值的 $5 \sim 10$ 倍，从而影响整机使用。因此，抑制浪涌电流进行开机保护是电子设备尤其是各类开关电源所必须考虑的因素。利用 NTC 热敏电阻器的电流－电压特性和电流－时间特性，将它与负载串联，可以有效地抑制这种电流。在电源接通前，热敏电阻器有较大的低温电阻，外加电压后，电容中存储巨大的浪涌电流将作用在 NTC 电阻值上，在大电流电压的作用下，热敏电阻器自身发热，阻值可下降到原来的十分之一甚至一百分之一，这样有效降低了开关瞬间电流值保护内部器件，实现电源的软启动。习惯上将具有这种功能的 NTC 电阻称为功率型 NTC 器件。

NTC 热敏电阻被广泛应用于生产生活，特别是常温 NTC，国内已经有企业大规模生产。调查研究表明目前 NTC 热敏元件的销售额占到热敏元件整体销售总量的 20% 左右，所以 NTC 热敏材料具有巨大的研究、发展空间，在工业和民用许多领域都需要 NTC 热敏电阻及器件,显示 NTC 产业前景广。目前热电偶、铂电阻也被应用于实际的温度测量与控制系统中,但是热敏电阻是使用最多最广泛的。

（二）高温 NTC 材料

高温热敏材料一般都是采用耐高温 MgO、Al_2O_3、Cr_2O_3、ZrO 等金属氧化物和部分稀土金属氧化物混合经固相反应烧结而成,工作温度在 300 ℃ 以上。目前高温 NTC 热敏材料主要有 $Mg-Al-Fe-O$,$Mn-Ni-Al-Cr-O$,$Ni-Ti-O$,$Zr-Y-O$ 等体系。

常温尖晶石型 NTC 热敏材料的烧结温度通常为 1 100 ~ 1 300 ℃,而高温热敏电阻的烧成温度可高达 1 600 ℃ 以上。由于高温 NTC 热敏电阻烧结温度与使用温度较常温都高,要得到高性能的高温热敏材料需要解决几个问题:解决材料在高温下有足够物理、化学和电气稳定性问题,获得分散性较小的 B 值材料配方,解决材料与电极接触的欧姆接触问题。高温氧化物热敏材料在 300 ℃ 以上高温使用时,可能会发生严重老化现象,并出现阻温特性的不可逆变化。

影响高温热敏电阻稳定性的因素有高温化学稳定性问题和离子电导问题。

1. 高温化学稳定性

从理论上来说,热敏材料的工作温度上限取决于材料的化学稳定性。对于烧结成型氧化物来说,烧结温度一般比工作温度高得多,因而在工作温区内材料的化学稳定性原则上应该没有问题。当烧结时保温时间有限,通常总是达不到相平衡所需要的时间,从而使产品处于非平衡状态,但氧的化学活性很强,氧化物在烧结温度下的缺陷浓度跟在较低温度下的缺陷浓度大不相同。即使每个温度下建立了新的热平衡,但冷却时间有限要在三角地温度下建立热平衡的时间也不充分,这就使得烧结体总是处于不稳定的非平衡态中,这种非平衡态的烧结体,当加热到原来烧结温度的 40%（以绝对温度计算）时,在材料中原来未充分反应的成分就会继续反应。而在新的温度下重新建立起的热平衡也会引起体内缺陷浓度的改变,这都会造成材料电特性的改变而产生所谓高温老化现象。

由于工作温度很高,材料本身可能发生不可逆的化学变化而引起老化,在烧结温度下,晶体中缺陷浓度形成的非平衡分布有可能在工作温度下向新的平衡状态下转变。当温度高到是原子缺陷的能量超过缺陷的生成焓 ΔH_i 时,就会引起缺陷浓度的变化。

提高产品的高温稳定性的方法以及注意事项:

（1）在烧结后的冷却以及在高温连续工作条件下,过渡金属氧化物对氧的再吸收很小;

（2）多元系复合氧化物各组分之间有相互扩散的倾向,它们的性能可以互相补偿而使得高温稳定性提高;

（3）掺杂含有高熔值的氧化物可以有效提高高温化学稳定性。实验表明部分稀土氧化物的熔值比常温热敏材料常用的 NiO、MnO 等氧化物材料要高很多。因此常用掺杂稀土元素氧化物来提高高温热敏材料的化学稳定性。

2. 高温 NTC 材料的离子电导问题

高温热敏材料工作在高温时,在材料两端通上电流,电阻值随时间增加而增大,如果改变电流方向,则阻值会剧烈减小,然后又慢慢增大。这种极化现象是由离子电导引起的。离子电导是由某些离子在高温下电离,而后在电场的作用下有规律迁移所致。产生离子电导所需要的能量包括两部分:一部分是使离子脱离原来晶格格点的能量 ε;另一部分是离子在

晶格中运动时需要克服的势垒 W。离子电导率为

$$\sigma = neu = \sigma_0 \exp\left[\frac{-(\varepsilon + 2W)}{2kT}\right]$$

式中　　σ_0——与材料性质有关的系数。

　　由此可知,离子的离子化能越低,离子半径越小,离子导电的影响越显著。一般 $\varepsilon + 2W$ 的数量级约为几个 eV;常温热敏材料的电子(空穴)激活能较小,在零点几个 eV,所以离子电导可以忽略。而高温 NTC 材料的 B 值一般在 6 000 K 以上,相当于激活能在 1.3 eV 以上,离子电导的影响就不能忽略不计了。离子离化能的高低和离子半径的大小由材料本身决定,不同系列配比的材料,其离子电导影响也不同,表 2 − 4 列出不同材料体系的离子电导。

表 2 − 4　不同材料体系的离子电导

材料系列	烧结温度 /℃	离子电导
Al − Mn − Ni − Co − Si	1 450 ~ 1 480	无或微
Al − Mg − Fe − Cr	1 600	中
Zr − Y	1 600	大
Zr − Ce	1 450	小
Fe − Al − Mn	1 250	微
Al − Mg − Fe − Cr	1 670	中

　　为了尽量减小离子电导对高温 NTC 电阻的影响,应该选择离化能大,离子半径也大的材料。还要提高材料的纯度,以减少一些易于参与导电的杂质离子。此外选择合适的烧结温度和封装结构材料,也是可以减少离子电导影响的重要措施。

3. 高温 NTC 材料的高 B 值问题

　　NTC 热敏电阻被广泛应用是由于具有很高的温度系数,即有相当高的测试精度。在室温下,常温 NTC 电阻材料的温度系数 $\alpha = -(1 \sim 6)\%\ ℃^{-1}$,$\alpha$ 是温度的函数,它服从 $\alpha = -B/T^2$,当温度上升时,α 下降很快,这样导致 NTC 热敏电阻的灵敏下降。例如在 298.3 K 时,B 值为 4 000 K 的 NTC 材料的 α 值约为 $-5\%\ ℃^{-1}$,而在 973.3 K 时同样材料的 α 值下降为 $-0.5\%\ ℃^{-1}$ 以下,足足下降了一个数量级。因此制造高温 NTC 热敏电阻时,必须选用高 B 值的热敏材料,以保证高温条件下有较高的灵敏度。

　　热敏材料的 B 值决定于激活能 ΔE,即 $B = \Delta E / 2k$。材料及配比不同时,其 B 值可以有很大不同,烧结温度等工艺对 B 值也有一定的影响。

二、实验样品制备工艺流程及测试方法

(一)样品的制备

1. 实验主要原料

碱式碳酸镁 $4MgCO_3 \cdot Mg(OH)_2 \cdot 5H_2O$:分析纯,相对分子质量为 485.8;

四氧化三铁 Fe_3O_4:分析纯,相对分子质量为 231.5;

三氧化二铝 Al_2O_3：分析纯，相对分子质量为 101.96；

三氧化二铬 Cr_2O_3：分析纯，相对分子质量为 151.99。

2. 实验设备

实验所需的设备见表 2 — 5。

表 2 — 5　实验所需的设备

实验设备	设备型号	设备厂家
行星式球磨机	QM — 3Sp4	南京大学仪器厂
硅钼棒超高温电炉	SX — 6 — 17	四川绵阳蜀普塑料有限公司
恒温干燥箱	TH — 02 — 250B	赛普斯天宇实验设备有限公司
油压千斤顶	QYL — 32	上海崫南千斤顶厂
绝缘电阻仪	YD2681A	常州市扬子电子有限公司
热分析仪	STA499TG — DSC	德国耐驰
精密 LCR 测量仪	4284A	美国安捷伦

3. NTC 热敏电阻制备的工艺流程

实验采用传统固相反应法制备样品，传统固相反应是指将氧化物、碳酸盐或者氢氧化物按所需要的化学剂量比称量，混合后在高温下煅烧制备成所需要的粉体。这种陶瓷制备工艺具有制备工艺简单、成本低等优点，利于工业大规模生产。

采用传统固相反应法制备样品其工艺流程与一般的电子陶瓷的制备工艺相似，实验制备 NTC 热敏电阻的制备工艺流程说明如下。

（1）球磨。

固相—固相反应需要将粉料充分均匀混合，滚动球磨，利用行星球磨进行原料球磨可以有效提高球磨效率。掌握好球磨时间和转速可以获得高性能粉料，粉料、球、球磨介质的比例及球磨介质种类对材料的电性能也有一定影响。

进行 10 h、15 h、20 h、25 h 球磨时间对比实验，对不同球磨时间的原料进行预烧，对预烧后粉料进行 XRD 分析，分析不同球磨时间对预烧后粉料的晶相、粒度的影响。

（2）预烧结。

预烧是在低于样品最终烧结度下，对原料进行热处理工艺。原料在预烧时将产生一系列的物理、化学反应，制备成陶瓷粉料，以备加胶造粒制作样品坯体。预烧结后得到陶瓷粉料中存在一定晶相，不同预烧温度对陶瓷粉料中晶相种类以及比例有很大影响，最终影响到陶瓷样品中晶相种类与比例，使制得样品的性能也不同。

实验先进行差热分析，通过差热分析了解原料在烧结升温过程的晶相析出情况，确定预烧温度范围后做了不同预烧温度对比实验，进行 XRD 分析，通过 XRD 分析研究不同预烧温度对陶瓷粉料及样品晶相的影响，最终研究预烧温度对高温 NTC 电阻的性能影响。

（3）多次球磨预烧工艺。

固相法制备粉料一个主要问题是粉料难以混合均匀，经过多次球磨、预烧工艺，可以提高最终样品的晶相纯度，较大改变样品的各种性能。

进行一次、二次、三次球磨预烧实验，通过 XRD 分析陶瓷粉料以及样品的晶相结构，利用 SEM 图分析样品形貌，测试样品电性能，对比研究多次球磨、预烧工艺对陶瓷粉料以及陶瓷样品性能的影响。

（4）生坯成型。

实验采用干压成型，将预烧后的陶瓷粉料掺入一定比例的聚乙烯醇作为黏合剂，并把陶瓷粉料进行造粒使得粉料之间有一定黏合力，然后使用直径 10 mm 的模具在 10 MPa 压力下，把陶瓷粉料压成 2 mm 左右厚的陶瓷生坯。

（5）坯体烧结。

烧结是制造热敏陶瓷最主要的工序之一，烧结过程可以分为低温、分解、高温、保温、冷却五个阶段。

① 低温阶段。主要是排除陶瓷坯体内的水分，升温速度不能过快，否则陶瓷坯体开裂影响最终样品的性能。

② 分解阶段。在一定温度下，保温一段时间，排除坯体作为黏合剂的有机物和结晶水。

③ 高温阶段。陶瓷发生各种物理化学反应，初步形成尖晶石结构、钙钛矿结构等晶相的固溶体，并有一定的电性能。

④ 保温阶段。陶瓷体内各种晶相发育得更加完全，结构变得均匀、气孔率减小、体积收缩。

⑤ 冷却阶段。坯体由高温降到低温，不同的降温速度对样品内缺陷率保留不同。实验采用自然降温。

（二）高温 NTC 电阻的测试方法

实验测试了样品的样品密度、电阻－温度特性、B 值以及电容随温度的变化，并结合差热分析对预烧粉料晶相析出分析，SEM 对不同配方、工艺下样品的形貌特征分析，X 射线衍射分析对烧结后陶瓷粉料、样品的晶相分析，研究不同配方、工艺变化以及掺杂对高温 NTC 热敏电阻性能的影响。

1. 样品密度测试

实验中使用阿基米德原理来测量 NTC 陶瓷样品的密度。NTC 陶瓷样品密度的计算公式如下：

$$\rho = \frac{m_1}{(m_1 - m_2)} \times \rho_L$$

式中　　m_1 —— 在空气中测得的样品质量；

m_2 —— 基片完全浸没在去离子水中的质量；

ρ_L —— 去离子水的密度，$\rho_L = 1.0 \ g/cm^3$。

实验采用 AND－CF300D 密度仪测量样品的密度。将样品先后放在平台和去离子水中称得质量，仪器即可以自动计算出其密度。

2. 样品微观形貌分析

先利用超声波清洗样品 10 min，除去样品表面的污染物。若分析样品断面，先将超声清洗后陶瓷样品放入液氮中浸泡 4 h，使得样品机械强度降低，利用镊子轻轻截开样品，取得样品断面；如分析样品表面，则直接取清洗后样品。最后将要测试样品端面喷金，使用日本生产的 Hitachi5－530 型扫描电子显微镜在高倍（2 000、5 000 倍）下对样品的表面形貌进行观察,分析各种晶粒、晶界生长的情况。

3. 样品物相分析

X 射线衍射分析(XRD)是研究物质的物相和晶体结构的一种最基本、最重要的方法。当特定波长的 X 射线以掠射角 θ(入射角的余角)照射在某一点阵平面间距为 d 的晶面上时,由于受到周期性排列的原子的散射后,将在周围的空间中产生干涉。这种干涉所形成的因叠加而加强的衍射线将在反射方向(与入射方向夹角为 2θ)上,且满足公式:

$$2d\sin\theta = n\lambda$$

实验合金采用丹东方圆 DX－2006 型 X 射线衍射仪进行物相分析。其中,工作电压为 35 kV,管电流为 25 mA,采用 Cu 靶 Kα 射线,波长 $\lambda = 0.154\ 2$ nm,采用连续扫描,扫描速度为 $0.06(°)/s$,扫描范围为 $20° \sim 90°$,测量角误差小于 $0.01°$。

4. 差示扫描热量分析

实验采用 STA449CTG－DSC 热分析仪,同步得到热重与差热信息,测量热效应(结晶、相变、反应温度)与质量变化。实验测试升温速度为 5 K/min,测温范围为 $20 \sim 1\ 400$ ℃,气氛为空气。实验主要获得材料结晶、相变、反应温度信息,对比不同预烧温度对样品的影响。

5. 样品电容－温度特性测试

实验采用美国安捷伦公司 4284A 型精密 LCR 测量仪,该测量仪每次测试前需预热半小时,且进行短路与开路修正,提高样品测试精度。实验需测量掺杂 $BaTiO_3$、$PbTiO_3$ 样品的电容值随温度的变化规律。

6. 样品阻－温特性测试

实验利用北京中兴伟业仪器有限公司 1 000 W 电阻炉加热,采用胜利仪器 DM6801A 型热电偶测量温度,利用常州市扬子电子有限公司 YD2681A 型绝缘电阻仪和鸿海仪表 DT9205N 型万用表测量电阻。实验测量不同温度下的电阻值,作出温度－电阻特性曲线。依据公式计算出样品的 B 值与电导率 α。

三、Mg－Al－Cr－Fe－O 系高温 NTC 热敏材料配方的研究

目前 NTC 热敏元件应用的领域非常广阔,但在不同应用领域需要的电性能参数(电阻值 R_{25}、热敏常数 B、工作温度区间等)不同,有时差别较大。如常用常温 NTC 热敏元件,其主要是含 Mn 系热敏材料,常温阻值在 $1 \sim 1\ 000$ K 之间,B 值在 $1\ 000 \sim 4\ 000$ K 之间。为了获得不同的电性能参数热敏材料,配方通常采用多元金属复合氧化物体系,再通过调节各金属阳离子的相对含量来实现电性能参数的调节。

目前高温 NTC 热敏材料主要有 Mg－Al－Fe－O,Mn－Ni－Al－Cr－O、Ni－Ti－O、Zr－Y－O 等体系。研究 Mg－Al－Fe－O 系,因为 MgO、Al_2O_3、Cr_2O_3、Fe_3O_4 均为化学性稳定、耐高温的氧化物,Mg－Al－Fe－Cr－O 系作为一种高温烧结体的高温 NTC 材料,既具有高的常温电阻和较好的高温稳定性,且材料晶相结构主要是由 MgO 分别与 Al_2O_3、Cr_2O_3、Fe_3O_4 形成尖晶石结构的高阻 n 型 $MgAl_2O_4$、低阻 n 型 $MgFe_2O_4$、低阻 p 型 $MgCr_2O_4$ 组成。所以本节选自研究 Mg－Al－Fe－Cr－O 系高温 NTC 热敏材料,可以通过调整配方中 MgO、Al_2O_3、Cr_2O_3、Fe_3O_4 含量,来改变各种晶相在材料中的比例,实现对样品的电阻率和 B 值的有效调节。

　　本节是通过改变四元系基础配方中各金属离子不同比例,借助相貌、晶相、密度等分析方法,研究高温 NTC 材料随不同阳离子比例其电性能的变化规律,为将来制得不同电性能高温 NTC 热敏器件做基础研究。

　　由于不同离子占据尖晶石结构位置能力不同,且尖晶石结构物质导电主要是由 B 位置上离子决定的,采用多种氧化物混合制备尖晶石结构的高温 NTC 材料,要研究配方对材料性能影响,所以分析配方中尖晶石结构 B 位置上离子种类与数目非常重要。但目前还无法从理论上预言何种离子一定占据什么位置,从经验数据上得到一个 A 位置优势排列顺序:Mn^{2+}、Fe^{3+}、Mn^{3+}、Fe^{2+}、Mg^{2+}、Ti^{3+}、Cr^{3+},且 Fe^{3+}、Fe^{2+}、Mg^{2+}、Al^{3+}、Cr^{3+},离子半径分别为:0.64 Å[①]、0.83 Å、0.78 Å、0.57 Å、0.64 Å。

(一)镁离子含量对高温 NTC 材料性能影响的研究

　　MgO 是物理、化学性能稳定的绝缘氧化物,镁元素形成的离子不会变价,Mg^{2+} 半径为0.78 Å,在尖晶石结构中一般占据 A 位置,所以不参与尖晶石结构物质的导电过程。

　　依据基础配方,调整 Mg^{2+} 的比例:$Mg_{3.3+x}Al_{2.7}Cr_2Fe_2$,研究 Mg^{2+} 对高温 NTC 热敏材料性能的影响。其中 $x=-0.330$,-0.165,0,0.165,0.33,0.495,0.660,0.825,对应配方为 Mg1、Mg2、Mg3、Mg4、Mg5、Mg6、Mg7、Mg8。主要制备工艺:原料经一次性球磨 10 h 混合,在 1 400 ℃ 下保温 2 h 预烧,然后将陶瓷粉料制备为坯体且在 1 600 ℃ 下保温 4 h 烧结得到样品;以电阻银浆为电极材料烧制电极,然后测试电性能。

1. 阻温关系分析

　　通过对 Mg1、Mg2、Mg3、Mg4、Mg5、Mg6、Mg7、Mg8 配方烧结样品的 $\ln R$ 值与 $1/T$ 进行拟合所得的阻温关系,发现 $\ln R$ 与绝对温度的倒数($1/T$)具有较好的线性关系,表现出热敏电阻的典型特征。即满足如下公式:

$$R_T = R_0 \exp \frac{\Delta E}{kT}$$

令 $\Delta E/k = B$。

式中　　R_T——温度 T 时 NTC 热敏电阻的电阻值;

　　　　R_0——温度 $T \to \infty$ 时热敏电阻的电阻值;

　　　　ΔE——电导激活能;

　　　　k——玻耳兹曼常数;

　　　　B——材料常数。

　　随 MgO 的含量增加,NTC 热敏电阻的常温电阻率和 B 值依次增大。构成复合陶瓷材料的两相中,一相为导电相,另一相为绝缘相。当导电相含量低时,导电粒子无规则地弥散在绝缘相中,复合体的电阻率很大;随导电相的增加,导电粒子将聚集成较大的团簇,形成一个个导电通路,复合体的电阻率逐渐减小。因为 MgO 在常温下是高阻氧化物,样品常温电阻率远大于 $10^4\Omega \cdot cm$,Fe_3O_4 是反尖晶石结构,电阻率为 $4 \times 10^{-5}\Omega \cdot cm$,属于导体。由于实验采用固相反应,烧结所得样品是混合尖晶石结构与部分氧化物结构并存。增加 Mg 离子比例可以减含铁尖晶石结构物质在陶瓷中存在的比例,有效提高热敏电阻的电阻率。

---

　　① 　1 Å = 0.1 nm。

Mg1、Mg2 配方中 MgO 含量不足，制成样品含部分低阻氧化物混合晶相所以电阻相对低，随 Mg 含量增加，Mg3、Mg4、Mg5、Mg6、Mg7、Mg8 配方样品常温电阻显著增加。

2. XRD 分析

Mg1 样品中以 $Mg(Al、Fe)O_4$、$(Mg、Fe)(Al、Cr)_2O_4$ 等混合尖晶石晶相为主。尖晶石分子式为 AB_2O_4，即 A，B 位置上离子比为 1:2。由于配方 Mg1 较配方 Mg6 中 MgO 的含量低，且配方 Mg1 中 Mg:(Al、Fe、Cr)= 1:2.2，由经验数据上 A 位置优势排列顺序可以知道，Mg1 样品中有部分铁离子进入尖晶石结构的 A 位置。但铁离子主要还是占据着尖晶石结构中正四面体的 B 位置，即样品中尖晶石晶相 $Mg(Al、Fe)O_4$ 含量高于 $(Mg、Fe)(Al、Cr)_2O_4$。

Mg6 配方中 Mg:(Al、Fe、Cr) > 1:2，即形成尖晶石结构物质镁离子过剩。分析可以知道 Mg6 样品中以 $MgAl_{0.8}Fe_{1.2}O_4$、$(MgFe)(AlCr)_2O_4$、$AlFe_2O_4$ 等尖晶石晶相为主且配方中形成尖晶石结构的 MgO 含量相对过剩，XRD 中出现较低的 MgO 晶相峰。说明随着 Mg 的含量增加，占据 B 位置的铁离子数目较配方 Mg1 中增加，则铁离子在尖晶石 B 位置为形成 $Fe^{3+}-Fe^{2+}$ 导电离子对也增加。所以理论上即随着配方中 Mg 离子含量增加，样品电阻率减小。但实际上，配方 Mg6 样品电阻值是 Mg1 的 1 000 倍左右。

半导体陶瓷都是由绝缘相与导电相复合而成的，其导电机理是导电粒子聚集成较大的团簇，而形成一个个导电通路。但两相一定比例时，增加很少的绝缘相都可能导致导电相形成的导电通路迅速减少，样品的电阻率急剧上升。实验中从配方 Mg1 到配方 Mg8，MgO 含量增加 30% 且过剩，MgO 相为绝缘相，导致样品中导电相形成的导电通路减少，样品的电阻率急剧增加。

3. 形貌分析

图 2—11 所示为配方 Mg1、Mg3、Mg5、Mg7 样品的 SEM 图，实验测得 Mg1、Mg2、Mg3、Mg4、Mg5、Mg6、Mg7、Mg8 样品密度分别为：3.586 g/cm³、3.665 g/cm³、3.734 g/cm³、3.789 g/cm³、3.882 g/cm³、3.934 g/cm³、3.955 g/cm³、3.962 g/cm³。随配方 MgO 含量增加，密度越大，说明样品收缩越大，样品更加致密。

由图 2—11 可以看出，随 MgO 含量增加，样品的晶粒生长越大，但样品存在部分较小晶粒，这是不同晶相结构物质生长速度不同引起的。Mg1、Mg3 样品较 Mg5、Mg7 样品的晶粒尺寸小，而且 Mg5、Mg7 样品密度大，致密性好，所以 Mg1、Mg3 较 Mg5、Mg7 有更大的晶界占有率。在常温 NTC 陶瓷材料中，晶粒为半导体，晶界是电子散射中心，为高阻层，是承受电压的主要单位，晶界占有率越多，样品的电阻率越大，气孔的出现也同样使样品的电阻率增大。但图 2—11 中 Mg1、Mg3、Mg5、Mg7 样品晶粒依次增大，气孔减小，晶界占有率减小，电阻率却增大，说明高温 NTC 电阻样品晶粒的电阻率也很高，随样品晶粒增大电阻值也增大，Mg8 的 R_{50} 达到 6 700 MΩ，较 Mg1 增大 3 个数量级以上。

（二）铝离子含量高温对 NTC 材料性能影响的研究

Al_2O_3 是一种良好的耐热绝缘材料，其与 MgO 形成的尖晶石结构物质被用作高温阻燃材料。由于铝离子不易变价，体系引入 Al_2O_3 形成 n 型的高阻尖晶石结构的 $MgAl_2O_4$，陶瓷材料配方中加入 Al_2O_3 可以提高样品的阻值。实验通过调整基础配方中 Al_2O_3 含量，研究该体系不同含量 Al_2O_3 对材料电阻值的影响，为制备不同常温电阻值的高温 NTC 热敏电阻提供依据。

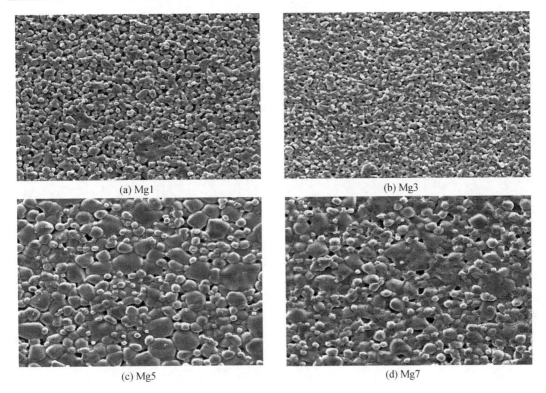

(a) Mg1　　　　　　　　　　　　　(b) Mg3

(c) Mg5　　　　　　　　　　　　　(d) Mg7

图 2-11　Mg1、Mg3、Mg5、Mg7 样品的 SEM 图

实验基础配方，改变 Al 离子比例：$Mg_3Al_{2.7+x}Cr_2Fe_2$（$x=-0.27$、-0.135、0、0.135、0.27、0.405、0.54、0.675），得到配方分别为：Al1、Al2、Al3、Al4、Al5、Al6、Al7、Al8。主要制备工艺：原料经一次性球磨 10 h 混合，在 1 400 ℃下保温 2 h 预烧，然后将陶瓷粉料制备为坯体且分别在 1 570 ℃、1 600 ℃下保温 4 h 烧结得到样品，以电阻银浆为电极材料烧制电极，然后测试电性能。

1. 阻温关系分析

Al 系列配方在 1 570 ℃、1 600 ℃下保温 4 h 烧结的样品，分别对样品测得的阻值进行 $\ln R$ 值与 $1/T$ 拟合得到阻—温关系图。样品具有热敏电阻的电性能特征，即 $\ln R$ 与 $1/T$ 具有较好的线性关系。

由表 2-6 可以知道，1 570 ℃下烧结时，样品 Al1、Al2、Al3、Al4 电阻值逐渐减小，Al4、Al5、Al6、Al7、Al8 电阻值又逐步增大；1 600 ℃下烧结样品的电阻值是由 Al1、Al2、Al3、Al4、Al5、Al6、Al7、Al8 逐渐减小的。由渗流理论及 Al_2O_3 是高电阻氧化物，且铝不变价，理论上高温 NTC 热敏样品随着 Al_2O_3 含量增加，其电阻值应该增加的。但 1 570 ℃下烧结的样品阻值出现先减小后增加，1 600 ℃下烧结的样品阻值持续减小，出现这种现象可能是由于 Al_2O_3 耐高温作用，随着 Al_2O_3 含量增加，陶瓷样品烧结所需温度越高。在同一工艺下，随 Al_2O_3 含量增加，陶瓷样品晶粒未能烧成熟，样品体内出现了大量导电缺陷，在电阻内的缺陷与渗流导电共同作用下，样品电阻率下降；但当 Al_2O_3 含量增加到一定量，绝缘相增多，渗流导电起主要作用，样品电阻值又开始增加。

表 2－6　Al 系列配方在 1 570 ℃、1 600 ℃ 温度下烧结的样品的 R_{50}、B 值

配方		Al1	Al2	Al3	Al4	Al5	Al6	Al7	Al8
1 570/℃	$R_{50}/M\Omega$	1 000	280	53	16	40	126	168	220
	B 值/K	7 414	7 289	7 098	6 291	5 794	6 574	6 214	6 562
1 600/℃	$R_{50}/M\Omega$	700	230	170	30	13	7	6.3	8.1
	B 值/K	5 001	5 216	5 309	5 385	4 357	4 726	4 410	4 261

高温 1 600 ℃ 烧结时,样品 B 值较低,随 Al_2O_3 含量增加样品 B 值先增大后减小,样品 Al4 的 B 值最大为 5 385 K;1 570 ℃ 烧结时样品 Al1 到 Al5 的 B 值减小,Al6、Al7、Al8 的 B 值变化不大,Al1 配方 B 值最大为 7 414 K。比较 1 570 ℃ 与 1 600 ℃ 下烧结样品的 B 值变化,相同配方烧结温度越高样品 B 值越低。

因此选择适量氧化铝调节高温 NTC 热敏电阻时,需要调节合适的烧结温度,达到样品良好烧结,才能得到良好的电性能的材料与器件。

2. XRD 分析

样品 Al1、Al5 的 XRD 随样品配方中 Al_2O_3 含量不同,样品的 XRD 衍射峰有很大不同。样品 Al1 的 XRD 中尖晶石的峰值最高,这也是通常尖晶石的主晶相峰,但随着 Al_2O_3 含量增加,Al5 配方中峰成为主晶相,说明随着样品中 Al_2O_3 的含量增加晶相发生显著改变,且形成新晶相。由于 Al_2O_3 是耐高温氧化物,配方中 Al_2O_3 含量越高,陶瓷烧结所需要的温度越高。

3. 形貌分析

图 2－12 和图 2－13 所示为配方 Al1、Al8 样品在 1 600 ℃、1 570 ℃ 下烧结样品的 SEM 图,随 Al_2O_3 含量不同,样品晶粒的生长明显不同。

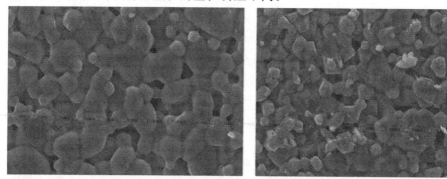

图 2－12　Al1、Al8 样品在 1 600 ℃ 下烧结样品的 SEM 图

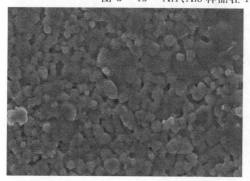

图 2－13　Al1、Al8 样品在 1 570 ℃ 下烧结样品的 SEM 图

对比图 2—12 和图 2—13 可以知道，样品 Al1 较 Al8 含 Al_2O_3 少，样品烧结较好，晶粒表面较光滑；而样品 Al8 晶粒较小，表面为有规则的几何形状，陶瓷样品相对而言未烧成熟。由于高温 NTC 陶瓷未能烧熟，样品中存在较多电导缺陷，所以 Al1 样品阻值较 Al8 样品更大。

在 NTC 陶瓷材料中，晶粒为半导体，晶界成为电子散射中心，为高阻层，晶界占有率越多，样品的电阻率越大。比较图 2—12 和图 2—13，随烧结温度上升，样品晶粒颗粒变大，样品更加致密，晶界占有率减小。由表 2—6 可以知道，1 600 ℃ 样品电阻值低于 1 570 ℃ 的样品，实验结果符合晶界占有率对 NTC 电阻率的解释。

（三）铬离子含量对高温 NTC 材料性能影响的研究

Cr_2O_3 熔点约为 2 435 ℃、沸点约为 3 000 ℃，与酸碱一般不反应，具有良好的物理、化学性稳定性，且可以与多种二价金属氧化物一起高温烧结生成尖晶石型化合物，Cr_2O_3 是制备高温 NTC 热敏器件的良好材料。由于 Cr_2O_3 可以与 MgO 形成尖晶石结构 $MgCr_2O_4$，其为低阻的 p 型半导体材料。实验利用不同铬离子含量配方研究铬离子对体系电阻值及 B 值影响。

基础配方：$Mg_{3.8}Al_{2.7}Cr_{2+x}Fe_2$（$x=-0.20$、$-0.10$、$0$、$0.10$、$0.20$、$0.30$、$0.40$、$0.50$，分别为 Cr1、Cr2、Cr3、Cr4、Cr5、Cr6、Cr7、Cr8）。工艺为：球磨 10 h、预烧 1 400 ℃ 后烧结 1 600 ℃ 制得样品。

1. 阻温关系分析

Cr 系列配方烧结 1 600 ℃ 得到样品的阻—温特性曲线，各配方均有较好的线性，但不同配方样品测得的阻—温特性曲线较接近。

从表 2—7 可以知道，烧结温度在 1 600 ℃ 时，随 Cr_2O_3 含量增加样品常温电阻值先减小后增加；Cr1 样品 R_{50} 最大为 3 400 MΩ；样品 B 值也随 Cr_2O_3 含量增加先减小后增加，Cr1 样品 B 值最大为 8 307 K。

表 2—7　Cr 系列配方烧结 1 600 ℃ 样品的 R_{50} 与 B 值

配方	Cr1	Cr2	Cr3	Cr4	Cr5	Cr6	Cr7	Cr8
R_{50}/MΩ	3 400	1 750	1 160	1 000	820	650	900	1 130
B 值 /K	8 307	7 529	7 477	7 286	7 599	7 500	7 657	7 650

随 Cr_2O_3 含量增加而样品阻值先减小后增大，是因为随 Cr_2O_3 含量增加与配方中过量 MgO 形成尖晶石结构 $MgCr_2O_4$，$MgCr_2O_4$ 是 n 型低阻材料，所以陶瓷样品电阻值下降；但当配方中 Cr_2O_3 含量过量时，将以氧化物形式存在于尖晶石结构中。Cr_2O_3 同样为高温绝缘氧化物，由渗流理论可以知道，随陶瓷样品中绝缘相的增加，样品电阻值增加。材料 B 值是材料固有值，其跟烧结温度有关，配方中随 Cr_2O_3 含量增加，样品所需烧结温度也不一样，制得样品的 B 值也不一样。实验总体而言，增加 Cr_2O_3 含量会降低样品的 B 值。

2. XRD 分析

Cr1、Cr4、Cr7 样品经过 1 600 ℃ 烧结进行 X 射线衍射分析，Cr1、Cr4 样品的峰左边有一个 MgO 晶相峰，随 Cr_2O_3 含量增加峰值减小。样品的 XRD 中尖晶石晶相的各峰值变化很小，各峰值位置向也无较大变化。说明随 Cr_2O_3 含量的增加，各配方样品中只存在不同晶相含量的略微的变化。由于不同含量 Cr_2O_3 对样品晶相影响很小,配方中三氧化二铬含量对 B 值影响不明显,样品电阻值的改变也在一个数量级以内。

3. 形貌分析

图 2—14 所示为 1 600 ℃ 烧结 Cr1、Cr5、Cr8 样品的 SEM 图,不同配方样品的晶粒、致密性存在一定差别。

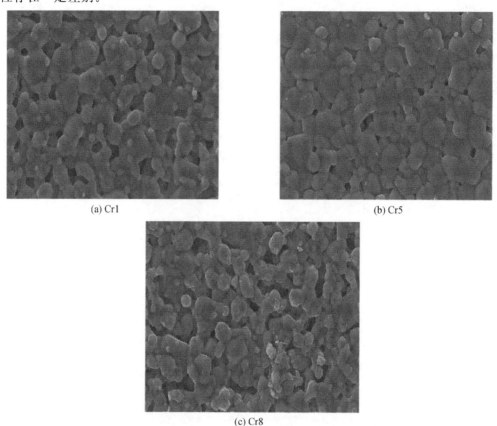

(a) Cr1　　　　　　　　　　　　　　　　　　　(b) Cr5

(c) Cr8

图 2—14　1 600 ℃ 烧结样品的 SEM 图

图 2—14(a) 所示为 Cr1 样品的 SEM 图,样品表面晶粒大小不均匀,存在少量粒度很小的晶粒,并且有较多气孔。图 2—14(b) 所示为 Cr5 样品的 SEM 图,样品晶粒较 Cr1 大,气孔减少,致密性更好。图 2—14(c) 所示为 Cr8 样品的 SEM 图,样品晶粒表面存在几何层次,比较 Cr5 样品可以知道,1 600 ℃ 下 Cr8 配方样品未烧成熟。由电性能分析可以知道,1 600 ℃ 烧结 Cr1 电阻值是 Cr6 的 5 倍左右。比较图 2—14(a)、(b),Cr1 样品 SEM 图中很小晶粒可能为 MgO 晶粒,随 Cr_2O_3 含量的增加,MgO 晶粒与 Cr_2O_3 形成尖晶石结构 $MgCr_2O_4$,材料电阻值减小。

(四) 铁离子含量对高温 NTC 材料影响的研究

本节研究铁离子不同含量对材料体系的影响,实验以反尖晶石结构的 Fe_3O_4 为原料,其电阻率为 $4×10^{-5}$ $\Omega \cdot m$,属于导体。铁是价格相对便宜的过渡态金属元素,在大部分热敏元器件制备中,用铁元素替代价格昂贵的过渡性金属钴,实验证明其材料性能参数可以达到一般 NTC 热敏电阻元件的标准。Feltz 等人发现 Ni—Mn—O 系加入铁元素后具有非常优异的电性能及稳定性,可以应用于高温热敏电阻。然而,铁元素对热敏电阻的稳定性影响机理还不清楚,加入铁元素,材料体系对工艺条件(如烧结的气氛、降温的速率等)极为敏感,情况复杂化。

铁离子是容易变价态的离子,主要有正二价与正三价(Fe^{2+}、Fe^{3+})。在尖晶石结构晶格中,两种价态的离子都可以占据尖晶石结构 A 位置和 B 位置。实验选择的基础配方:$Mg_{3.8}Al_{2.7}Cr_2Fe_{2+x}$($x = -0.20$、$-0.10$、$0$、$0.10$、$0.20$、$0.30$、$0.40$、$0.50$),分别记为:Fe1、Fe2、Fe3、Fe4、Fe5、Fe6、Fe7、Fe8。对 Fe 系列配方 1 600 ℃下保温 4 h 烧结得到样品的电阻值进行 $\ln R$ 与 $1/T$ 拟合。

由表 2—8 可以知道,Fe1、Fe2 电阻值相对较小,其他样品电阻值都较接近。由于四氧化三铁是导体,与氧化镁、氧化铝、三氧化二铬均能形成尖晶石结构物质,且铁离子在尖晶石结构中能占据 A、B 位置,但有经验铁离子更多是占据 A 位置,少部分占据 B 位置。配方 Fe3 到 Fe8 样品电阻率一直下降,这可能就是铁离子在总离子比例超过一定值后,更多二价、三价铁离子进入了在尖晶石结构 B 位置中,开始起导电作用。由于铁离子变价以及位置结构变化很大,其导电机理又比较复杂,其对电性能及电阻值稳定的影响还很难从理论上解释。

表 2—8　Fe 系列的 R_{50} 与 B 值

配方	Fe1	Fe2	Fe3	Fe4	Fe5	Fe6	Fe7	Fe8
$R_{50}/M\Omega$	290	900	2 900	2 200	1 900	1 700	1 550	1 400
B 值 /K	7 370	7 631	7 398	7 530	7 416	7 763	7 894	7 921

由表 2—8 可以知道,配方 Fe3 至 Fe8 铁离子增加 25%,材料的 B 值增大,即材料温度系数大。这可能是由于铁离子易变价且同时存在 A、B 位置上,随铁离子比例增加后,更多铁离子进入 B 位形成导电离子对,高温时材料电导率减小,材料温度系数变大。

1. XRD 分析

随 Fe_3O_4 含量增加,Fe3、Fe5、Fe7 样品 XRD 衍射峰左边出现微小 Fe_3O_4 晶相峰,说明样品中 Fe_3O_4 含量开始过量。铁系列的样品的 XRD 相对而言,随铁离子含量增加,样品的能谱图变化不大,即样品中尖晶石结构组成变化也不大,这可能是铁离子同时存在尖晶石结构 A、B 位置的原因。铁离子比例增加,A、B 位置上铁离子比例也同时增加,这是铁系列随铁含量变化晶相变化不大的原因之一。

2. 形貌分析

图 2—15 所示为配方 Fe1、Fe5、Fe8 烧结 1 600 ℃得到样品 SEM 图。随铁离子含量增加,样品的形貌变化不大。

从图 2—15 可以知道,随着铁离子含量增加,Fe5 样品的晶粒较 Fe1 晶粒大且致密性好,且有少量晶粒增大明显。随铁含量继续增加,Fe8 较 Fe5 样品致密性有所减弱。Fe5 中晶粒大小差异较大。主要是由于不同晶相的物质生长速度不同,不同物质晶相结构对电性能影响也不一样,说明可以调节铁离子含量来改变不同晶相比例,从而调节样品的电阻率以及 B 值。

(五)小结

本节通过改变镁、铝、铬、铁四种离子比例,研究这四种阳离子对 Mg—Al—Fe—Cr—O

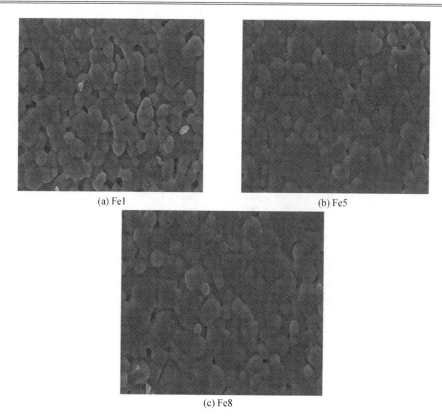

图 2－15　Fe1、Fe5、Fe8 样品的 SEM 图

系高温 NTC 材料电性能的影响。

（1）配方中随 MgO 含量增加，样品的晶粒增大，致密性更好且从配方 Mg7 开始样品 X 射线衍射峰中检测到 MgO 晶相峰；样品的电阻值随 MgO 含量增加而增大，配方 Mg8 较 Mg1 样品电阻值提高三个数量级以上，B 值提高 3 000 K 左右。

（2）增加氧化铝含量，样品需要更高的烧结温度，1 600 ℃ 下烧结样品，样品的电阻值及 B 值均随氧化铝含量增加而减小；相对 1 600 ℃ 下烧结样品，1 570 ℃ 下烧结样品未能烧成熟，样品中含有的氧化物多，所以其电阻值大于 1 600 ℃ 下烧结样品。

（3）增加 Cr_2O_3 含量与配方中过量 MgO 形成 n 型低阻 $MgCr_2O_4$ 材料，降低了材料的电阻率与 B 值，且随着 Cr_2O_3 含量增加，陶瓷样品需要更高的烧结温度。

（4）随铁离子含量增加，样品的晶粒增大，更加致密。Fe3 样品电阻值最大，再随着铁含量增加样品电阻值减小，但变化较小。样品 B 值变化不大，所以铁离子在足量 MgO 时对样品电阻值与 B 值调节不明。

四、Mg－Al－Cr－Fe－O 系高温 NTC 热敏材料工艺的研究

目前高温 NTC 热敏电阻材料的研究与制备实验中，主要采用传统的陶瓷烧结工艺制备高温 NTC 热敏陶瓷电阻。传统陶瓷制备工艺主要流程为：原料球磨混合、一定温度预烧粉料制得陶瓷粉料、造粒成型、高温保温烧结样品。但由于不同体系材料原料成分与含量各不同，采用制备陶瓷工艺参数也不同。如不同体系 NTC 热敏电阻烧结温度一般在 1 000 ～ 1 600 ℃ 之间变化。采用不同烧结温度与保温时间，样品的电阻值可能改变几个数量级，所以不同陶瓷制备工艺参数对最终 NTC 热敏电阻性能的影响非常大，甚至起决定性作用。

本节主要研究了粉料预烧温度、球磨时间、多次球磨预烧以及高温保温时间等工艺对 $Mg-Al-Cr-Fe-O$ 系高温 NTC 热敏材料性能的影响。研究确定出该体系热敏陶瓷制备的主要工艺参数范围,为今后实验以及生产提供依据。

（一）预烧温度的研究

实验目的是结合差热分析与 X 射线衍射分析,研究基础配方预烧温度。由于预烧温度选择过低原料反应不完全,温度过高容易引起预烧粉料中尖晶石晶相的分解,产生氧化物与尖晶石晶相多相共存的结果,这样都会影响材料性能。预烧温度过高也会造成粉料粒度过大,使粉料活性降低,影响元件烧成后的致密度,导致样品的电性能不稳定,所以预烧温度的研究十分重要。

1.差热分析和 XRD 分析研究预烧温度

图 2－16 所示为基础配方的差热分析烧结曲线图,曲线向下代表粉料处于烧结放热过程。差热分析常被用于分析烧结时材料结晶温度,一般物相的分解是吸热过程,晶相形成是放热过程。

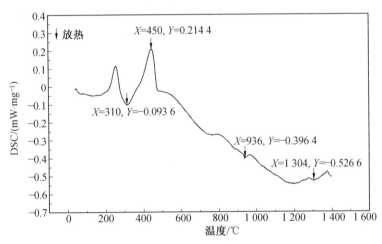

图 2－16　基料的差热分析烧结曲线图

从图 2－16 可以知道,图中向下的峰为放热峰析晶峰,向上的峰为吸热分解峰。在450 ℃左右有一个较大的吸热峰,是原料碱式碳酸镁分解的吸热峰。测试温度大于 500 ℃后,烧结曲线处于一个大的向下趋势中,此放热过程中间只出现几个极小吸热峰。在1 200 ℃左右放热峰达到最大,在 1 304 ℃左右,曲线有个较小放热峰,有一定的晶相形成。由于差热分析测试与实际烧结测试存在一定温差,实际烧结所需温度要比差热分析烧结高50 ℃以上,所以初步确定该体系配方预烧温度在 1 300 ℃以上。

为了进一步确定预烧温度,进行了粉料 1 300 ℃、1 350 ℃、1 400 ℃、1 450 ℃预烧对比实验。图 2－17 所示为不同温度预烧所得陶瓷粉料的 XRD 图。

从图 2－17 可以看出,不同的预烧温度粉料尖晶石晶相峰高度不同,1 300 ℃预烧温度较低,粉料反应很少,形成的晶相较少,峰值不高,1 350 ℃烧结的粉料峰值最高,这对应差热分析在 1 304 ℃左右出现了放热结晶过程。1 350 ℃、1 400 ℃、1 450 ℃预烧温度下,随预烧温度的升高陶瓷粉料的尖晶石晶相峰高度逐渐减小。这是由于预烧温度过高,生成的尖晶石晶相物质部分分解成氧化物形式,即陶瓷粉料的 X 射线衍射峰值下降,这说明不同预

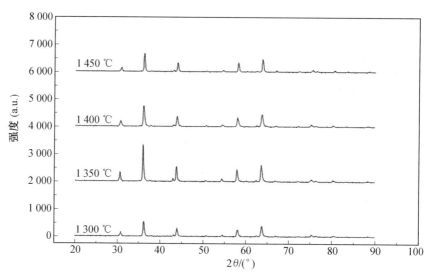

图 2—17   预烧 1 300 ℃、1 350 ℃、1 400 ℃、1 450 ℃ 粉料的 XRD 图

烧温度影响陶瓷粉料中尖晶石晶相的比例。不同预烧温度实验确定,基料在预烧 1 350 ℃ 所得陶瓷粉料尖晶石晶相比例最高。

图 2—18 所示为不同预烧温度制得陶瓷粉料,经造粒工艺制得陶瓷坯后在 1 600 ℃ 下保温 4 h 烧结得到陶瓷样品的 XRD 图。

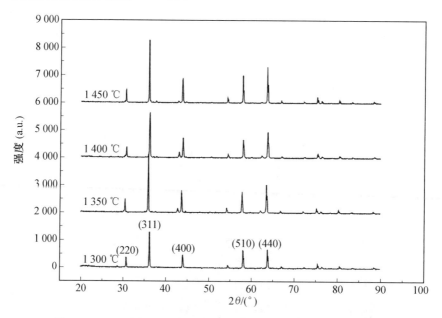

图 2—18   不同预烧温度粉料烧结 1 600 ℃ 制得样品的 XRD 图

从图 2—18 可以看出,不同预烧温度制得样品的 X 射线衍射峰高度不一样,随粉料预烧温度越高,样品尖晶石晶相峰越高,预烧 1 300 ℃、1 350 ℃、1 400 ℃、1 450 ℃ 粉料的样品尖晶石(311)主晶相峰值分别为 1 306、1 428、1 644、2 093。说明预烧 1 350 ℃ 后陶瓷粉料中尖晶石结构物质含量最高,但烧结后样品的尖晶石晶相比例不一定最高,预烧温度最终也影响陶瓷电阻样品的晶相结构,预烧 1 450 ℃ 所得样品中尖晶石晶相比例最高。

2. 阻温特性曲线分析

图 2—19 所示为预烧 1 300 ℃、1 350 ℃、1 400 ℃、1 450 ℃ 粉料经成型工艺制坯后，在 1 600 ℃ 下保温 4 h 烧结得到样品的 $\ln R$ 与 $1/T$ 拟合的阻温特性曲线。

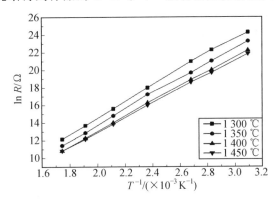

图 2—19　粉料预烧 1 300 ℃、1 350 ℃、1 400 ℃、
1 450 ℃ 后制得样品的阻-温特性曲线

从图 2—19 可以知道，随着预烧温度越高，样品的电阻值越小。由图 2—19 已知，随着预烧温度越高，陶瓷样品中含尖晶石晶相比例越高，由于尖晶石结构物质电阻率较氧化物低，所以预烧温度低，最终样品中氧化物成分多，电阻值越大。计算得粉料预烧 1 300 ℃ 到 1 450 ℃ 样品的 B 值分别为：8 950 K、8 731 K、8 424 K、8 118 K。说明一定预烧温度范围内，预烧温度越低，制得的样品电阻率越大，同时获得材料的 B 值也大。所以实验要获得较高的电阻率和 B 值可以采用较低的预烧温度烧结原料。

（二）球磨时间的研究

实验研究球磨时间对体系材料的影响，由于实验采用固相法烧结，其缺点是原料不易混合均匀，影响产品的晶相结构，因此产品的一致性较差。实验中球磨时间决定了原料混合均匀度，原料混合均匀度越高，样品中尖晶石结构物质的比例越大，这对样品的电性能有很大影响。当球磨时间较短，原料难以混合均匀，制得样品各部分尖晶石种类与比例不同，最终可能影响样品电性能的一致性；若球磨时间过长，这样降低了实验效率，过长的球磨时间也会带来更多杂质，比如球磨介质与球磨罐材料磨损进入原料中，影响样品最终性能。实现理想的球磨时间既可以获得电性能良好的样品也可以提高 NTC 热敏器件的生产效率。

1. XRD 分析

图 2—20 所示为原料分别经过 10 h、15 h、20 h、25 h 球磨后共同预烧 1 400 ℃ 得到陶瓷粉料的 XRD 图。

从图 2—20 可以知道，球磨 10 h 获得陶瓷粉料的 X 射线衍射图最佳，其峰值最高，半峰宽度最窄，所得陶瓷粉料的晶相较纯；球磨 15 h、20 h 陶瓷粉料的衍射峰相似，峰值高度均比球磨 10 h 的峰值低；球磨时间增加到 25 h 时，陶瓷粉料中尖晶石晶相峰高度降低，峰的宽度加大，说明预烧所得陶瓷粉料中晶相种类增加，但尖晶石晶相比例减小。

图 2—21 所示为原料分别球磨 10 h、15 h、20 h、25 h 后，共同预烧 1 400 ℃ 得到陶瓷粉料再烧结 1 600 ℃ 制得样品的 XRD 图。

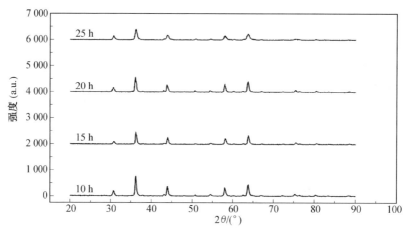

图 2—20　原料球磨 10 h、15 h、20 h、25 h 后预烧 1 400 ℃ 的 XRD 图

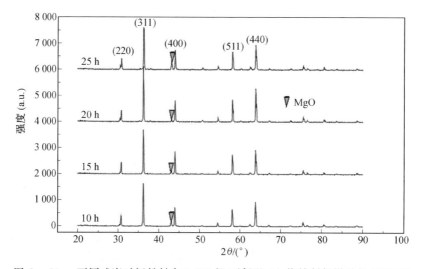

图 2—21　不同球磨时间粉料在 1 600 ℃ 下保温 4 h 烧结制得样品的 XRD 图

从图 2—21 可以知道,球磨时间由 10 h 增到 20 h 时,尖晶石晶相(400)左边的 MgO 峰值逐渐减小,说明随球磨时间的增加,样品中 MgO 氧化物晶相存在越少,样品中随绝缘相的减少,样品的电阻率可能会下降。球磨 25 h 所得样品(400)峰左边的 MgO 峰值突然增加,可能是球磨时间长,原料混合更加均匀且样品中 MgO 含量过多,形成尖晶石结构的 MgO 过多以氧化物形式析出。随球磨时间的增加,样品的(400)峰不断向(311)峰靠近,原料不同球磨时间影响样品中尖晶石晶相种类与比例。

2. 阻温关系分析

图 2—22 所示为原料分别球磨 10 h、15 h、20 h、25 h 烧结制得样品的阻—温性曲线图,曲线有良好的线性关系。

从图 2—22 和表 2—9 可以知道,球磨 10 h 到 20 h 内,随球磨时间增加样品的 R_{50} 增大,球磨 25 h 较 20 h 得到样品的 R_{50} 小。但是随球磨时间的增加,材料的 B 值增加,且球磨 10 h 较 15 h 样品的 B 值相差较大,差值近 500 K,再随着球磨时间增加,B 值增加量不大。总体而言,球磨 20 h 获得样品电阻率最大,球磨 15 h 以上,球磨时间对 B 值影响不大,决定原料球磨时间要综合考虑样品电阻值与 B 值。

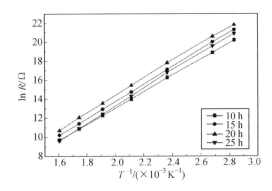

图 2-22　不同球磨时间样品的阻-温特性曲线

表 2-9　不同球磨时间的 R_{50} 与 B 值

球磨时间	10 h	15 h	20 h	25 h
$R_{50}/M\Omega$	4 500	11 500	15 000	9 000
B 值 /K	8 583	9 047	9 071	9 217

3. 形貌分析

球磨时间由 10 h 增加到 15 h,样品致密性增强,且样品晶粒也有所增大。球磨时间由 15 h 增加到 25 h 时,晶粒大小变得不均匀,致密性也差,这可能是球磨时间增长,原料混合更加均匀,各种尖晶石晶相晶粒生长速度不同,晶粒大小差异变大导致的。由于样品的致密性对样品电性能稳定性影响大,一般样品越致密样品电性能越稳定,所以球磨 15 h 制得样品的电性能更稳定。

(三)高温保温时间的研究

实验研究高温保温对热敏材料的影响,高温保温阶段是晶粒长大及陶瓷致密化的重要阶段,通过这一阶段,促使尖晶石结构发育得更加完美,并且结构变得均匀、气孔率减小、体积缩小,样品致密化,机械强度更为增强。但保温时间过长,也可能导致尖晶石结构物质分解,样品内缺陷增多等问题,最终影响样品的电性能以及稳定性,所以确定高温烧结的保温时间很重要。

实验在 1 600 ℃ 下分别保温 2 h、4 h、6 h、8 h 烧结得到样品,分析样品 XRD 图与 SEM 图,测得电性能,最终分析保温时间对样品性能的影响。为了使烧结反应良好,高温保温时的温度应保持稳定。

1. 阻温关系分析

图 2-23 所示为分别保温 2 h、4 h、6 h、8 h 烧结样品的阻-温特性曲线,图中曲线有良好的线性关系,且各曲线高度区分明显,即样品阻值差异较大。

从图 2-23 阻-温特性曲线图可以知道,保温 2 h、4 h、6 h、8 h 样品的 R_{50} 分别为 22 000 MΩ、11 000 MΩ、60 000 MΩ、8 400 MΩ。实验说明保温时间对电阻值影响很大,不同保温时间影响样品电阻值可以在一个数量级以上。这是因为高温保温是晶粒颗粒长大、陶瓷致密化的重要阶段,且晶粒的大小和陶瓷致密化都与热敏电阻的阻值密切相关。由公式计算得保温 2 h、4 h、6 h、8 h 样品的 B 值分别为 8 525 K、8 263 K、8 764 K、8 793 K,样品 B 值变化最大不超过 7%,说明保温时间对样品的 B 值影响有限。保温实验说明保温时间是

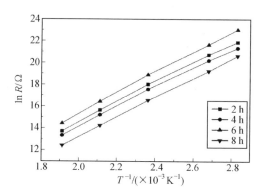

图 2－23　1 600 ℃ 下分别保温 2 h、4 h、6 h、8 h
烧结样品的阻－温特性曲线

烧结过程中一个重要的工艺参数，可以通过调节保温时间来获得电阻值不同的样品，而烧结样品的 B 值影响较小，且基础配方在 1 600 ℃ 烧结保温 6 h 样品的 R_{50} 最大。

2.形貌分析

随保温时间的增加，样品晶粒明显增大，颗粒大小的差异减小，样品变得更加致密。这是由于不同晶粒生长速度不同，保温时间延长，部分生长缓慢晶粒长大，使得样品致密性好，可以提高样品的稳定性。由于保温 6 h 样品的常温电阻最高，说明并不是晶粒越大越均匀电阻值越高，但保温 8 h 样品的 B 值最大。实验说明提高保温时间可以提高样品的致密性，即提高样品的高温稳定性，基础配方保温 6 h 烧结可以获得最大电阻值。

（四）多次球磨、预烧工艺的研究

多次预烧球磨工艺是指将已经球磨、预烧好的陶瓷粉料再次经历球磨、预烧工艺。由于陶瓷粉料是各种尖晶石结构物质及不同氧化物混合的固溶体，经多次球磨、预烧后，一般可以提高陶瓷粉料中各种氧化物的混合均匀度，因此再次预烧后陶瓷粉料中尖晶石晶相的比例增加，即多次球磨预烧工艺可以改变陶瓷材料的电性能。所以实验通过多次球磨、预烧工艺改变陶瓷样品中尖晶石结构比例获得良好性能的高温 NTC 热敏材料。

1.XRD 分析

二次球磨预烧陶瓷粉料尖晶石晶相的主峰及次主峰均较一次、三次球磨、预烧制得样品的峰值高，其半峰宽度也最窄，说明陶瓷粉料经过二次球磨、预烧后，烧结得到的样品中尖晶石结构物质比例最高。一次球磨预烧得到样品的尖晶石的主峰较三次球磨预烧的高，说明随球磨预烧次数增加，粉料中尖晶石结构物质也可能减少。

2.形貌分析

二次、三次球磨工艺制得样品的形貌较为相似，但二次球磨预烧样品晶粒大小分布较不均匀且有少量气孔，三次球磨预烧所得样品晶粒大小分布较均匀，且晶粒与晶粒连接更加紧密，样品致密度更高。

3.阻温关系分析

图 2－24 所示为多次球磨、预烧工艺制得样品的阻－温曲线图，图中曲线高度与斜率差别均较为明显。

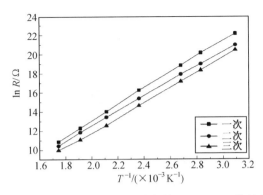

图 2－24　一次、二次、三次球磨样品的阻－温特性曲线

从图 2－24 可以看出，随球磨、预烧次数的增加，高温 NTC 热敏电阻的阻值减小。一次、二次、三次球磨预烧制得样品的 R_{50} 分别为 4 500 MΩ、1 050 MΩ、500 MΩ，由公式计算得一次、二次、三次球磨预烧做的样品的 B 值分别为 8 424 K、7 865 K、7 820 K。说明随着粉料球磨、预烧次数的增加，样品的 B 值有所减小，二次、三次球磨预烧的 B 值变化不大。这是由于不同尖晶石结构物质与不同氧化物均有着不同电阻率与 B 值，经过不同次数球磨预烧工艺制得样品中各尖晶石结构物质及氧化物比例不同，随陶瓷粉料经球磨、预烧次数越多，制备样品中尖晶石结构比例越高，样品中含氧化物比例越低则其电阻值越小。所以实验中随球磨、预烧次数增多，样品中尖晶石比例越高，陶瓷电阻值越低。实验中多次球磨、预烧工艺改变样品中尖晶石结构物质的比例，得到了不同阻值样品。

（五）小结

（1）1 350 ℃ 预烧得到的陶瓷粉料中尖晶石晶相比例最高；在 1 600 ℃ 烧结下烧结的样品，随预烧温度升高样品中尖晶石结构物质比例越高。样品电阻值随预烧温度升高而降低，预烧 1 300 ℃ 粉料制得的样品 B 值最大为 8 901 K。

（2）不同球磨时间对陶瓷粉料中尖晶石晶相结构有影响，球磨 10 h 得到粉料尖晶石比例最高，球磨 25 h 陶瓷粉料晶相峰值最低，半峰宽最宽；球磨 20 h 制得陶瓷粉料烧结得到样品的阻值最大，为 15 000 MΩ，25 h 样品的 B 值最大，为 9 217 K。

（3）不同保温时间对样品电阻值影响很大，随高温保温时间越长，样品晶粒大小越均匀样品越致密。高温保温 6 h 得到样品阻值最大，是保温 2 h 样品电阻值的 30 倍左右，保温时间对样品 B 值影响较小。

（4）二次球磨、预烧制得陶瓷粉中尖晶石比例最高；随球磨、预烧次数增加，陶瓷粉料经 1 600 ℃ 烧结制得样品中，尖晶石结构物质比例越高，但样品的电阻值与 B 值越低。

五、Mg－Al－Fe－Cr－O 系高温 NTC 热敏材料掺杂研究

高温 NTC 材料实际应用必须克服电性能稳定性问题，实际应用中一般要求热敏电阻在工作温度内连续工作 1 000 h，其电阻值变化小于 ±1%。离子电导是影响高温热敏电阻电性能稳定的一个主要原因，高温 NTC 热敏电阻得到实际应用必须克服材料的离子电导问题。由于离子电导与晶体的缺陷生成能有关，缺陷生成能与材料的焓值呈线性关系。焓值较大的物质其缺陷生成能越大，则高温时生成缺陷越少，即离子电导越小，热敏材料的高温稳定性也越好。所以本节研究掺杂部分高焓值的稀土金属氧化物对高温 NTC 材料的高温

稳定性的影响;同时研究了掺杂 $BaTiO_3$、$PbTiO_3$ 对热敏材料的影响,希望通过掺杂提高热敏电阻的容抗,借助材料电容值随温度的变化,实现电阻、电容两种电特性测量,可以有效提高测量精确度。

（一）掺杂 La_2O_3 对 $Mg-Al-Fe-Cr-O$ 系热敏材料性能的影响

La_2O_3 有非常高的熔值,约为 2 225 kJ/mol,并且可以与 Cr_2O_3 形成钙钛矿型的 $LaCrO_3$,该晶相能与尖晶石结构的 $MgAl_2O_4$、$MgCr_2O_4$ 等尖晶石晶相很好融合,形成良好的固溶体。$LaCrO_3$ 具有良好耐高温特性,是钙钛矿型稀土过渡金属氧化物中结构最为稳定的材料,在高温强还原性气氛中也不会发生分解,利于提高高温热敏材料稳定性。

实验以 $Mg_{3.8}Al_{2.5}Fe_2Cr_2$ 为基础配方掺杂 La_2O_3,掺杂质量分数为 0%、2.5%、5%、7.5%、10% 的 La_2O_3,配方分别记为:La1、La2、La3、La4、La5。原料球磨 10 h,在 1 400 ℃ 预烧后造粒,压片且在 1 600 ℃ 下保温 4 h 烧结得到样品电阻。

1. 掺杂 La_2O_3 样品 XRD 分析

图 2－25 所示为配方 La1、La3、La5 样品的 XRD 图,随样品掺杂 La_2O_3 含量的变化,样品的 X 射线衍射峰有较大变化,说明样品中晶相变化较大。

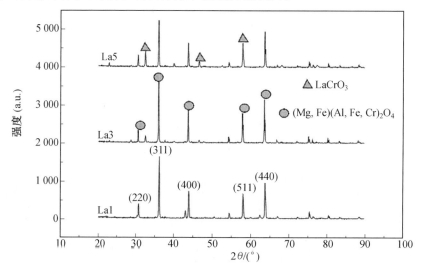

图 2－25　La1、La3、La5 样品的 XRD 图

从图 2－25 中可以知道,配方 La1 样品 X 射线衍射峰(400)峰左侧有一个较小 MgO 晶相峰,而随掺杂配方中掺杂 La_2O_3 含量的增加,在 La3、La5 样品衍射峰中未出现 MgO 晶相峰,但在尖晶石晶相(220)与(400)峰右侧出现了 $LaCrO_3$ 晶相的峰。样品配方中随 La_2O_3 含量的增加,混合尖晶石结构物质的主峰(311)也逐渐减小,而 $LaCrO_3$ 晶相的峰值不断增加,说明样品中随 La^{3+} 含量增加,Cr_2O_3 与 La_2O_3 形成 $LaCrO_3$ 晶相物质增多。由于铬离子不易变价且 Cr^{3+} 主要占据尖晶石结构的 B 位置,随着掺杂 La_2O_3 含量增加,引起混合尖晶石 $(Mg,Fe)(Al,Fe,Cr)_2(Al,Fe,Cr)_2O_4$ 中处于 B 位置的 Cr^{3+} 减少,则可能导致混合尖晶石结构物质中部分铁离子转移到尖晶石结构的 B 离子位置,导致 B 位置参与跳跃式导电的离子增多,样品的电阻率降低。

2. 掺杂 La_2O_3 样品电特性分析

从表 2－10 可以知道,La2 较 La1 的 R_{50} 大,La2、La3、La4、La5 的 R_{50} 依次减小,但样品

的电阻值差异不大,且不同配方阻—温曲线有交错;由于样品高温老化,可以减小样品内一些不稳定结构,消除部分高温离子电导的影响,因此不同配方样品的电阻变化规律更加明显。1 600 ℃烧结样品中 La2 的 R_{50} 值最大,为 9 500 MΩ,其后随着 La_2O_3 含量增加电阻值降低。这是由于 La_2O_3 与 Cr_2O_3 反应后,尖晶石结构 B 位置离子减少,部分铁离子进入 B 位置形成导电离子对,随着 La_2O_3 含量增加导电离子对越多,样品电阻值越低。样品经高温老化,配方 La1、La2、La4、La5 的 R_{50} 变大,且高温时电阻值降低,即老化样品的 B 值大幅度提高。说明掺杂一定量的 La_2O_3 可以提高样品的 R_{50} 率和 B 值,La2、La3 样品的 B 值显著提高,达到 10 000 K 以上,说明掺杂 La_2O_3 可以提高高温 NTC 热敏电阻的温度系数,提高电阻的测量精度。

表 2 - 10　La 系列配方样品的电特性

配方		La1	La2	La3	La4	La5
1 600 ℃	R_{50}/MΩ	4 500	9 500	5 000	4 000	2 500
	B 值/K	8 420	8 983	8 512	8 730	8 499
700 ℃	R_{50}/MΩ	5 200	11 000	2 600	4 400	9 000
	B 值/K	8 918	10 517	10 134	9 967	9 058

3. 掺杂 La_2O_3 样品形貌分析

La2、La3 样品相貌较为相似,样品 SEM 图中晶粒颗粒较均匀,样品致密性也好。随着 La_2O_3 含量继续增加,样品晶粒明显发生改变,部分晶粒快速增大,样品中出现更多的细小 $LaCrO_3$ 晶粒嵌入各尖晶石晶粒之间,$LaCrO_3$ 具有良好耐高温特性,这利于提高材料的高温稳定性。

(二)掺杂 Y_2O_3 对 Mg - Al - Fe - Cr - O 系热敏材料的影响

Zr - Y 是一种高温氧化物固溶体的 NTC 材料,具有较低的离子导电特性。Y_2O_3 的熔值为 1 906 kJ/mol,且常用于薄膜电容器、陶瓷材料掺杂,所以实验进行系统掺杂 Y_2O_3,研究其对本系高温热敏材料的电—温度特性、离子电导的影响。

实验以 $Mg_{3.8}Al_{2.5}Fe_2Cr_2$ 为基础配方掺杂 Y_2O_3,分别掺杂质量分数为 0、2.5%、5%、7.5%、10% 的 Y_2O_3,配方记为 Y1、Y2、Y3、Y4、Y5。原料经球磨 10 h,1 400 ℃ 预烧后造粒、压片且在 1 600 ℃ 下保温 4 h 烧结制得高温 NTC 电阻样品。

1. 掺杂 Y_2O_3 样品 XRD 分析

Y1、Y3、Y5 样品尖晶石峰右边均出现了 MgO 晶相的峰值,且随 Y_2O_3 掺杂量增加,峰值越高,说明掺杂 Y_2O_3 对 MgO 形成尖晶石晶相有影响,由于 Y^{3+} 的半径为 0.90 Å,Mg^{2+} 的半径为 0.72 Å,在尖晶石固溶体中 Y^{3+} 可能取代部分 Mg^{2+} 而占据了尖晶石结构 A 位置,因此部分 Mg^{2+} 以单独氧化物形式存在。随着掺杂 Y_2O_3 含量增加,样品尖晶石结构峰先减小后增大,即 Y1 样品 X 射线衍射峰高于 Y3,Y3 样品 X 射线衍射峰低于 Y5。

2. 掺杂 Y_2O_3 样品电特性分析

从表 2—11 可以知道,在 1 600 ℃ 烧结得样品时,掺杂 Y_2O_3 后样品电阻值明显降低;掺杂 Y_2O_3 质量分数由 0 升到 7.5% 时,即配方 Y1 到 Y4,样品 R_{50} 逐渐减小,但 Y5 样品的 R_{50}

均大于 Y2、Y3、Y4 样品,这可能是由于掺杂 Y_2O_3 后含量一定时,样品内 MgO 含量增多,阻碍导电相的渗流导电,样品电阻值升高。掺杂 Y_2O_3 样品经高温老化后其电性能曲线变化更加明显,老化提高了 Y1、Y2、Y4 样品的电阻值。随 Y 系列配方样品老化后,样品的 B 值均逐渐增大,且 Y5 样品的 B 值最大,为 9 021 K,小于掺杂 La_2O_3 的 La2 配方,其样品 B 值为 10 517 K。

表 2－11　Y 系列样品的 R_{50} 值及 B 值

配方		Y1	Y2	Y3	Y4	Y5
1 600 ℃	$R_{50}/M\Omega$	4 500	1 000	900	750	3 200
	B 值 /K	8 420	8 228	8 249	7 778	8 493
700 ℃	$R_{50}/M\Omega$	5 200	3 250	700	1 600	1 000
	B 值 /K	8 782	8 522	8 467	7 850	9 021

总体而言,掺杂 Y_2O_3 降低样品的阻值与 B 值,老化后掺杂样品的阻值与 B 值也较低。

（三）掺杂 CeO_2 对 Mg－Al－Fe－Cr－O 系热敏材料的影响

Zr－Ce 是一种氧化物固溶体的高温 NTC 热敏材料体系,该材料体系烧结温度为 1 450 ℃,离子电导小。CeO_2 的熔值为 975 kJ/mol。

实验以 $Mg_{3.8}Al_{2.5}Fe_2Cr_2$ 为基础配方掺杂 Ce_2O_3,掺杂质量分数为 0%、2.5%、5%、7.5%、10% 的 CeO_2,配方记为 Ce1、Ce2、Ce3、Ce4、Ce5。高温 NTC 电阻样品制作方法同上,取部分烧结样品置 700 ℃ 高温炉保温 120 h 进行老化。

1. 掺杂 CeO_2 样品的分析

由表 2－12 可以知道,Ce1 配方的样品电阻率最大,Ce2 至 Ce5 样品中随掺杂 CeO_2 含量增加,样品 R_{50} 值变大。但实验总体测得样品的阻值随配方的变化相对不大,电性能曲线比较密集,特别是掺杂质量分数为 2.5%、5%、7.5% 时,即配方 Ce2、Ce3、Ce4,样品电阻值与 B 值都相近。

表 2－12　Ce 系列样品的 R_{50} 值及 B 值

配方		Ce1	Ce2	Ce3	Ce4	Ce5
1 600 ℃	$R_{50}/M\Omega$	4 500	600	800	900	1 400
	B 值 /K	8 583	7 747	7 964	7 778	7 818
700 ℃	$R_{50}/M\Omega$	5 200	670	800	1 000	1 600
	B 值 /K	8 801	7 468	8 171	7 590	7 728

由表 2－12 可以知道,当样品在 700 ℃ 下老化 120 h 后,较未老化样品,老化后样品电性能区别明显,同样 Ce1 配方的样品电阻率最大,且较为老化样品的电阻值与 B 值有所增大,但变化不是很明显。但总体而言掺杂 CeO_2 降低了基础配方样品的电阻率与 B 值。

2. 掺杂 CeO_2 样品 XRD 分析

Ce3、Ce5 样品尖晶石结构的各峰高度相似,且尖晶石结构主峰峰值在 1 000 左右,明显低于未掺杂尖晶石结构的主峰高度。Ce3 样品中未出现 Ce_2O_3 晶相峰,Ce5 配方样品中出现较峰值较低的 Ce_2O_3 晶相峰。说明 Ce3 配方中 CeO_2 含量较低时,在 XRD 分析中未能被检测出。在样品 X 射线衍射峰中 Ce_2O_3 是以单独氧化物晶相检测出来的，并未像 La_2O_3 那样与配方中其他氧化物形成尖晶石结构物质。说明 CeO_2 不能与基础配方中各组成成分形成尖晶石结构或钙钛矿型一类热敏半导体材料，则 CeO_2 以氧化物形式存在样品中，不能提高实验研究体系的高温 NTC 热敏材料的性能。

（四）小结

（1）掺杂 La_2O_3 与 Cr_2O_3 形成高温稳定的钙钛矿型 $LaCrO_3$ 物质，掺杂质量分数为 2% 的 La_2O_3，获得样品的电阻值与 B 值最大。样品老化后电阻值与 B 值均提高，掺杂质量分数为 2% 的 La_2O_3 样品 B 值大于 10 000 K。

（2）掺杂 Y_2O_3 陶瓷样品尖晶石结构的衍射峰有所下降，样品的电阻值与 B 值均降低；掺杂 CeO_2 后样品中 X 射线衍射峰中出现 CeO_2 氧化物晶相峰，且 CeO_2 未与配方中各氧化物形成晶相物质，对体系样品电性能影响不大，且掺杂 CeO_2 均降低样品的电阻值与 B 值。

第三章　热敏陶瓷的性能探索

第一节　NTC 热敏陶瓷的性能研究

一、$Ni_{0.75}Mn_{2.25}O_4$ NTC 热敏电阻的制备及电学性能研究

近几年,家电及汽车行业在我国得到蓬勃发展,对 NTC 热敏电阻温度传感器的需求量也越来越大。NTC 热敏电阻生产中存在的一大问题是产品的一致性差,在实际的应用中,制备 NTC 热敏电阻元器件所使用的芯片大小在 0.5 mm×0.5 mm×0.25 mm 左右,在芯片中含有几微米大小的气孔将会使电阻率发生较大的变化,导致元器件的合格率下降。得到微结构均匀、致密性高的陶瓷是提高 NTC 热敏电阻一致性的关键,而合成优质的粉体又是得到均匀性好的陶瓷的重要环节,优质的粉体应具有粒子较小,粒径分布窄,团聚粒子少,成分和化学组分可控等特点。

常规的陶瓷粉体制备方法各有其优缺点:高温固相反应法一般采用金属氧化物作为初始原料,经多次高温预烧和球磨得到复合氧化物粉体,在制备过程中不存在原料损失,因此容易控制最终陶瓷的化学组成,但生产周期长,粉体的粒径较大,烧结活性较差,且多次的球磨过程易引入杂质污染;低温固相反应采用金属的乙酸盐与草酸为原料,在室温下生成复合金属草酸盐,在较低的煅烧温度下就可以生成均匀性高、粒径小的复合氧化物粉体,这种粉体具有很高的烧结活性,但由于采用乙酸盐作为前驱体,价格较贵,且很多金属离子的乙酸盐不存在或者不稳定,在工业生产应用中具有很大的局限性;共沉淀法制备的复合氧化物粉体具有较高的烧结活性,但由于不同金属离子的溶度积不同,有时差别较大,难以实现所有的金属离子完全沉淀,结果所得的复合氧化物的实际组成偏离名义组成,因此最终陶瓷的电性能参数的偏离;溶胶－凝胶法制备的复合氧化物粉体能精确控制组成,但粉体的团聚现象太严重,且凝胶在燃烧过程中放出氮化物、硫化物等有毒气体,对环境造成严重污染,难以在工业中应用。在以上的粉体制备方法中,固相法和共沉淀法已经实现了工业化生产,同时有很大的局限性,因此,探索一种新的既能精确控制组成,又能具有较高烧结活性的粉体制备方法,在工业生产中将会有很大价值。

结合固相法制备的粉体能够精确控制组成、草酸盐共沉淀法制备粉体具有较高烧结活性的优点,探索了一种改进的固相反应方法。首先利用草酸盐沉淀法得到不同金属离子的草酸盐,然后烘干、确定金属离子的含量、球磨混合、煅烧得到复合氧化物粉体。基于这种改进的固相反应方法,制备了 $Ni_{0.75}Mn_{2.25}O_4$ 热敏陶瓷粉体和热敏电阻样品,讨论了草酸盐前驱体在不同的温度下的热分解行为,对 $Ni_{0.75}Mn_{2.25}O_4$ 粉体及热敏电阻样品的性能进行了表征。

（一）改进固相反应方法制备 $Ni_{0.75}Mn_{2.25}O_4$

1. 样品制备

以分析纯级的硝酸镍 $Ni(NO_3)_2 \cdot 6H_2O$、硝酸锰 $Mn(NO_3)_2 \cdot 4H_2O$、草酸 $H_2C_2O_4 \cdot 4H_2O$ 作为初始原料。控制草酸与硝酸镍的比例为 1.1:1（质量比），将 1 mol/L 的草酸溶液倒入 1 mol/L 的硝酸镍 $Ni(NO_3)_2$ 溶液中，整个过程不停地搅拌 2 h，控制反应温度为 50 ℃，氨水调节 pH 为 4.0 左右，然后室温 15 ℃ 陈化 12 h，水洗两遍，乙醇洗一遍，烘干。草酸锰的制备条件与草酸镍的相同。将以上所得到的草酸镍及草酸锰前驱体通过热分解的方式确定金属离子的含量，其中草酸镍在 600 ℃ 分解完全转变为 NiO 草酸锰在 650 ℃ 分解完全转变为 Mn_2O_3。把草酸镍、草酸锰以金属离子 Ni:Mn=0.75:2.25（质量比）的比例混合，采用湿法球磨 24 h，控制陶瓷粉体、乙醇、锆球质量比约为 1:2:4，其中锆球由直径为 10 mm 及 6 mm 的球以个数比为 1:2 构成。粉体分别在 350～950 ℃ 之间的不同温度下煅烧 4 h 得到不同的氧化物粉体。将 950 ℃ 煅烧得到的氧化物粉体在压片机上成型为直径约为 5 mm，厚度为 2 mm 的圆片，再经 300 MPa 等静压成型，以得到各向均匀的坯体。将坯体在 1 150 ℃ 下烧结 4 h，随炉冷却到室温，得到热敏陶瓷样品。

2. 测试方法

用 PHILIPS X'pert Pro 型 X 射线衍射仪分析草酸盐前驱体、氧化物粉末以及陶瓷样品的相组成，晶胞参数用 UnitCell 软件采用最小二乘法拟合而得。采用 SHIMADZU TA—50 热重分析仪研究草酸盐前驱体的热分解行为，采用流动空气气氛，以 5 ℃/min 的升温速率从室温升至 1 000 ℃。粒度分析采用济南润之公司生产的 Rise—2006 型激光粒度分析仪，测量的准确性及重复性均小于 ±3%。

在 950 ℃ 煅烧后的粉体中加入适量的质量分数为 5% 的 PVA 溶液，将粉体造粒，用压片机和等静压制备直径为 6 mm，长为 10 mm 的坯体。将坯体在 400 ℃ 保温 2 h，去除坯体中的黏结剂。用 NETZSCH DIL 402C 型热膨胀仪表征 $Ni_{0.75}Mn_{2.25}O_4$ 粉体的烧结行为，空气气氛，以速率 5 ℃/min 从室温升至 1 300 ℃。

SEM 测量在 JEOL JSM—6700F 场发射电子显微镜下进行。为了测定陶瓷样品的晶粒尺寸，将陶瓷表面用砂纸打磨、抛光，然后在低于烧结温度 50 ℃ 的温度热腐蚀 20 min，得到扫描电子显微镜分析样品。

将圆片状陶瓷样品的上下表面用砂纸打磨抛光，用螺旋测微计测量陶瓷样品的直径 d 和厚度 t。在抛光的陶瓷样品的上下表面涂上铂浆，在烘箱中将铂浆干燥，随后放入马弗炉中，在空气气氛中以 7 ℃/min 升温至 850 ℃ 保温 20 min，然后快速冷却到室温，焊上银电极引线，得到热敏电阻样品。用 Agilent 34401A 型数字万用电表测量热敏电阻样品的阻值 R。四甲基硅油具有良好的绝缘性能，且热导率较高，被用作调温介质。用高精度温度计（±0.05 ℃）标定高稳定高灵敏度的标准热敏电阻在 25 ℃ 和 50 ℃ 时的阻值，在热敏电阻样品阻值测量时用此标准热敏电阻监视硅油的温度变化，保证测量时温度偏差小于 0.05 ℃。测量热敏电阻在 25 ℃ 和 50 ℃ 时的阻值 R_{25} 和 R_{50}，就可以得到热敏常数 $R_{25/50}=3\,853.89\ln(R_{25}/R_{50})$。热敏电阻的稳定性用老化系数 $(R-R_0)R_0 \times 100\%$ 来表示，R_0 为未经老化的热敏电阻于 25 ℃ 测得的阻值，R 为经 150 ℃ 老化 1 000 h 后于 25 ℃ 测得的电阻值。每种样品取 3 个，电性能的数据取 3 个样品的平均值。

3. 结果与讨论

(1) 前驱体的相结构。

草酸镍与草酸锰经 24 h 球磨后得到混合物的 X 射线衍射。由于草酸在 90 ℃ 以上发生分解,为了去除前驱体中草酸的干扰,所有粉体在进行 XRD 测量前都在 110 ℃ 热处理 4 h。草酸镍为正交结构,含两个结晶水(JCPDS:250582),草酸锰具有正交结构,但不含有结晶水(JCPDS:320646)。机械混合得到的前驱体的 XRD 花样为草酸镍与草酸锰 XRD 峰的简单叠加。由此可以认为,球磨过程中草酸镍与草酸锰之间没有发生化学反应,而仅为简单的机械混合。

(2) 热重研究及不同煅烧温度下的相结构。

在 110 ℃ 烘干后得到了草酸镍与草酸锰的球磨混合物的热重图。从室温 180 ℃ 失重为 3.8%,对应于吸附水的脱附。在 218.7 ℃ 左右的失重峰,对应于草酸盐中结晶水的失去。在 180 ~ 285 ℃ 之间,失重为 6.1%。根据 XRD 结果已知,在 110 ℃ 烘干时,草酸锰已经失去了结晶水,所以在第二步的失重仅为草酸镍中结晶水的失去。在 305 ℃ 左右的失重对应于无水草酸镍与草酸锰的分解过程,在 285 ~ 332 ℃ 之间,失重为 41.3%。由于在 305 ℃ 左右仅有一个草酸盐分解峰,可以知道草酸镍与草酸锰具有相近的分解温度。

在 350 ~ 489 ℃ 间,质量下降,在 412 ℃ 与 469 ℃ 对应两个小的失重峰;489 ~ 761 ℃ 间质量增加;761 ~ 859 ℃ 间质量几乎不发生变化;高于 859 ℃ 质量开始下降,在 924 ℃ 有一个较大的失重峰。在 350 ℃ 仅观察到 NiO 的衍射峰,说明 Mn_2O_3 在此时处于无定形状态。在 412 ℃ 与 469 ℃ 位置的两个小的失重峰对应于 $NiO_{1+\delta}$ 和 $Mn_2O_{3+\delta}$ 中超额氧的失去。随着温度的升高,NiO 和 Mn_2O_3 开始反应生成尖晶石相。

尖晶石与 Mn_2O_3 反应放出 O_2,所以在 924 ℃ 有一个非常明显的失重峰。粉体的 TG 及 XRD 分析进一步说明了固相球磨过程,草酸锰及草酸镍没有发生化学反应。在 950 ℃,仅观察到尖晶石相,因此选取 950 ℃ 作为草酸盐前驱体的煅烧温度。

(3) 粉体的粒度及烧结活性的研究。

950 ℃ 条件下经一次煅烧后的粉体的粒径分布为:$D_{50} = 4.13\ \mu m$,$D_{90} = 9.54\ \mu m$,$D_{av} = 5.12\ \mu m$。这意味着质量比为 50% 的粉体粒径小于 4.13 μm,90% 的粉体粒径小于 9.54 μm,所有粉体的平均粒径为 5.12 μm。样品的粒径分布为单峰分布,且分布峰的对称性较好。

$Ni_{0.75}Mn_{2.25}O_4$ 坯体的热膨胀曲线仅存在一个收缩峰,说明为单模式的烧结行为,这与粉体的单峰分布相一致。样品从 900 ℃ 开始收缩,1 153 ℃ 达到最大收缩速率,线性收缩率为 7.7%。选择 1 150 ℃ 作为样品的烧结温度。在 1 150 ℃ 烧结 4 h 后,样品为单相立方尖晶石结构,致密度达到 95.7%。而对于以金属氧化物为前驱体的传统的固相反应制得的粉体,一般要提高烧结温度到 1 250 ℃ 以上才能够达到 95% 的致密度。

(4) 陶瓷的性能。

在进行 SEM 测试前,将 1 150 ℃ 烧结后的 $Ni_{0.75}Mn_{2.25}O_4$ 陶瓷样品表面用砂纸打磨,然后在 1 100 ℃ 热腐 30 min,目的是为了清晰观察到样品形貌以及晶界,陶瓷致密性高,结构均匀,晶粒尺寸主要集中在 4 ~ 10 μm 之间,与 950 ℃ 煅烧后的粉体相比,晶粒尺寸几乎没有变大。

$Ni_{0.75}Mn_{2.25}O_4$ 样品在 25 ℃ 时的电阻率及 B 值分别为 1 967 $\Omega \cdot cm$ 和 3 946 K,在 150 ℃ 经 1 000 h 老化后样品的老化率为 1.5%。而 Fritsch 等人通过草酸盐共沉淀制备的

$Ni_{0.73}Mn_{2.27}O_4$ 样品在 125 ℃ 下经过 500 h 老化后，老化率就达到了 3.1%。由此可以认为改进的固相反应中采用自制的活性很高的草酸盐作为前驱体，可以得到致密性好的陶瓷是提高最终产品稳定性的主要因素。

（二）退火对 $Ni_{0.75}Mn_{2.25}O_4$ 性能的影响

表征室温下使用的 NTC 热敏材料稳定性的退火条件一般选择 150 ℃，而对于在较高温度下电性能的变化情况却很少报道。下面讨论较高温度的热处理条件对 $Ni_{0.75}Mn_{2.25}O_4$ NTC 热敏材料电性能的影响，并与 $Zn_{0.8}Ni_{0.75}Mn_{2.25}O_4$ 材料进行比较，希望找到提高尖晶石型 NTC 热敏材料使用温度的新方法。之所以选中含 Zn 样品 $Zn_{0.8}Ni_{0.75}Mn_{2.25}O_4$ 作为对比，是因为 Chanel 等的研究发现，Zn 的加入可以使电学稳定性大大提高。

1. 实验部分

采用上面讨论的方法制备 $Ni_{0.75}Mn_{2.25}O_4$ 和 $Zn_{0.8}Ni_{0.75}Mn_{2.25}O_4$ 粉体，在 1 150 ℃ 烧结 4 h，降温采用随炉冷却的方式。用室温导电胶（北京钢拓冶金技术研究所生产的 KD－2 常温快干导电胶）黏住银电极引线，在室温下放置 5 h 使导电胶充分固化，然后测量其电学性能。测量完毕后将样品放到无水乙醇中浸泡除去导电胶。为了研究退火温度对电性能的影响，将除去导电胶的样品分别在 150～850 ℃ 之间从低温到高温进行退火处理（退火处理时长为 10 h，降温方式为随炉冷却）。

2. 结果

在 300 ℃ 以下，$Ni_{0.75}Mn_{2.25}O_4$ 和 $Zn_{0.8}Ni_{0.75}Mn_{2.25}O_4$ 的电阻率变化均小于 2%；在 300～700 ℃ 之间，$Ni_{0.75}Mn_{2.25}O_4$ 的电阻率变化迅速提高，而 $Zn_{0.8}Ni_{0.75}Mn_{2.25}O_4$ 的电阻率却几乎不发生变化；在 700 ℃ 以上，$Zn_{0.8}Ni_{0.75}Mn_{2.25}O_4$ 的电阻率变化从 700 ℃ 的 1.3% 增加到 850 ℃ 的 9.6%。

3. 讨论

电阻率的变化归根结底为尖晶石在相结构或者微结构上发生了变化引起的。在较高的温度下，阳离子（阳离子空位）分布处于相对混乱状态，淬火降温时，陶瓷在高温下的非平衡状态保留下来。在热应力下非平衡态向平衡态转变，在这一过程中，陶瓷的相结构的组成、微结构中的缺陷、阳离子的分布情况的改变导致载流子的浓度发生不同程度的改变，进而导致电性能参数，尤其电阻率的变化。

首先考虑相结构的影响。X 射线衍射结果显示，1 150 ℃ 烧结后 $Ni_{0.75}Mn_{2.25}O_4$ 和 $Zn_{0.8}Ni_{0.75}Mn_{2.25}O_4$ 均为立方尖晶石结构，在 150～850 ℃ 间的退火处理后，相结构没有发生改变。Fang 等人在 $NiMn_2O_4$ 的制备过程中发现，在制备过程中，$NiMn_2O_4$ 在 506～784 ℃ 之间容易发生分解反应生成 $NiMnO_3$ 和 Mn_2O_3。而在退火过程中，$Ni_{0.75}Mn_{2.25}O_4$ 的相结构没有发生改变，说明烧结后的 Ni－Mn－O 体系在相结构上有很高的稳定性。由此电阻率的变化可以认为是陶瓷不同条件下氧化程度的差异和阳离子分布的改变。

Wang 通过计算机模拟以及实验结果指出，在尖晶石结构中，(220) 和 (440) 衍射峰相对强度的比值 I_{220}/I_{440} 对离子占位变化非常敏感，当重原子占据 A 位时，I_{220}/I_{440} 增加；反之，当重原子占据 B 位时，I_{220}/I_{440} 降低。在 600 ℃ 退火后，$Ni_{0.75}Mn_{2.25}O_4$ 样品的峰强比 I_{220}/I_{440} 增加 12.8%，而 $Zn_{0.8}Ni_{0.75}Mn_{2.25}O_4$ 样品的峰强比 I_{220}/I_{440} 增加仅为 2.0%。峰强

比的增加说明在退火过程中,重原子移向尖晶石的 A 位(轻原子移向尖晶石的 B 位)。在 $Ni_{0.75}Mn_{2.25}O_4$ 中,Ni 离子以 Ni^{2+} 形式存在,Mn 离子以 Mn^{2+}、Mn^{3+}、Mn^{4+} 形式存在;Mn^{2+} 占据尖晶石的 A 位,Ni^{2+}、Mn^{3+}、Mn^{4+} 由于具有很大的八面体优先占位能,倾向占据 B 位;在较高温度下淬火,少量阳离子分布趋于混乱。研究人员对 $Ni_{0.75}Mn_{2.25}O_4$ 淬火及慢冷后的样品进行了中子衍射测试,研究发现,在较高的温度淬火时,A 位 Ni^{2+} 的含量明显高于慢冷的样品。由此可以认为,在退火过程中,Ni^{2+} 会由 A 位向 B 位迁移,相应地 B 位的 Mn 离子迁移到 A 位。Ni 的原子量大于 Mn,当 Ni 由 A 位向 B 位迁移时,会造成 I_{220}/I_{440} 的下降,与 XRD 的研究结果相反,所以仅考虑阳离子的迁移是不够的。现在考虑阳离子空位的影响。高温时,陶瓷的晶界位置首先发生氧化,在退火时,阳离子空位由晶界向晶粒内部迁移,而阳离子空位倾于在 B 位存在,B 位空位的增加,与退火后 I_{220}/I_{440} 的升高相一致。当然,退火前后陶瓷的氧化程度可能会不同。

对于陶瓷的氧化过程归根结底为阳离子的氧化,在 $Zn_{0.8}Ni_{0.75}Mn_{2.25}O_4$ 中,能够发生氧化的离子为 Mn^{2+} 和 Mn^{3+},Zn^{2+} 部分取代 Mn^{2+} 占据尖晶石的 A 位,Zn^{2+} 是一种不变价离子,具有很高的稳定性,Zn 的存在一方面提高了陶瓷的抗氧化能力,另一方面可以限制阳离子在尖晶石不同位置的相互移动。由此,在 $Ni_{0.75}Mn_{2.25}O_4$ 中加入 Zn,电学稳定性可以大大提高。

4. 小结

通过改进的固相反应在 950 ℃ 经一次煅烧就可以得到单相尖晶石结构,在 1 150 ℃ 烧结可以得到致密度高,电学性能稳定的 $Ni_{0.75}Mn_{2.25}O_4$ 热敏电阻陶瓷。改进固相反应具有比传统固相反应低的烧结温度,并且可以精确地控制样品中各金属离子的含量的优点,在工业生产中不失为一种新型的粉体制备方法。

在 150 ~ 850 ℃ 间的退火,$Ni_{0.75}Mn_{2.25}O_4$ 的电阻率随退火温度的增加而增加。在 300 ℃ 之前,电阻率变化很小,说明此时热应力比较小,不足以提供阳离子(空位)迁移所需的能量。高于 400 ℃ 时,电阻率变化迅速增加。在 $Ni_{0.75}Mn_{2.25}O_4$ 中掺入 Zn 的样品 $Zn_{0.8}Ni_{0.75}Mn_{2.25}O_4$ 稳定性迅速提高,在 700 ℃ 之前,退火对电性能几乎没有影响。由此,$Ni_{0.75}Mn_{2.25}O_4$ 中加入 Zn,可以提高尖晶石型 NTC 材料在较高温度下的应用。

二、Cu、Zn 共掺杂对 $Ni_{0.75}Mn_{2.25}O_4$ NTC 热敏陶瓷电性能的影响

(一)综述

Mn_3O_4 被认为是最为常见的 NTC 热敏材料的基体材料,以 Mn_3O_4 为基体的锰酸盐导电利用电子跳跃模型来解释,一般认为导电是由电子在 B 位的 Mn^{3+}/Mn^{4+} 离子之间跳跃引起的,由于 Mn_3O_4 的离子分布式不符合电子跳跃模型中的导电条件,所以 Mn_3O_4 为绝缘体,电阻率在 $10^9 \Omega \cdot cm$ 以上。通常采用掺杂的方式来改变 Mn_3O_4 的电阻率。在 Mn_3O_4 中掺入 Ni,由于 Ni^{2+} 占据尖晶石的 B 位,同时将会在 B 位上产生 Mn^{4+},在 B 位上出现的 Mn^{3+}/Mn^{4+} 离子对构成了电子跳跃电导的核心机构,随 Ni 含量的进一步增加,Mn^{3+}/Mn^{4+} 对降低并伴随着 NiO 相的析出,NTC 热敏材料的电阻率随 Ni 含量的增加呈 U 形变化。在 Mn_3O_4 中掺入 Fe,Fe 以三价形式 Fe^{3+} 存在,占据尖晶石的 A 和 B 位,在八面体形成 Mn^{2+}/Mn^{3+} 导电对增加 NTC 热敏材料的导电性。为了调节 NTC 热敏材料的电性能,有时

候也采用三元或四元体系,如 Fe—Ni—Mn—O、Zn—Ni—Mn—O、Cu—Ni—Co—Mn—O 系等。

在目前研究的所有尖晶石结构的 NTC 热敏材料体系中,仅有含 Cu 的体系可以有效地降低 NTC 热敏材料的电阻率,但同时也会造成陶瓷的稳定性降低。尽管对含 Cu 体系做了很多的研究,但对于 Cu 在尖晶石结构中的价态、位置及含 Cu 体系的导电机理存在不同的观点。Zn^{2+} 的最外层电子构型为 $3d^{10}$,在尖晶石 B 位的优先占位能为零,仅占据尖晶石的 A 位,在 Ni—Mn—O 体系中加入 Zn,Zn^{2+} 替代 A 位的 Mn^{2+},可以大大提高尖晶石结构的抗老化能力,而对电阻率和 B 值的影响不是很大。为了提高含 Cu 体系的抗老化能力,并且希望得到低阻 NTC 材料,本节研究了 Cu 和 Zn 共掺杂对 Ni—Mn—O 热敏陶瓷电性能的影响,并与 Cu 单独掺杂的样品进行了对比。

(二)实验

1. 样品制备

采用低温固相反应来制备草酸盐前驱体。 分析纯级的 $Ni(CH_3COO)_2 \cdot 4H_2O$、$Mn(CH_3COO)_2 \cdot 4H_2O$、$Cu(CH_3COO)_2 \cdot H_2O$、$Zn(CH_3COO)_2 \cdot 2H_2O$ 和草酸作为初始原料,按照金属离子的总含量与草酸的物质的量比为 1:1.1 称取原料,装入球磨罐中,以 ZrO_2 球为球磨介质、乙醇为分散剂,在室温下进行球磨 5 h 得到浅绿色细腻的糊状产物。将糊状物在烘箱中于 70 ℃ 烘干,得到复合草酸盐前驱体。在 800 ℃ 空气气氛中煅烧 4 h。在煅烧后的粉体中加入少量的有机黏合剂(质量分数为 5% 的 PVA 溶液)进行造粒。在压片机上成型为直径为 5 mm,厚度约为 2 mm 的圆片状坯体,再经 300 MPa 等静压成型,以得到各向均匀的坯体。将坯体在空气中于 1 050 ℃ 烧结 4 h,随炉冷却至 150 ℃ 取出。

2. 测试方法

将造粒后的粉体用压片机制备直径为 5 mm,长为 10 mm 的坯体,再经 300 MPa 等静压成型为各向均匀的坯体。将坯体在 350 ℃ 保温 2 h,去除坯体中的黏结剂。用 NETZSCH DIL 402C 型热膨胀仪表征粉体的烧结行为,升温条件为空气气氛下以速率 5 ℃/min 从室温升至 1 100 ℃。XPS 使用英国 VG 科学仪器公司生产的 SCALAB MK Ⅱ 型能谱仪进行测量,峰拟合采用 XPSpeak3.1 软件进行,利用最小二乘法平滑数据,采用 Shirley 背景,峰型利用 Gaussian—Lorentzian 函数拟合,峰面积通过积分得到,实验结果中的峰强比均由面积比得到。

SEM 测量在 JEQL JSM—6700F 场发射电子显微镜下进行。将烧结后的样品掰开露出断面,然后在低于烧结温度 50 ℃ 的温度热腐蚀 20 min,得到样品断面的扫描电子显微镜图像。

为了测量电阻,把样品两面磨光,用螺旋测微计测量陶瓷样品的直径 d 和厚度 t,涂 pt 电极,850 ℃ 保温 30 min,然后淬火,焊上银引线以备测量。然后使用 Agilent 34401A 数字多用表,在四甲基硅油中分别测量 25 ℃ 和 50 ℃ 时的电阻。为了保证测量过程中温度的稳定性,用高精度温度计(±0.05 ℃)标定高精度高灵敏度的标准热敏电阻在 25 ℃ 和 50 ℃ 时的阻值,在测量时用此标准热敏电阻检测硅油温度的变化情况,保证测量时温度偏差小于 0.05 ℃。

（三）结果与讨论

1. 粉体以及陶瓷的制备

氧化物粉体具有单相立方尖晶石结构。在较低的温度（800 ℃）下，一次煅烧就能得到纯尖晶石结构相的复合氧化物，说明草酸盐前驱体中的 Zn、Cu、Ni、Mn 金属离子分布均匀，在形成尖晶石相复合氧化物时，所需要的离子扩散距离较短，因此在较低的温度下就可以形成单相的尖晶石型复合氧化物。

$Cu_{0.2}Zn_{1.0}Ni_{0.5}Mn_{1.3}O_4$ 胚体以加热速率 5 ℃/min 升到 1 100 ℃ 时得到的热膨胀结果显示，升温到 750 ℃ 时，坯体迅速收缩，在 964 ℃ 附近样品的收缩速率达到最大值，此时烧结体的收缩率约为 7.7%。热膨胀曲线上只有一个收缩峰，说明坯体单一的气孔分布模式和较窄的气孔尺寸分布，根据热膨胀的结果，我们选择 1 050 ℃ 作为的烧结温度。在 1 050 ℃ 烧结后，所有陶瓷体的相对密度达到 95% 以上。

2. Cu 离子的价态以及分布状况

利用 XPS 手段，可以区分出 Cu 离子的不同价态以及在尖晶石结构中的占位情况。Cu 的 $2p_{3/2}$ 层电子的结合能顺序为：$Cu^{2+}(A) > Cu^{2+}(B) > Cu^+(A) > Cu^+(B)$。根据文献报道，930.7 eV 处的峰对应于 $Cu^+(A)$，933.0 eV 处的峰对应于 $Cu^{2+}(B)$，934.9 eV 处的峰对应于 $Cu^{2+}(A)$。对 Zn 和 Cu 共掺杂的 $Zn_{1.0}Cu_xNi_{0.5}Mn_{1.5-x}O_4$ 来说，当 $x = 0.2$ 时，在 933.6 eV 处存在较大的能量峰，对应于 $Cu^{2+}(B)$，在 930.8 eV 处存在较小的能量峰，对应于 $Cu^+(A)$，两峰的面积比分别为 95.8% 和 4.2%，也就是说 Cu 离子主要以 Cu^{2+} 形式占据尖晶石的 B 位，当 $x=0.4$ 时，仅在 934.2 eV 处存在一个能量峰，由此可以判定的 Cu 离子都以 Cu^{2+} 形式存在。仅由 Cu 掺杂的体系存在 3 个不同位置的能量峰，说明 Cu 离子的状态变得复杂。

3. 电性能

对于 Cu 和 Zn 共掺杂的 $Cu_xZn_{1.0}Ni_{0.5}Mn_{1.5-x}O_4$ 中，当 x 由 0 增加到 0.1 时，电阻率由 3 216 Ω·cm 下降到 1 049 Ω·cm，随 x 的进一步增加，电阻率发生很小的变化。而在 $Cu_xNi_{0.5}Mn_{2.5-x}O_4$ 中，电阻率随 x 的增加迅速降低，在 $x=0$ 时，电阻率为 2 907 Ω·cm，当 $x=0.4$ 时，电阻率仅有 12.6 Ω·cm。

众所周知，在 Ni—Mn—O 体系中，导电是由电子在 B 位的 Mn^{3+} 和 Mn^{4+} 之间跳动引起的。根据这一导电机理，电阻率 ρ 与 $Mn^{3+} \times Mn^{4+}$ 成反比。在 $Cu_{0.2}Zn_{1.0}Ni_{0.5}Mn_{2.3}O_4$ 和 $Cu_{0.2}Ni_{0.5}Mn_{2.3}O_4$ 中，$(Mn^{3+}) \times (Mn^{4+})$ 的乘积相差很小，分别为 0.419 和 0.523，而电阻率却分别为 1 049 Ω·cm 和 68.0 Ω·cm。热常数 B 的下降对电阻率的降低起到一定作用，但不是主要影响因素，在含 Cu 体系中，仅考虑 Mn 离子的导电是不够的。Elbadraoui 及其合作者对 Cu—Ni—Mn—O 体系的研究结果认为，在含 Cu 体系中，A 位的 Cu 离子也参与了导电过程。因此，含 Zn 与不含 Zn 样品造成的 Cu 离子价态及其占位的变化对电性能造成了很大的影响。几乎所有的离子以 Cu^{2+} 形式存在，电子的传递过程发生阻碍，由此电阻率较大。在 $Cu_{0.2}Ni_{0.5}Mn_{2.3}O_4$ 中，存在较多的 Cu^+ 和 Cu^{2+}，电子经 Cu 离子的传导过程很容易发生，由此，电阻率变得很低。$Cu_xZn_{1.0}Ni_{0.5}Mn_{1.5-x}O_4$ 和 $Cu_xNi_{0.5}Mn_{2.5-x}O_4$ 在 150 ℃ 放置 1 000 h 后电阻率发生变化。在 $Cu_xZn_{1.0}Ni_{0.5}Mn_{1.5-x}O_4$ 系列中，老化值随 x 的增加几乎不发生什么变化，老化值均低于 2.6%。在 $Cu_xNi_{0.5}Mn_{2.5-x}O_4$ 中。当 $x=0.2$ 和 0.4 时，老化值较大,分别为 14.9% 和 10%。

文献报道 Ni—Mn—O 和 Zn—Ni—Mn—O 体系的老化系数都很小,而 Cu—Ni—Mn—O 体系的老化系数却随 Cu 含量的增加变化很大,由此可以看出,在含 Cu 体系中,老化主要是由 Cu 离子引起的。Cu^+ 在低于 300 ℃ 时容易氧化为 Cu^{2+},利用 XPS 手段研究老化前后 Cu 离子的价态及占位状况,经 150 ℃ 退火 1 000 h 后,在 $Cu_{0.4}Ni_{0.5}Mn_{2.5}O_4$ 中,Cu^+(A)的摩尔分数从 50.7% 下降到 43.9%,而 Cu^{2+}(B)的摩尔分数由 19.7% 上升到 30.5%。由此可以看出,经退火处理后,A 位处的 Cu^+ 氧化为 Cu^{2+},并且由 A 位迁移到 B 位,所以 $Cu_xNi_{0.5}Mn_{2.5-x}O_4$ 系列样品的老化系数大。而 $Cu_xZn_{1.0}Ni_{0.5}Mn_{1.5-x}O_4$ 在中,几乎所有的 Cu 离子以二价形式存在,Cu^+ 的氧化现象不容易发生,所以具有很高的稳定性。

（四）小结

通过室温固相反应制备了致密的 Cu、Zn 共掺杂的 $Cu_xZn_{1.0}Ni_{0.5}Mn_{1.5-x}O_4$ 系列陶瓷。在 $Cu_xZn_{1.0}Ni_{0.5}Mn_{1.5-x}O_4$ 样品中,由于 Zn 占据尖晶石的 A 位置,Cu 离子被迫以 Cu^{2+} 形式占据尖晶石的 B 位。共掺杂的样品可以有效地降低热敏材料的电阻率而热常数 B 下降很小,与仅由 Cu 掺杂的 $Cu_xNi_{0.5}Mn_{1.5-x}O_4$ 样品相比,共掺杂样品的尖晶石结构由于具有稳定的阳离子分布,在 150 ℃ 退火后表现出较高的电学稳定性。

三、Mg 掺杂对的阳离子分布和电学性能的影响

（一）综述

Ni—Mn—O 体系是组成最为简单、最具代表性的二元体系的 NTC 热敏陶瓷。在 Ni—Mn—O 中,不变价元素 Ni 以 Ni^{2+} 形式占据尖晶石的 B 位,当 Ni 含量较高时,部分 Ni^{2+} 占据尖晶石的 A 位或者以第二相 NiO 形式析出；Mn 有三种不同价态：Mn^{2+}、Mn^{3+}、Mn^{4+},其中 Mn^{2+} 占据尖晶石的 A 位,Mn^{3+} 和 Mn^{4+} 占据尖晶石的 B 位。Ni—Mn—O 体系中存在易变价离子 Mn^{2+} 和 Mn^{3+},在制备过程中陶瓷容易受外界氧的氧化而形成阳离子空位,电学稳定性较差。在 Ni—Mn—O 体系中掺入其他金属元素来调节 NTC 热敏材料的电学性能以及提高电学稳定性。

研究者们对过渡态金属元素在 Ni—Mn—O 中的掺杂以及对电学性能的影响已经进行了很多的研究,但并不能完全满足日益增加的测量精度以及测量范围的要求。为了调节 NTC 热敏材料的电阻率以及提高其电学稳定性,人们也进行了一些非过渡态金属元素的掺杂研究。研究人员在 Ni—Mn—O 中掺入 In,Park 在 Ni—Mn—O 中掺入 Si、Zr,都可以大幅度增加 NTC 热敏材料的电阻率。相对于过渡态金属元素来说,In、Zr、Si 元素的价格较高,且掺入后烧结温度都有不同程度的提高,制备成本增加,不适合于大规模的应用。Mg 相对于过渡态金属元素来说,价格便宜,在自然界中分布范围广,Mg^{2+} 不含有 3d 电子,在八面体中的晶体场稳定化能为 0,Mg^{2+} 应该优先占据尖晶石的 A 位,但由于 Mn^{2+} 具有更强的占据 A 位的能力,因此不能忽略 B 位 Mg^{2+} 的存在,本节中,制备了 $Mg_xNi_{0.66}Mn_{2.34-x}O_4$ （$0 \leqslant x \leqslant 1.0$）系列样品,利用 Poix 法和红外测试手段测定了 Mg^{2+} 的占位情况,研究了 Mg 掺杂对其结构、微结构以及电性能的影响。

（二）实验

1. 样品制备

采用改进的 Pechini 方法制备 $Mg_x Ni_{0.66} Mn_{2.34-x} O_4 (0 \leqslant x \leqslant 1.0)$ 系列粉体，起始原料用分析纯级（AR）的 $Mn(NO_3)_2$ 溶液、$Ni(NO_3)_2$ 溶液、$Mg(NO_3)_2$ 溶液、柠檬酸（CA）和乙二醇（EG），按照物质的量比为总金属离子：CA：EG＝1：1.2：2.4 的配比混合在 1 000 mL 的烧杯里，加入去离子水溶解，用 NH_3 调 pH＝3，放恒温水浴锅中，控制温度 T＝70～80 ℃ 之间，在整个过程中一直搅拌 5～6 h 成溶胶，然后在 140 ℃ 形成干凝胶。加热干凝胶直到燃烧完成，在 700 ℃ 预烧 4 h，球磨过筛，经等静压 300 MPa 成型，1 150 ℃ 烧结 4 h，随炉冷却。

2. 测试方法

采用 Philips Xpert Pro 型 X 射线衍射仪分析热敏陶瓷样品的相组成和晶胞参数的精确测定，CuKα 辐射，波长 λ＝1.541 8 Å。为了精确测量晶胞参数，采用步进扫描方式收集衍射数据，每步 0.016 7°，扫描速度为每秒 1 步，2θ 角扫描范围为 15°～75°。采用 UnitCell 软件用最小二乘法计算晶胞参数，标准偏差小于 ±0.003 Å。用衍射仪测定晶胞参数，系统误差主要分 3 类：几何因素、物理因素和测试系统的滞后性。在这 3 类系统误差中，几何因素导致的误差是主要的，针对几何因素引起的误差，在实验时要优化实验条件，减小误差。通常将晶体研碎后，通过 200 目筛，利用玻璃凹槽代替硅晶片作为粉体支撑体，将粉末充满玻璃凹槽，使粉末表面与凹槽表面相平。因而由 X 射线对样品的穿透而引起样品面偏离测角仪的转轴而带来的误差可以忽略不计。样品的相对密度用阿基米德排水银法测量，理论密度从 X 射线衍射中拟合的晶胞参数求得。样品的相对密度。粉末样品的傅立叶红外光谱（FTIR）使用 KBr 压片技术，粉末过 200 目筛子，使用 Bruker VECTOR－22 仪器，波数 400～4 000 cm^{-1}。

利用上面的制备方法得到热敏电阻样品并用 Agilent 34401A 型数字万用电表测量热敏电阻样品的阻值 R。

（二）结果与讨论

$Mg_x Ni_{0.66} Mn_{2.34-x} O_4$ 系列样品在 25 ℃ 时的电阻率 ρ_{25} 和热常数 B，当 x 从 0 增加到 1.0，ρ_{25} 从 1 850 Ω·cm 增加到 14 901 Ω·cm，B 值从 3 932 K 到 4 134 K。$Mg_x Ni_{0.66} Mn_{2.34-x} O_4$ 复合氧化物陶瓷具有较高的电学稳定性能，在 150 ℃ 放置 1 000 h 后，老化系数均小于 2.3％，且老化系数随 Mg 含量的增加有下降的趋势。

Fritsch 等人利用透射电子显微镜（TEM）详细研究了 Ni－Mn－O 体系老化前后微观结构的变化：TEM 结果显示，老化前陶瓷中含有较多的缺陷结构，而老化一段时间后缺陷结构消失，由此他们认为，在 850 ℃ 烧渗电极过程中陶瓷被氧化，老化过程是陶瓷发生还原的过程。而也有人认为老化过程是由阳离子空位从尖晶石的晶界向内部发生迁移，同时构成尖晶石结构的少量的阳离子在尖晶石亚晶格的位置发生了改变造成的。在烧渗电极过程中陶瓷被氧化，归根结底为构成陶瓷的阳离子被氧化。在 $Mg_x Ni_{0.66} Mn_{2.34-x} O_4$ 中，仅有 Mn^{2+} 和 Mn^{3+} 容易被氧化成高价态的离子，随 Mg 的掺入，Mn^{2+} 和 Mn^{3+} 含量降低，由此造成了随 Mg 含量的增加，陶瓷抗氧化能力增大，形成的阳离子空位减小，在老化过程中，阳离子在尖晶石不同位置间迁移变得困难,陶瓷稳定性增加。

（四）小结

利用 Pechini 方法,制备了微结构均匀、致密度高的单相尖晶石 NTC 系列样品 $Mg_xNi_{0.66}Mn_{2.34-x}O_4$。利用晶胞参数与阳离子分布之间的关系,计算了 Mg^{2+} 在尖晶石不同位置的分布状况,结果显示,Mg^{2+} 离子主要占据尖晶石的 A 位,20% ～ 30% 之间的 Mg^{2+} 占据尖晶石的 B 位。随 Mg 掺杂量的增加,室温电阻率和热常数 B 不断增加,且老化系数随 Mg 含量的增加呈现下降趋势,所以 Mg 的掺杂为实际生产中材料电性能的调节提供有效的手段,具有较大的实用价值。

四、双相 NTC 热敏陶瓷及电学性能的研究

传统的 NTC 材料大多具有尖晶石相,以 Ni—Mn—O 体系为基体,通过掺杂的方式来调节电性能。在所有的掺杂元素中,仅有 Cu 元素的加入可以有效降低电阻率,但同时会造成电性能稳定性的降低。因此研究者们采用各种方法试图提高含 Cu 热敏电阻的稳定性。上面讨论了 Cu、Zn 共掺杂降低体系的电阻率,研究发现,电阻率可以有效地降低到 600 Ω·cm 而不降低电学性能的稳定性;Fang 等人在 $Fe_xCu_{0.10}Ni_{0.66}Mn_{2.24-x}O_4$ 掺入了 Fe,可以有效地抑制老化,但是电阻率却随 x 的增加而增加。

稳定性高而电阻率低于 500 Ω·cm 的 NTC 热敏材料目前没有报道,通过掺杂的方式也很难达到这一目标,因此探索一种新的方法变得尤其重要。由此想到了在高阻的尖晶石相中掺入一种低阻相,通过制备双相复合材料在达到这一目的。对于低阻相材料的选择可以为金属或者陶瓷,金属具有导电性高的优点,但大部分金属在高温下易于氧化成为高阻的氧化物或者直接固溶到尖晶石相结构中,不起到降低电阻率的作用,为了防止金属离子的氧化,需要在 N_2 或者还原性气氛下烧结,使制备过程变得复杂;贵金属(Pt、Ag、Au) 等不易固溶到尖晶石结构中,但昂贵的价格也不满足低成本的 NTC 热敏电阻器的要求。陶瓷与陶瓷构成的复合材料对烧结没有特殊要求,在目前导电性较高的陶瓷材料中,钙钛矿结构的陶瓷材料是一个非常好的选择。已经有很多关于钙钛矿相与尖晶石相的复合体系的研究,两相间存在很好的匹配性,在复合时不会因为匹配性不好在高温烧结时产生裂纹,因此通过尖晶石相与钙钛矿相两相间的复合有望得到稳定性高、电阻率低的 NTC 热敏材料。

本节制备的 $(LaMnO_3)_x(Ni_{0.75}Mn_{2.25}O_4)_{1-x}(x \leqslant 0.5)$ 系列样品,为常见的尖晶石型 NTC 热敏材料,室温电阻率在 2 000 Ω·cm 左右。$LaMnO_3$ 具有正交钙钛矿结构,在空气中烧结后,由于氧气的存在,易形成具有缺陷结构的材料,室温电阻率大约在 1 Ω·cm。

（一）实验

1. 样品制备

利用改进的固相反应制备样品,分析纯级的硝酸镍 $Ni(NO_3)_2 \cdot 6H_2O$,硝酸锰 $Mn(NO_3)_2$,草酸 $H_2C_2O_4 \cdot 2H_2O$ 作为初始原料,过程与上面相同。草酸锰的制备条件与草酸镍的相同,将以上所得到的草酸镍及草酸锰前驱体通过热分解的方式确定金属离子的含量,其中草酸镍在 600 ℃ 分解完全转变为 NiO,草酸锰在 650 ℃ 分解完全转变为 Mn_2O_3。超细粉体 MnC_2O_4、NiC_2O_4、光谱纯级的 La_2O_3 按所需含量称量,球磨混合,在 850 ℃ 下通

流动空气煅烧 4 h,将 850 ℃ 煅烧得到的氧化物在压片机成型,再经 300 MPa 等静压成型,以得到各向均匀的坯体。将坯体在 1 150 ℃ 下烧结 4 h,随炉冷却到室温,得到热敏陶瓷样品。

2. 测试方法

X 射线衍射使用 Philips X'pert Pro 衍射仪,$2\theta = 15° \sim 75°$,长 0.016 7°,晶胞参数用 UnitCell 软件采用最小二乘法拟合而得。样品的微结构利用扫描电子显微镜观察,其微区成分分析在 INCA 能量散射 X 光谱仪(EDX)上进行。为了测定陶瓷样品的晶和尺寸,将陶瓷表面用砂纸打磨,抛光,然后在低于烧结温度 50 ℃ 的温度热腐蚀 20 min,得到扫描电子显微镜分析样品。

把样品两面磨光,涂上 Pt 电极,850 ℃ 保温 30 min 后淬火,焊上银引线准备测量电阻。然后使用 Agilent 34401A 数字多用表,在四甲基硅油中分别测量 25 ℃、50 ℃ 和 85 ℃ 时的电阻。测量电阻后,样品放入 150 ℃ 中进行老化 1 000 h,取出后再测量 25 ℃ 时的电阻值。

(二)结果与讨论

1. 电性能

复合物在 25 ℃ 时电阻率随钙钛矿体积 f 变化,当 $f < 0.3$ 时,电阻率随 f 的增加逐渐降低;当 $f > 0.3$ 时,电阻率迅速下降,说明了低阻相(钙钛矿相)在高阻相(尖晶石相)中逐渐形成了渗流网络;当 $f = 0.44$ 时,电阻率只有 18.5 $\Omega \cdot cm$。通过 EDS 分析可以知道,在 $(LaMnO_3)_{0.4}(Ni_{0.75}Mn_{2.25}O_4)_{0.6}$ 中,Ni、Mn 的比例在尖晶石和钙钛矿相中基本相同,由此可以判断在 $(LaMnO_3)_x(Ni_{0.75}Mn_{2.25}O_4)_{0.6}$ 中,尖晶石相和钙钛矿相的组成随 x 的增加而发生变化,同时电学性能也会发生变化。尖晶石相的名义组成可以写为:$Ni_aMn_{3-a}O_4$,当 $x = 0$ 时,$a = 0.75$;当 $x = 0.5$ 时,$a = 0.56$;当 a 从 0.75 下降到 0.56 时,$Ni_aMn_{3-a}O_4$ 的电阻率从 2 000 $\Omega \cdot cm$ 增加到约 2 300 $\Omega \cdot cm$,热常数 B 也会较小幅度增加。钙钛矿相的名义组成可以表示为:$LaNi_bMn_{1-b}O_3$。在 $LaMnO_3$ 中,具有较大离子半径的 La^{3+} 处于氧二面体中心的 A 位,具有较小离子半径的 Mn^{3+} 处于氧八面体中心的 B 位,在空气中烧结时 B 位的 Mn^{3+} 易于氧化为 Mn^{4+},形成了 Mn^{3+}/Mn^{4+} 导电对,尽管形成的导电对很少,但由于钙钛矿结构八面体位置 B—O—B 键角几乎为 180°,电子云相互重叠和作用较大,因此电导率较高,在空气中烧结样品的室温电阻率大约在 1 $\Omega \cdot cm$。当 Ni 掺杂到 $LaMnO_3$ 中,Ni 一般以 Ni^{2+} 出现替代 Mn 的位置,根据电中性原理,在八面体中心会产生更多的 Mn^{4+},由此认为,掺入 Ni 后电阻率会进一步降低。

根据测量的复合材料分别在 25 ℃、50 ℃ 和 85 ℃ 时的电阻值,可以看出,$\ln \rho$ 与 $1/T$ 之间符合很好的线性关系,通过直线的斜率可以计算出样品的热常数 B 值。B 值与 f 间的函数关系:当 f 从 0 增加到 0.16 时,B 值从 3 937 K 缓慢下降到 3 759 K;当 f 进一步增加到 0.34 时,B 值迅速下降到 2 150 K;当 $f = 0.44$ 时,B 值下降到 1 700 K,与纯钙钛矿相 $LaMnO_3$ 的 B 值(1 500 K)相近。

2. 老化性能

$(LaMnO_3)_x(Ni_{0.75}Mn_{2.25}O_4)_{1-x}$ 系列样品的老化系数与 f 的关系,随 f 的增加,老化值先下降然后增加,但双相材料的老化值均小于单相 $Ni_{0.75}Mn_{2.25}O_4$ 的老化值(1.4%)。

Fritsch 等研究发现,Ni—Mn—O 系列样品的电阻漂移是由烧渗电极引起的,在烧渗电极过程,陶瓷体发生氧化形成了具有缺陷结构的尖晶石。由于具有较快的降温速度,因此这种缺陷结构在室温下依然存在。在 150 ℃ 的老化过程,亚稳结构向平衡状态转变,在这一过程中伴随着阳离子(阳离子空位)的迁移,导致了电阻率的变化。Wang 发现了 ZrO_2 存在对 $Fe_{0.5}Ni_{0.66}Mn_{1.84}O_4$ 陶瓷稳定性的提高的现象。Wang 认为,第二相稳定 NTC 热敏材料的电学稳定机理是由于第二相的存在对氧离子空位有钉扎作用,晶界处第二相的存在,增加了局部范围的晶格应力,阻碍了氧离子空位的运动,同时也阻碍了阳离子在尖晶石不同位置的迁移。不论作为第二相的是 ZrO_2 还是 $La(Mn,Ni)O_3$,两者都是对氧气敏感的材料,由此提出了另一种可能的作用机理。第二相的存在,有可能保护主尖晶石相免受氧气的氧化作用,使复合材料中的主尖晶石相具有较高的稳定性。根据 GEM 方程计算可以知道,当 $La(Mn,Ni)O_3$ 的体积含量不是很大时,$La(Mn,Ni)O_3$ 的电阻率变化对复合材料电阻率几乎不起作用,从而使复合材料的稳定性提高。同时,复合材料的稳定性还与两相分布、微结构等多方面的因素有关,由此造成了随 $La(Mn,Ni)O_3$ 含量进一步增加时,老化值反而增大。

(三) 小结

尖晶石型的 $(Mn,Ni)_3O_4$ 与钙钛矿型 $La(Mn,Ni)O_3$ 有很好的物理匹配性,在 1 150 ℃ 空气气氛下烧结就可以得到结构均匀,致密性高的复合 NTC 材料。在尖晶石型 NTC 热敏材料中加入低阻的钙钛矿相可以有效地降低电阻率而不破坏陶瓷的稳定性,GEM 方程有效的解释了双相体系电阻率的变化情况,复合陶瓷将是一种非常有前景的 NTC 热敏材料。

第二节 复合 BN 与成型压力对 PTC 热敏陶瓷性能的影响

一、复合 BN 的 PTC 热敏陶瓷性能研究

一般的 PTC 热敏电阻,其阻值—温度特性在温度高于居里点后,随着温度升高,电阻值达到最大值后呈较为明显的降低,因此,当其作为等温发热体、限流元件等使用时,可能是电源电压或其他外界因素的影响,造成元件的温度异常升高时,由于该元件电阻值达到最大值后随温度的升高而降低,因此 PTC 热敏电阻丧失了自动限流的作用,使加热功率升高,严重时导致元件及被加热物的损坏。实验用 BN 进行掺杂,有效地解决了这一问题,并促进材料的半导化,降低并拓宽了烧成温度范围。

(一) 实验

原料采用化学纯的 $BaCO_3$、$SrCO_3$、TiO_2,分析纯的 Y_2O_3、SiO_2、MnO_2、BN 等。主配方为 $(Ba_{1-x}Sr_x)TiO_3 + yY_2O_3$,其中 $x = (0.1 \sim 0.2)$ mol,$y = (0.001\ 5 \sim 0.003\ 5)$ mol,再加入少量 SiO_2、MnO_2 等。以上述组分为基础,复合质量分数为 $0.5\% \sim 3.0\%$ 的 BN。实验采用一次配料,经球磨、干燥、造粒、成型,然后进行排胶、烧成处理,再烧渗欧姆接触电极进行性能测试,其中烧成温度为 1 150 $\sim$ 1 250 ℃。

（二）结果与讨论

1. BN 的引入对烧成温度的影响

图 3—1 所示为烧结温度对复合质量分数为 1.5% 的 BN（曲线 1）和不加入 BN 试样（曲线 2）的室温电阻率的影响。从图中可看出，少量 BN 的引入使烧成温度降至 1 200 ℃ 左右，且烧成温度范围拓宽，有的试样在 1 150 ℃ 仍然能较好地烧结，与不加 BN 的试样烧结温度为 1 320 ℃ 相比，烧成温度降低了 100 ℃ 左右，有效地节约了能源。且加入适当量的 BN 在较宽的烧结温度下烧结，PTC 陶瓷材料的室温电阻率有较小的改变，而不加 BN 的 PTC 陶瓷材料在较高的烧结温度下烧结时，由于实际烧成温度的差别会导致室温电阻率有较大的变化，因此加入适当量的 BN 可提高实际烧成温度有差别的情况下样品室温电阻率的一致性。这可能是 BN、SiO_2 等在较低温度下出现少量液相，同时伴随有 BN 的氧化及少量挥发物产生的缘故。

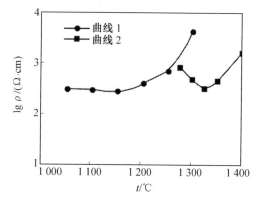

图 3—1　烧结温度对 PTC 性能的影响

2. BN 的加入量与室温电阻率的关系

图 3—2 所示为 BN 的加入量对 PTC 元件室温电阻率的影响。图中看出，当 BN 加入量较小时，PTC 元件的室温电阻率较低且变化很小，这是由于较少量的 BN 引入，因此瓷体在烧成时的较低温度下出现少量液相。由于原料及球磨，成型过程中多少会引入一些 Fe^{3+}、Mg^{2+} 等受主杂质，这些杂质会进入晶格，因此施主电价得到补偿，液相的形成可富集这些有害杂质于晶界，并抑制晶粒生长，增大均匀性，促进了半导化，在较低的烧成温度下实现较好的烧结。而当 BN 引入量过大时，绝缘相含量增加，使室温电阻率升高。

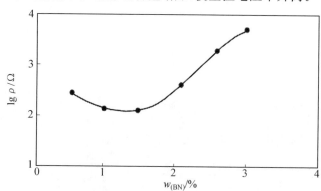

图 3—2　样品室温电阻率与 BN 质量分数的关系

3. BN 的引入对样品阻温特性的影响

图 3－3 所示为加入 BN 与不加 BN 试样的阻温特性曲线,其中曲线 1 为加入质量分数为 1.5% 的 BN,曲线 2 为不加 BN。由图可看出,加入适当量的 BN,不仅可以使样品的室温电阻率降低,且当温度大于居里点时,瓷体的电阻率达到最大值后,在相当宽的高温区仍能保持该电阻率几乎不变,稳定性非常好。由于高温下 PTC 陶瓷材料的电阻率较稳定,因此有效地防止了由电源电压波动及其他原因引起 PTC 热敏电阻温度异常升高而导致电阻率下降造成的热失控和元件工作状态恶化,甚至造成元件及被加热物破坏,严重时可能发生重大事故的危险。这可能是 BN 的引入使烧结体的晶粒形状及晶界分布复杂,因此 PTC 陶瓷高温时晶界势垒高度稳定性增强,从而减小了高温时电阻率的波动。

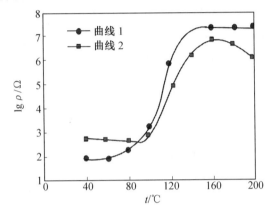

图 3－3 (Ba,Sr)TiO₃ 陶瓷的阻温特性曲线

4. 耐压强度、断裂强度及体积密度

加入 BN 虽然使试样的体积密度有所降低,但耐电和抗断裂强度均提高。这可以从其晶粒大小及均匀性来考虑。

5. 样品的微观形貌及半导机理

根据 SEM 观察知道复合质量分数为 1.5% 的 BN 在 1 200 ℃ 烧成和不加入 BN 试样在 1 320 ℃ 烧成,两者的保温时间相同情况下,BN 的引入抑制了晶粒的增长,使晶粒细小均匀化。

PTC 反常现象来源于晶界势垒,晶界的组成和结构,晶粒大小及均匀性将决定材料的 PTC 特性,小晶粒尺寸的结构可能是获得巨大 PTC 效应的关键。但如果平均晶粒尺寸太小,那么由于晶粒表面电子耗尽层的宽度和晶粒尺寸相当,所以在居里点以下得不到半导化瓷体,目前用晶界理论解释 PTC 现象已经获公认。另外 PTC 材料的耐电强度与晶界层组成和性状、瓷体致密化和均匀性有极密切的关系。大晶粒的样品耐压较低,这主要是大晶粒的样品,在电场方向晶粒的数目比小晶粒的数目要少,这样分配在每一晶粒上的电压大晶粒的要比小晶粒的高,而且大晶粒样品不均匀也是击穿电压低的原因之一。加入 BN,制品的晶粒细小且均匀,只是深处气孔较多,使其密度降低,但这并没有影响试样的耐压性和断裂强度,反而均比不加前有所提高,这可能是由于在烧结过程中 BN 与其他配料成分在晶界处形成较复杂的晶界层物质,而该晶界层具有较高的抗电强度。

陶瓷材料是由晶粒、晶界和气孔等组成的多相复合结构,其敏感特性与其组成相的结构、化学计量、几何形态及界面特性密切相关。采用适当的复合方法,精确控制其不均匀性,为研制性能优越的敏感材料提供条件。

（三）结论

（1）PTC效应主要起因于晶界，在晶界区形成受主薄层，凡是影响晶界组成和形貌结构的因素都将影响该效应。在$(Ba,Sr)TiO_3$中复合适量BN，导致其显微结构发生变化，易于形成均匀的细晶结构，从而提高了PTC效应及耐压强度和断裂强度。

（2）在PTC材料中引入适当量BN，可以明显地降低并拓宽烧成温度。可以有效地提高$T > T_c$时相当高温度下保持最高电阻率的稳定性，因而有利于提高工作状态的稳定性、可靠性、耐压和抗断裂强度，防止因热失控而导致的击穿。

（3）引入适当的BN，可以促进样品的半导化，在较宽的烧结温度下，其室温电阻率变化较小。

二、成型压力对PTC热敏陶瓷性能的影响

从现有的文献资料来看，对PTC热敏陶瓷的研究主要集中于：① 形成PTC机理的理化特性的研究；② 各类添加剂对PTC热敏陶瓷性能的影响；③ 原料的纯度、性状对PTC热敏陶瓷性能的影响；④ 工业化生产过程中工艺因素对PTC热敏陶瓷性能的影响；⑤PTC热敏陶瓷应用方面的研究，包括电极材料、老化特性及应用领域的拓展等多方面的研究。其中前3点的PTC热敏陶瓷研究为主流，而有关工艺因素对PTC热敏陶瓷性能的影响的文献则报道较少。

本节选择成型压力这一重要工艺因素进行研究，旨在探明成型压力对PTC热敏陶瓷的性能（室温电阻率、电阻温度系数、耐电压特性）及烧成收缩率的影响。对于工业化生产的PTC陶瓷除有电性能方面的要求外，为便于成瓷后半成品的进一步加工，如丝网印刷电极或PTC产品的帖装，对产品的外形尺寸也提出了相应的要求，有些使用场合还比较苛刻。通常PTC热敏陶瓷制品的制备是经过模压成型来实现的，因而控制制品生坯成型时的压力就成为工业化生产过程中较为关键的一环。通过本项工作的开展能够对工业化生产过程中模具尺寸的确定及成型压力与产品性能的合理协调提供一定的理论依据。

（一）实验过程简述

实验研究所采用的PTC材料的基础配方为$(Ba_{0.69}Pb_{0.27}Ca_{0.02}Sr_{0.02})Ti_{1.01}O_3$，通过掺杂少量的Nb、Mn、Sb、Si、Al、Li等元素，配料一次球磨后经干燥、预烧再进行二次球磨，将球磨后的粉料经喷雾干燥，即获得本次实验用的喷雾造粒料。实验仅就成型压力这一因素进行研究，而影响PTC材料性能的因素较多，所以实验的一次球磨的投料量为500 kg，这样就有效地避免了其他因素的波动而对实验结果所带来的影响。成型压力的选取是通过实验反复确定的，实验采用手动油压机进行，确定最小实验压力时要保证试片有足够的操作强度，确定最高压力时要保证试片不开裂、不分层。通过实验确定本次实验的成型压力范围为32 ～ 260 MPa。通过测量烧成前后试样的直径，计算试样的线收缩率（径向）。压制好的试片经烧成、清洗、磨片、被银、烧银后进行性能测试。实验主要测试的有关性能是：试片烧成后的线收缩率（径向）、试片的室温电阻率、试片的电阻温度系数及试样的耐电压特性。

在PTC试样的性能测试中，试样的室温电阻用数字式万用表测量，试样的电阻温度系数是通过对试样的电阻温度特性曲线的测量计算而获得的；电阻温度特性的测量在自制的

井式炉中进行,用 WMZK—01 型医用温度控制器控制测试温度点,用 LCR—2217 型电桥测量各测试温度下的电阻值;试样耐电压特性的测量采用自制的耐电压特性测试仪测试,最高测试电压为 800 V。

(二)实验结果与讨论

试样的烧成线收缩率(径向)随成型压力变化的关系。随着试样成型压力的加大,其烧成收缩率减小,经历了由开始压力较小时的快速变化到后来压力较大时的平缓变化的过程。通过回归分析,可得出烧成收缩率与成型压力的变化关系式,回归结果用下式表示,经回归后的相关系数在 0.999 以上,表明这一公式较好地拟合了这一变化过程,即

$$\ln R = -0.223\,876\ln p + 3.901\,99$$

式中　　p——成型时的压力;

　　　　R——径向烧成收缩率。

PTC 在烧成过程中有少量的液相参与,因而线收缩率的数值与纯固相烧结时相比其总体数值较高。对于特定的系统来说,液相生成量的多少及其参与烧结的行为,不仅与形成液相的组分的多少及烧成温度有关外,还与其在坯体中与其他组分的结合方式有着较为密切的关系。成型压力较小时,生坯中含有较多体积分数的气孔,因而在烧成过程中所形成的液相经流动与聚合,通过填充较多的空间而使坯体趋于致密化,最终将导致其烧成收缩率较高。当成型压力较大时,在坯体的形成阶段,压力的作用已经使得坯体中的粒子接触得较为紧密,为坯体的进一步致密化提供了较好的条件,因此其烧成收缩率相对较小。实验发现,较低压力下成型的坯体经烧成后其致密度小于较高压力下成型的坯体。

通过回归得出上式,为利用这一系统制作制品,在确定模具尺寸与成型压力时提供了相应的依据。同时对于类似的系统也可为通过相类似的方法确定生产过程中必要的操作参数(如成型压力与模具尺寸等)提供有益的启示。

通过试样的室温电阻率、电阻温度系数及耐电压值与成型压力的关系的实验结果。结果表明,随着成型压力的增大,在相同的条件下试样的室温电阻率呈倒"U"形变化,而耐电压和电阻温度系数则呈单调下降的趋势。众多的研究结果表明,PTC 热敏陶瓷的电阻主要受晶界电阻的控制,通过对 PTC 陶瓷样品的复阻抗测试分析表明半导掺杂后的 PTC 材料其晶体呈低阻状态,而 PTC 效应的体现及材料半导化后的电阻的变化主要由晶界特性的变化来决定。对于室温电阻率随成型压力的增大呈倒"U"形变化的原因在文献中未见报道。产生这一变化的原因可推测为:在低的成型压力(小于 160 MPa)下,烧成试样的坯体中有较多的气孔,经烧成冷却后,烧成过程中所形成的少量的玻璃相趋于向气孔处团聚,而使得相互接触的晶粒间所附集的第二相减少,因而在半导化的晶粒间形成的导电链的阻值较低。随着成型压力的加大,会使得相互接触的晶粒间所附集的第二相的量相对增多,而使得电阻值增大。在较高的成型压力(大于 160 MPa)时,因为成型后的坯体致密度相对较高,在烧成后的冷却过程中,空气中的氧较难在坯体中扩散,晶界受氧化的程度较弱,所以出现了随压力增大电阻值又下降的现象。晶界受氧化的程度可以从试样的电阻温度系数中较好地得到印证,PTC 效应的强弱可以用一定程度范围内的材料的电阻温度系数来表示,而晶界势垒的高低及晶界的电容温度变化率是决定其电阻温度系数的两个根本因素。晶界势垒的高度与表面态受主的密度的平方成正比关系,在受主的来源方面各位学者有着不同的看法,但普遍认为钡空位及晶界的氧化是表面态受主的主要来源。在成型压力较小时,坯体中的气

孔体积分数较大,直至经烧成后也未能被全部排除,这就为烧成后的冷却过程中的氧提供了快捷的通道,因而在同一配方系统中,随着受氧化程度的降低,试样的电阻温度系数出现了较明显的下降,在本实验中其最大降幅达 20%。

由于 PTC 材料的电阻主要集中于晶界,当给它施加电压后,大部分电压降就由晶界来承担,因此晶界数量的多少及晶界的状况就决定了材料的耐电压水平。在配方系统一定的情况下,试样成型压力的高低,最终将决定烧成后样品的晶界数量和气孔量。成型压力较小时,试样经烧成后含有较多的未被排除的气孔及较多的不连续的晶界,因而可以具有较高的耐击穿电压水平。实验结果表明,在成型压力低于 100 MPa 时,试样的击穿电压降低则较为明显,其耐击穿电压值 V_B 均小于 220 V/mm,最小时只有 183 V/mm,在实验中其最大降幅达 26.8%。

(三)结论

(1)成型压力对 PTC 材料的主要性能(室温电阻率、电阻温度系数、耐电压特性等)都有明显的影响。随着成型压力的增大,材料室温电阻率呈倒"U"形变化,电阻温度系数及耐电压特性呈单调递减变化。

(2)运用回归分析,确定了成型压力与烧成收缩率之间的关系,为生产过程中确定相关的工艺参数提供了有益的参考。

(3)通过实验研究工作的开展,能够对工业生产过程中模具尺寸的确定及成型压力与产品性能的合理协调提供一定的理论指导。

第三节　　基于飞机电热防冰的热敏陶瓷性能改进

飞机在负温云层中飞行或具有负温表面的飞机在正温云层或无云大气中飞行时,可以发生飞机结冰现象。飞机结冰对飞机的飞行危害很大,轻者造成飞机飞行性能降低,重者会导致机毁人亡的严重事故。因此,飞机防冰系统对安全飞行是必不可少的。

根据防冰系统所采用的能量方式,有机械防冰系统、液体防冰系统、气热防冰系统、电热防冰系统。其中电热防冰系统是目前较多采用的系统,它主要由加热元件、转换器、绝缘层、过热保护装置、温度传感头及电源等组成。这种电热防冰系统由于采用的加热元件为不锈钢箔,仍然存在着电热转化效率低,加热速率小,加热元件没有自动恒温及功率补偿功能,因此防冰系统结构复杂,热惯性大等不足之处。

掺杂半导化 $BaTiO_3$ 基热敏陶瓷电阻随温度上升而呈现正温度系数效应(Positive Temperature Coefficient,PTC),利用该效应的 PTC 陶瓷电阻加开关双重作用的自控发热元件制成的汽车歧管加热器、暖风机、热室、电子驱蚊器等已经广泛应用。这种新型陶瓷加热元件应用于飞机电热防冰系统是一种新的设想。PTC 陶瓷加热元件具有电热转化效率高、自动恒温、输出功率随环境温度的改变而自动进行补偿,这些特点可以使防冰系统结构大为简化。

航空工程领域对材料可靠性要求很高,PTC 材料除具有良好的 PTC 效应等基本物性外,还应具有良好的力学性能。目前,国内外对 PTC 材料力学性能研究报道甚少,初步实验测定该材料抗弯强度 40 MPa 左右,断裂韧性及冲击韧性尚未测定。PTC 材料力学性能研究并不单纯是力学性能问题,它必须保证在不损害 PTC 特性的前提下,寻求改善 PTC 材料力学性能的途径。

下面将叙述飞机电热防冰系统用 PTC 材料的制备，着重探讨在不损害 PTC 特性的前提下，配方组成设计及主要工艺因素对 PTC 材料抗弯强度的影响，通过配方及工艺优化实验对最终制备的 $BaTiO_3$ 基 PTC 陶瓷材料基本物性及力学性能进行综合性能测定。

一、实验过程

样品制备：采用常规电子陶瓷工艺制备 PTC 陶瓷样品。所用原料有：$BaCO_3$、TiO_2、$SrCO_3$、$CaCO_3$、Y_2O_3、MnO_2、SiO_2、Al_2O_3。主要工艺流程：配料 → 球磨 → 烘料 → 预烧 → 二次球磨 → 烘料 → 造粒 → 成型 → 烧成 → 切割 → 清洗 → 上电极。

性能测试：① 电性能测试：室温电阻及电阻率，PTC 效应（温度与电阻 $R-T$ 曲线），耐电压；② 抗弯强度测试：采用 WD－1 型电子万能实验机进行三点抗弯强度测试；③ 断裂韧性测试：采用双扭曲（CDT）法；④ 冲击韧性测定：在 294/147 J 冲击实验机上进行。

微观分析：采用 Philip5O5 扫描电子显微镜 SEM 观察晶粒尺寸及形貌。

二、实验方案

众所周知，陶瓷材料性能由微观结构决定，而配方组成及制备工艺又是微观结构形成的关键，因而对配方组成及工艺因素进行了初步设计研究。陶瓷材料配方组成设计主要包括主晶相固溶体成分设计和晶界相添加剂的设计。

（一）$BaTiO_3$ 主晶相固溶体成分设计

1. Y_2O_3 半导化施主物

$BaCO_3$ 和 TiO_2 是合成 $BaTiO_3$ 主晶相原料，为了使 $BaTiO_3$ 半导化通常采用 Y^{3+}、La^{3+} 取代 Ba^{2+}，或用 Nb^{5+}、Ta^{5+} 取代 Ti^{4+} 来实现。实验以 Y^{3+} 作为掺杂半导化施主物，调节其含量范围，使 PTC 陶瓷电阻率控制在 80 $\Omega \cdot cm$ 以下水平，以满足飞机发电机 28 V 电压要求 PTC 加热元件低电阻需求。有资料报道，随着施主含量增加，PTC 材料晶粒尺寸减小，但电阻率显著增加，因此，本节实验方案并未采用通过施主含量增加来达到减小晶粒尺寸，进而提高 PTC 材料力学性能的目的。

2. $SrCO_3$ 居里温度位移剂

掺杂半导化 $BaTiO_3$ 基 PTC 陶瓷居里温度 T_c 为 120 ℃，若用 Sr^{2+} 或 Pb^{2+} 取代 Ba^{2+}，可以使 T_c 分别向低温或高温方向移动。目前 T_c 的温度可以在 0～350 ℃ 范围调节。根据飞机表面温度 5 ℃ 以上有良好的防冰效果及热传导效率，防冰用 PTC 陶瓷加热元件 T_c 初步设定为 50 ℃。实验采用摩尔分数为 20% 的 Sr^{2+} 置换 Ba^{2+}，获得的样品 T_c 为 50 ℃，每摩尔分数为 0.01% 的 Sr 向低温移动 3.5 ℃。实验结果还表明，Sr 具有抑制晶粒生长的作用，未加 Sr 的 $BaTiO_3$ 主晶相晶粒尺寸为 20 μm，加摩尔分数为 20% 的 Sr^{2+} 的 $BaTiO_3$ 陶瓷晶粒尺寸为 14 μm。

3. $CaCO_3$ 晶粒生长抑制剂

陶瓷材料良好的力学性能，通常要求显微组织结构晶粒尺寸细小均匀。在 PTC 材料中，$CaCO_3$ 是一种有效的晶粒生长抑制剂。Ca^{2+} 的离子半径（99 pm）小于 Ba^{2+} 的离子半径（134 pm），因此在主晶相固溶体中用一定量的 Ca^{2+} 置换 Ba^{2+} 形成（Ba－Y－Sr－Ca）TiO_3

固溶体,能得到晶粒尺寸比较小而又均匀分布的显微组织。实验结果表明,在一定量的范围,当 Ca^{2+} 的引入量逐渐增大时,抗弯强度也逐步增加。

根据 SEM 的观察结果,未加 Ca^{2+} 的 PTC 材料晶粒尺寸为 $14~\mu m$,加入摩尔分数为 10% 的 Ca^{2+} 晶粒尺寸为 $3\sim4~\mu m$,抗弯强度达 $80~MPa$ 以上,引入摩尔分数为 18% 的 Ca^{2+} 晶粒尺寸 $5\sim6~\mu m$ 似乎略有增大趋势,这可能是 Ca^{2+} 固溶进主晶相存在饱和度问题,未固溶主晶相的 Ca^{2+} 与其他烧结添加剂形成低共熔液相,促进晶粒生长。因此 PTC 材料抗弯强度并不是随 Ca 含量的增加而单调上升。同时,Ca 的引入量必须兼顾 PTC 物性与抗弯强度,当 Ca^{2+} 的引入量为摩尔分数为 10% 时,PTC 材料电阻率为 $80~\Omega\cdot cm$,PTC 效应为 5×10^5,耐电压为 $220~V/mm$,抗弯强度为 $80~MPa$。若 Ca^{2+} 的含量进一步增加,抗弯强度虽有增加趋势,但材料电阻率上升,PTC 性能恶化。这可能是 $CaCO_3$ 本身没有铁电性(因而也不具有 PTC 效应),过多的 $CaCO_3$ 将"稀释"材料的 PTC 效应。

(二)晶界相添加剂的设计

1. MnO_2 受主添加剂

Mn 的作用有利于提高 PTC 效应,但过量的 Mn 会导致 PTC 材料电阻增大。由于 Mn 添加量很少,对显微组织结构及抗弯强度基本没有影响。

2. Al_2O_3、SiO_2 烧结添加剂

Al、Si 添加剂在烧结过程中形成液相,利于 Mg、Fe、K、Na 等有害杂质富集于晶界,促进半导化;对降低 PTC 材料烧结温度,减少晶界能量,阻滞晶粒生长,促进致密化是必不可少的。但是这些液相冷却至室温在 PTC 材料显微组织结构中形成玻璃相对耐电压是不利因素。研究者曾以 $Al_2O_3-SiO_2$ 相图为依据,设计这些添加剂组成比例,使液相在冷却过程中自生长出莫来石晶须,以减缓主晶相与玻璃相热应力,达到提高耐电压性能之目的。

当晶界具有自生长莫来石晶须 PTC 陶瓷材料抗弯强度 $90~MPa$,而晶界为玻璃相结构的 PTC 陶瓷材料抗弯强度 $60~MPa$。虽然通过外加晶须或纤维也能增强陶瓷,但 PTC 效应对外来物非常敏感,因此研究 PTC 陶瓷显微组织结构晶须自生长规律比采用外加晶须或纤维增强 PTC 陶瓷更有意义。

(三)制备工艺

PTC 材料制备工序多,但其中对性能影响比较大的是成型和烧结工序。

1. 成型

传统的 PTC 坯片成型,通常先在粉料中加入一定浓度的聚乙烯醇 PVA 溶液做黏合剂,造粒后采用干压成型。该方法不足之处是压片时只有轴向力而缺乏侧向力,会使 PTC 材料产生各向异性,而且造粒料受环境温度、湿度影响变化较大,必须严格控制成型压力与造粒料含水量,以及模具形状和光洁度,而这些因素达到很好匹配是比较困难的。成型压力过低坯体密度不够,压力过高脱模时会由被封闭在坯片内的气体膨胀引起破裂、分层。从理论上讲,材料致密度越高,抗弯强度也越大。实验成型采用了压力可以达到 $300~MPa$,坯体受力均匀的冷等静压成型方法。

2. 烧结

烧结工艺也是 PTC 陶瓷制备过程中一个非常重要的技术环节,PTC 材料抗弯强度主要

与最高烧结温度密切相关,见表 3—1。

表 3—1 PTC 材料烧结温度与抗弯强度

$T_s/℃$	σ_b/MPa
1 300	46
1 320	108
1 340	85
1 360	62

从表 3—1 可以看出,1 320 ℃是选定配方的最佳烧结温度,这时抗弯强度达 108 MPa。当烧结温度低于 1 300 ℃时,PTC 材料有"吸墨"现象,属于生烧,不仅抗弯强度低,而且 PTC 材料很难半导化;1 340 ℃、1 360 ℃偏高,在 SEM 观察下 PTC 材料显微结构中有二次重结晶现象。最佳烧结温度与原料初始粒径,晶界添加剂用量是相关的,原料粒径细,添加剂用量多,最佳烧结温度低,反之,最佳烧结温度要高。

三、实验结果

通过配方与工艺参数的不断优化,实验得出最终的 PTC 陶瓷材料典型性能如下:T_c 为 50 ℃;PTC 效应 $5.2×10^6$;耐电压 240 V/mm;抗弯强度 108 MPa;断裂韧性 19.14 MN/m$^{3/2}$;冲击韧性 2.6 J/cm^2。

初步实验表明,该发热体陶瓷具有较强的防冰和化冰能力,但要应用于飞机电热防冰系统中还需要进一步进行环境可靠性实验。飞机电热防冰系统(用 $BaTiO_3$ 基 PTC 热敏陶瓷材料制备)是一个多性能参数控制的复杂系统,在保证 PTC 物性的前提下,改善力学性能的措施如下:

(1)添加摩尔分数为 10% 的 Ca^{2+} 形成 $BaTiO_3$ 固溶体,控制主晶相固溶体晶粒尺寸为 $3\sim4~\mu m$。此外,Sr 具有温度位移和晶粒抑制剂双重功能。

(2)调整 Al_2O_3/SiO_2 晶界添加剂比例,使第二相生成莫来石晶须。

(3)采用冷等静压成型,使烧结体体积密度接近理论密度。

(4)严格控制最佳烧结温度,避免 PTC 材料出现生烧或过烧现象。

第四章　$Sr_2Bi_2O_5$ 掺杂 $BaTiO_3$ 基无铅热敏陶瓷研究

第一节　开发无铅热敏陶瓷的意义与实验方案

一、研究开发无铅热敏材料的意义

(一)人类社会可持续发展对无铅热敏陶瓷的迫切需求

在恶劣环境下的工作(如高放射、高毒性、高压力等)以及不具备人类生存条件下的工作必须有一种设备来代替人来完成,这就要求设备的自动化不断提高,所以各种传感器件是必不可少的。热敏电阻率作为一种温度传感器当然是必不可少。热敏陶瓷作为一种成本低、易制作的热敏温度传感器更加受到人们的青睐。

随着环境保护和人类社会可持续发展的需求,研发新型环境友好的热敏陶瓷已经成为世界发达国家致力研发的热点材料之一,各行业对在材料制备、使用和废弃过程中对环境污染较少,造成环境负担较小的材料即生态环境材料的要求日益迫切。铁电、压电陶瓷在电子科学与技术中的应用极为广泛,市场巨大。目前,含铅的铁电、压电陶瓷材料在工业领域中占有绝对的统治地位。但含铅陶瓷正是一种环境负担大的材料,其有毒的 PbO 质量分数通常在50%以上,而 PbO 在烧结温度下具有相当的挥发性。这样一方面对人体、环境造成危害,而另一方面也使陶瓷中的化学计量比偏离配方中的化学计量比,使得产品的一致性和重复性降低。在20世纪80年代和90年代早期,无铅陶瓷的研究工作一直在小范围进行。直到20世纪90年代后期,随着环境意识的增强和研究工作的深化,无铅陶瓷的研究和开发才得以像今天这样日益迫切。在国际上,日本、中国、美国、俄罗斯、法国、德国和韩国等的科技工作者特别是日本学者对此研究做了大量的工作。

从2006年7月起,《欧盟有毒有害物质禁用指令》(ROHS)将在欧盟普遍生效,该指令将禁用任何铅、汞和其他有毒物质含量超标的产品。目前,日本和美国在无铅焊料及无铅压电方面已经取得可喜的成果,科技工作者正努力研发新物质来取代其他有毒物质,不久将来一定能够实现电子产品的无毒化。

(二)现代科学技术的发展对无铅热敏陶瓷材料的迫切需要

$BaTiO_3$ 基热敏陶瓷材料具有熔点高、抗腐蚀、抗氧化、耐热性好、硬度、高温强度高、性能稳定、电性能好及可靠性高等优点,已经广泛应用于电子技术和传感技术等领域。近几十年来,随着新技术革命的兴起,各工业国家如美、日、欧盟等都十分注意特种陶瓷的开发、研究及应用,形成了世界性的"陶瓷热"。进入21世纪,世界电子陶瓷元器件的发展将向小型化、片式化、多功能化、复合化、高性能及智能化方向发展。

　　然而,我国在电子热敏陶瓷材料方面,开发出高导热、低 ε_r、热膨胀系数接近 Si 的绝缘材料,开发出低温烧结陶瓷材料,改进和开发半导体陶瓷材料及陶瓷——聚合物复合材料;在电子陶瓷元器件方面,开发出小型、片式元器件,研制和开发多功能电子陶瓷器件,研制和开发陶瓷——聚合物复合材料的元器件,并扩大其应用。在新技术和工艺方面,进一步发展陶瓷薄膜技术、多层化技术和超微细粉料制备技术以及纳米级材料制备技术,以满足我国 21 世纪电子陶瓷发展的需要。

　　半导体陶瓷是电子陶瓷的一部分,它不仅导电性好,而且性能稳定性好、耐高温、抗腐蚀,绝非金属导电材料所能比拟的。随着新技术的继续发展,21 世纪的导电陶瓷的前景更为可观,应用将更为广泛。

　　(三)热敏电阻率的广泛应用对无铅热敏陶瓷材料的迫切需要

　　热敏电阻器被国外称为在铁电应用中是继电容器和压电器件之后,应用广、用量大的第三大类电子陶瓷元件。近十年来,热敏陶瓷材料在通信、汽车、家电、工农业生产、国防及办公设备自动化领域中,热敏电阻率占有极为重要的位置。目前,仅 PTC 热敏电阻器的世界年产量超过 12 亿只以上。日本在这方面处于领先地位。热敏电阻率被广泛应用于温补元件、水位检测、马达过热保护、彩电消磁元件、恒温发热体元件等。20 世纪 70 年代,热敏电阻率的制造工艺和应用得到了较大的发展,研制成蜂窝状、口琴式发热体,单位面积的发热功率有大幅度地提高,进入 20 世纪 80 年代,又发展了多孔热敏电阻率陶瓷材料,开辟了在石油液化加热器、石油预热器等各方面的应用。随着热敏陶瓷的应用领域不断扩大,热敏电阻率在电子材料中的作用更加突出,意义更加深远。

　　二、实验方案

　　(一)实验采用的主要原料及规格

　　主要采用的原材料的规格及纯度见表 4—1。

表 4—1　原材料的规格及纯度

原料名称	化学式	纯度
碳酸钡	$BaCO_3$	≥99.5%
金红石型二氧化钛	TiO_2	≥99.5%
碳酸锶	$SrCO_3$	≥99.5%
氧化铋	Bi_2O_3	≥99.5%
三氧化二铝	Al_2O_3	≥99.5%
二氧化硅	SiO_2	≥99.5%
硝酸锰	$Mn(NO_3)_2$	≥99.5%

（二）试样的制备

1. 球磨样品制备方法

将直径不同的玛瑙球置于清洁、干燥的玻璃罐中，用 BS110S 型电子天平称取各种原料（按球料比 10：3 称取），同时置于玻璃罐中，然后加球磨介质 —— 无水乙醇（99%），密封，按一定的工艺球磨得到球磨粉末样品。

2. 预烧样品制备工艺

将球磨好的样品置于刚玉坩埚中，然后将坩埚置于程序控温热处理炉中以 10 K/min 的升温速度加热至一定温度，保温一定时间后，随炉冷却至室温即可以得到实验所需要的粉末样品。

3. 二次球磨

二次球磨的目的主要是掺杂晶界物质，将预烧好的粉末样品放入球磨罐中，称取晶界物质放入球磨罐中，加入球磨介质球磨 24 h，将浆料置于 120 ℃ 烘箱内，烘去球磨介质备用。

4. 烧结样品制备工艺

将二次球磨好的粉末样品经过 200 目的筛，称取一定量的过筛粉末置于模具中，在 110 MPa 的压力下压制成型烧结样品。

5. 电极制备和烧结工艺

将 PTC—1000 银浆均匀地涂敷在陶瓷片的两个表面，然后置于程序控温箱式热处理炉中以 10 K/min 的升温速度加热至一定温度，保温一定时间后，随炉冷却至室温即可以得到实验所需的欧姆接触电极。

（三）样品的结构分析方法

采用德国 Brucker 公司生产的 D8—ADVANCE X—射线衍射仪对所制备的球磨样品，预烧、烧结样品进行分析。

（四）形貌分析方法

先将陶瓷片沿着垂直轴向方向截取，得到扫描样品陶瓷片的断面，首先将导电胶置于样品支撑架上，然后扫描样品放在导电胶上，即可在日本生产的 JSM—5100LV 型扫描电子显微镜（SEM）上进行形貌观察和分析。

（五）样品的性能测试方法

1. 差热分析

称取一定量的样品，置于 WCT—2A 型高温差热分析仪（DTA）中，坩埚及参比样为 Al_2O_3，以不同的升温速度加热至一定温度即可对所制备样品进行分析，从 DTA 曲线上可以初步确定反应温度范围及物质的晶型转变温度。

2. 电性能的测试方法

采用 ZWX—C 型热敏电阻率测试系统测试陶瓷样品的综合电性能 —— 常温电阻率、居里温度、电阻率温度系数和升阻比等。实验所采用的测试条件为：从 25 ~ 350 ℃ 的温度范围以 1 ℃/min 的升温速率升温,每 10 ℃ 保温 10 min 测量一次。

3. 热稳定性能的测试方法

NTC 热敏陶瓷的热稳定性能的测试采用自制夹具固定好陶瓷实验样品,然后置于程序控温箱式热处理炉中以每分钟 10 ℃ 的升温速率快速升温至工作温度保温 300 h,其间每 48 h 测量一次电阻率。最后按下列公式计算 NTC 热敏电阻率的电阻率漂移情况:

$$\eta = \frac{R_i - R_0}{R_0}$$

式中　　R_i—— 测量温度;

　　　　R_0—— 室温电阻。

4. 耐电压的测试方法

耐电压是 PTC 热敏陶瓷的可靠性的关键参数,采用 DY－ⅢB 型多工位耐电压测试仪测试 PTC 热敏陶瓷样品的耐电压。实验采用的实验方法为:先估算设置大概的高端电流和低端电流,将镀好电极的陶瓷样品夹在测试夹具里,预设电压,设置保压时间为 180 s,3 次测试的平均值作为最终结果。

三、$Sr_2Bi_2O_5$ 及 $BaTiO_3$ 的制备

$BaTiO_3$ 陶瓷粉末可以采用固相法、液相法、气相法、机械合金化法等多种方法制备。固相法由于具有生产设备简单,生产周期短等优点从而在工业生产中得到广泛的应用。关于 $BaTiO_3$ 基热敏陶瓷的研究已经相当成熟,大部分都是掺杂元素的形式来改变半导体陶瓷的性能,而掺入化合物改性的研究不是很多。实验尝试采用化合物 $Sr_2Bi_2O_5$ 掺杂 $BaTiO_3$ 制备新型热敏陶瓷。本节讨论用固相法制备 $BaTiO_3$ 和 $Sr_2Bi_2O_5$ 粉末。

(一)$BaTiO_3$ 的制备

按 Ba:Ti=1:1(质量比)的配比称取 $BaCO_3$ 和 TiO_2,混合球磨 4 h 后分别在 750 ℃、800 ℃、850 ℃、900 ℃、1 000 ℃、1 050 ℃ 不同的温度下焙烧 4 h,将焙烧好的粉末做 X－射线衍射。当焙烧温度为 750 ℃ 时,已经开始有少量的 $BaTiO_3$ 相存在,同时还含有少量 Ba_2TiO_4 相。显然这是由于存在如下主要反应而生成 $BaTiO_3$:

$$BaCO_3 + TiO_2 === BaTiO_3 + CO_2 \uparrow$$

在生成 $BaTiO_3$ 的同时,也会发生如下次要的反应而生成 Ba_2TiO_4 中间过渡相:

$$2BaCO_3 + TiO_2 === Ba_2TiO_4 + 2CO_2 \uparrow$$

此两个反应造成了 Ba_2TiO_4 与 $BaTiO_3$ 共存。

随着焙烧温度的升高,上述反应继续进行,原料粉末 $BaCO_3$、TiO_2 及 Ba_2TiO_4 衍射峰逐渐减弱消失,同时不稳定的中间过渡相也与 TiO_2 发生反应而转化为 $BaTiO_3$:

$$Ba_2TiO_4 + TiO_2 === 2BaTiO_3$$

随温度进一步升高时,上述反应持续进行。当焙烧温度达到 1 000 ℃,原料粉末和反应生成的中间过渡相的衍射峰基本消失。所以要想合成较纯的 $BaTiO_3$,温度必须在 1 000 ℃ 以上。根据阿累尼乌兹定理,温度提高,反应速度急剧提高,所以为了提高效率,缩短反应时间,将焙烧温度提高到 1 050 ℃,并且保温 4 h 就能够得到纯净的 $BaTiO_3$。

（二）$Sr_2Bi_2O_5$ 的合成

1. TG－DTG 分析

实验以分析纯 $SrCO_3$ 和 Bi_2O_3 粉末为原料采用固相法来合成添加到 $BaTiO_3$ 中的改性添加化合物 $Sr_2Bi_2O_5$。

为了较好地确定合成的焙烧工艺，分别对原材料和原材料的混合粉末（按 $SrCO_3$：Bi_2O_3 物质的量比为 2∶1，混合球磨 4 h）进行差热和热重分析，以初步确定合成较纯的 $Sr_2Bi_2O_5$ 的合适温度范围。

$SrCO_3$ 在 DTA 曲线（图 4－1）上，940 ℃处有一明显的吸热峰，这主要是此时 $SrCO_3$ 从正交晶系转变为六方晶系引起，在 940 ℃以下基本没有变化；从 Bi_2O_3 的 TG－DTA 曲线可以知道在 745 ℃和 825 ℃左右有两个明显的吸热峰，745 ℃左右处的峰可能是由 Bi_2O_3 发生晶型转变引起，而在 825 ℃左右的峰则主要是由 Bi_2O_3 的熔融引起的吸热峰，从 TG 曲线看，高温时 TG 曲线缓慢下降，这可能主要是由 Bi_2O_3 在高温挥发引起。

碳酸锶与三氧化二铋的物质的量比为 2∶1 时的原料经球磨混合均匀的粉末的 TG－DTA 曲线，在 745 ℃、890 ℃、910 ℃和 940 ℃左右各有一个吸热峰，另从失重曲线可以看出，从 600 ℃缓慢下降，到 800 ℃左右曲线急剧下降；由于 DTA 曲线在 600 ℃并没有出现明显的吸热和放热峰，而 TG 曲线却表现出了失重现象的存在，这表明在 600 ℃左右，已经有缓慢的反应发生。这可能是由于原材料颗粒表面原子相互扩散发生如下缓慢反应，生成了 $Sr_2Bi_2O_5$：

$$2SrCO_3 + Bi_2O_3 =\!=\!= Sr_2Bi_2O_5 + 2CO_2\uparrow$$

这个反应过程缓慢持续进行，并放出二氧化碳气体，造成了失重现象的出现。

随着温度升高，在 745 ℃温度附近 Bi_2O_3 发生晶型转变此时由于温度升高引起原子热振动运动加剧，又加上 Bi_2O_3 发生晶型转变，离子活性增强，上述反应的速率明显加速，TG 曲线出现明显的失重。当温度升高到 890 ℃时，$SrCO_3$ 和 Bi_2O_3 发生剧烈反应生成 $Sr_2Bi_2O_5$，与此相对应，热重曲线上出现一个明显的失重台阶。

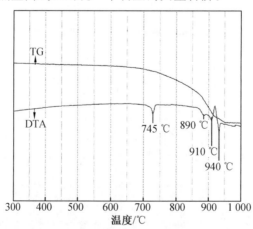

图 4－1　碳酸锶与三氧化二铋的物质的量比为 2∶1 时的 TG－DTA 曲线

2. XRD 分析

将 $SrCO_3$ 和 Bi_2O_3 物质的量比为 2∶1，混合粉末分别在 600 ℃、750 ℃、800 ℃、900 ℃

温度下焙烧 4 h,然后进行 X-射线衍射分析。直到 600 ℃ 时衍射谱中主要是原材料的峰,但是由于原材料原子的相互扩散,在颗粒表面发生缓慢的反应,生成少量的 $Sr_2Bi_2O_5$ 相,因此出现了 $Sr_2Bi_2O_5$ 的衍射谱线,这与前面失重线从 600 ℃ 开始缓慢下降相一致。

随着焙烧温度的提高和反应的不断进行,$Sr_2Bi_2O_5$ 相的衍射峰不断加强。但是,当焙烧温度升高的 800 ℃ 时,样品的 X 射线谱中除了 $Sr_2Bi_2O_5$ 的衍射峰以外,同时还出现了富锶化合物 $Sr_3Bi_2O_6$ 的衍射峰,另外还残留了原材料 $SrCO_3$ 的衍射峰,而原材料的另一组分 Bi_2O_3 的衍射峰几乎已经完全消失。当焙烧温度进一步升高到 900 ℃ 时,衍射谱线表明焙烧产物除了需要的 $Sr_2Bi_2O_5$ 以外,还存留有少量的 $Sr_2BiO_{5.4}$ 化合物和原料 $SrCO_3$ 的残留物。这种富锶的化合物再进一步提高焙烧温度也无法消除。

原料的配比是严格按 Sr:Bi=1:1 配置混合粉末的,但是焙烧结果却显示残留有富锶化合物和原料碳酸锶。其原因是 Bi 及其氧化物为低熔点高蒸气压的易挥发物质,在焙烧温度达到 600 ℃ 以上时,Bi 及其氧化物蒸气压急速增高,由于铋的挥发,铋与锶的原子比偏离了原料的配比,因此出现了 $Sr_3Bi_2O_6$ 这个富锶的中间相。焙烧温度升得越高,铋的挥发损失就越严重,由于铋的挥发,锶/铋之值越来越大。这样在后面的反应中,富锶中间化合物在与 Bi_2O_3 反应向 $Sr_2Bi_2O_5$ 转化的同时,也向锶更缺乏的 $Sr_2BiO_{5.4}$ 化合物转化,最终直至 Bi_2O_3 反应干净,最终导致了焙烧产物中除了需要的 Sr_2BiO_5 相外,还混杂有由缺少铋生成的 $Sr_2BiO_{5.4}$ 化合物和残留的原料 $SrCO_3$。

3. 粉末的锶-铋配比对 $Sr_2Bi_2O_5$ 合成过程的影响

由 X 射线分析可以知道,由于焙烧过程中锶的挥发,严格按 $SrCO_3$:Bi_2O_3 为 2:1(物质的量比)来进行固态反应,并不能得到纯净的 $Sr_2Bi_2O_5$,所以需要适当增加 Bi 的量以弥补 Bi 的烧损。为此我们进行了用不同 Sr:Bi 来合成 $Sr_2Bi_2O_5$ 的研究。将混合好的粉末样品在 900 ℃ 下焙烧 4 h,然后将焙烧产物进行 X-射线衍射分析。当严格按照化学计量数配比时即($SrCO_3$:Bi_2O_3=2:1),得不到纯净的 $Sr_2Bi_2O_5$,其中富锶的 $Sr_2BiO_{5.4}$ 衍射峰相当明显,这与 X-射线分析结果一致,再次证实了 Bi_2O_3 的高温挥发引起 $SrCO_3$ 过量,而导致富锶的 $Sr_2BiO_{5.4}$ 相的形成。随着铋含量的增多,焙烧产物中的富锶相逐渐减少,当原料配比为 $SrCO_3$:Bi_2O_3=2:1.035 时,对于研究采用的工艺条件来说,过量的 Bi_2O_3 刚好能够弥补铋的挥发损失,所以能够得到比较纯的 $Sr_2Bi_2O_5$。

当 Bi_2O_3 的量进一步增加到 $SrCO_3$:Bi_2O_3=2:1.06 时,由于多增加 Bi_2O_3 的量超过了挥发损失,这时铋的过量就会导致富铋的新相 $SrBi_2O_4$ 相的出现。随着 Bi_2O_3 含量的进一步增加,铋过剩得越来越厉害,最终导致新的富铋相 $Sr_{2.26}Bi_{6.67}O_{12.88}$ 的生成。由此可以知道,在研究的工艺条件下,获得纯净的 $Sr_2Bi_2O_5$ 的原料配比条件为 $SrCO_3$:Bi_2O_3=2:1.035。

4. 焙烧温度对粉末形貌的影响

对经不同温度焙烧后的粉末体观察可以知道,随着温度的升高,粉末颜色由深黄色(Bi_2O_3 的颜色)逐渐变为灰色的 $Sr_2Bi_2O_5$。当混合粉末在 700 ℃ 焙烧后的粉末总体呈黄色,但有部分灰色粉末均匀地分散其中,这可能是原料颗粒表面原子相互扩散发生缓慢反应且颗粒较细的原料较先反应,800 ℃ 分散的灰色颗粒明显增多,850 ℃ 有大块灰色颗粒产生,这主要是由于反应加快生成的 $Sr_2Bi_2O_5$ 发生团聚,到 900 ℃ 基本上形成一个灰色的大块。

700 ℃、800 ℃、850 ℃、900 ℃ 焙烧粉末由扫描电子显微镜观察可以知道,700 ℃、800 ℃ 时颗粒表面比较粗糙,颗粒分散且边界较清晰,特别是 700 ℃ 时,颗粒基本是分离的,颗粒表现为球形和少数不规则多面体,且小颗粒基本上都吸附在大颗粒表面。800 ℃ 焙烧的粉末颗粒变小,相互之间开始出现黏结,这说明原料物质在 800 ℃ 明显地相互扩散;当温度升到 850 ℃ 以后粉末颗粒边界模糊,有严重的团聚现象,甚至黏结成块,这可能是由于 $Sr_2Bi_2O_5$ 的熔点较低,颗粒之间界面上的原子扩散现象严重,因此出现了局部出现烧结现象。

(三)小结

(1)将 $BaCO_3$：TiO_2 按 1：1 的物质的量比配比混合均匀,采用固相法在 1 000 ℃ 焙烧 4 h,能够较好地合成 $BaTiO_3$,但为了提高效率,缩短反应时间,所以将反应温度提高到 1 050 ℃ 能够得到纯净的 $BaTiO_3$。

(2)用固相法合成 $Sr_2Bi_2O_5$ 时,由于在焙烧过程中会发生 Bi 的挥发,所以以 $SrCO_3$ 和 Bi_2O_3 为反应的原料,当 $SrCO_3$ 和 Bi_2O_3 物质的量比为 2：1 时由于铋的缺乏,不能合成纯净的 $Sr_2Bi_2O_5$,焙烧产物中还会有富锶相的存在。

(3)由于 $Sr_2Bi_2O_5$ 的熔点较低,高温下颗粒之间界面上的原子扩散现象严重,局部会出现烧结现象。

第二节　掺杂 $Sr_2Bi_2O_5$ 对无铅热敏陶瓷组织的影响

目前人们研究较多的是 $BaTiO_3$ 的掺杂,以期待改善其性能。目前为止,提高 $BaTiO_3$ 基 PTC 热敏陶瓷的居里点通常都是通过添加 Pb 元素来实现。Pb 是一种对人体和环境都有极大破坏作用的有毒元素,通常被限制使用。但是有关居里点在 120 ℃ 以上无铅 PTC 热敏陶瓷的研究尚未见报道。本节尝试利用 $Sr_2Bi_2O_5$ 作为施主掺杂物质取代 Pb 掺入 $BaTiO_3$ 中进行研究,以期获得一些有益的实验结果。

一、$Sr_2Bi_2O_5$ 的掺杂对 $BaTiO_3$ 基 PTC 热敏陶瓷的组织和性能的影响

(一)$SrCO_3$、Bi_2O_3 及 $Sr_2Bi_2O_5$ 的掺杂对 $BaTiO_3$ 基 PTC 热敏陶瓷的居里温度的影响

$BaTiO_3$ 基 PTC 热敏陶瓷材料的研究报道较多,为了满足不同温度场合的需要,传统上通过调整配方,主要是添加 Sr 和 Pb 来改变 $BaTiO_3$ 基 PTC 热敏陶瓷的居里点,相应的电阻率跃迁温度也随之移动。

由于 Bi 与 Pd 位于同一周期且相邻主族,Bi 的外围电子排布：$6s^2 6p^3$,Pb 的外围电子排布：$6s^2 6p^2$,只差一个外围电子,所以考虑 Bi 和 Pb 对热敏材料可能有相似的作用,以铋取代铅进行研究。

分别把 Sr、Bi 和 $Sr_2Bi_2O_5$ 添加到传统的 $BaTiO_3$ 基 PTC 热敏陶瓷粉末中,并按通常的粉末冶金方法制备出掺杂的 $BaTiO_3$ 基 PTC 热敏陶瓷,测定了其电阻率随温度的变化情况。

图 4—2 所示为 Sr 和 Bi 以不同方式掺杂所制备的 $BaTiO_3$ 基 PTC 热敏陶瓷样品的电阻率—温度曲线,由图 4—2 可以知道,元素 Sr 的加入大大降低了 $BaTiO_3$ 的居里温度,所得的陶瓷样品的居里温度在 75 ℃ 附近,这与有关报道一致。然而,掺入元素铋的 $BaTiO_3$ 基 PTC 热敏陶瓷样品的居里温度仍然保持在 120 ℃ 附近,基本上没有改变 $BaTiO_3$ 的居里温度。显然单独掺杂 Bi 元素并不能够改变 $BaTiO_3$ 基 PTC 热敏陶瓷居里温度。

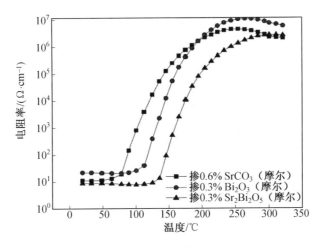

图 4-2　Sr 和 Bi 的不同形式掺杂陶瓷样品的电阻率-温度曲线

由图 4-2 可以看到,当把 Sr 和 Bi 以 $Sr_2Bi_2O_5$ 的形式同时掺杂到 $BaTiO_3$ 基 PTC 热敏陶瓷样品中后,陶瓷样品的居里温度为升高到 135 ℃ 附近。这可能是 Sr 和 Bi 按照特定的数量在特定的位置分别作为施主取代 Ba 离子,改变了 $BaTiO_3$ 的晶格结构和能带结构,阻碍了 $BaTiO_3$ 从四方相向立方相转变,从而引起材料的居里温度升高。

（二）$Sr_2Bi_2O_5$ 的添加量对 $BaTiO_3$ 基 PTC 热敏陶瓷性能的影响

将合成好的 $Sr_2Bi_2O_5$ 按不同的掺杂量加入 $BaTiO_3$ 瓷粉中,将掺杂好的瓷粉用粉末冶金方法制备出掺杂的 $BaTiO_3$ 基 PTC 热敏陶瓷,对制备的陶瓷样品进行了性能测试。

1. 不同添加量对室温电阻率和升阻比的影响

陶瓷样品具有典型的 PTC 特性。掺杂的 $BaTiO_3$ 基 PTC 热敏陶瓷的室温电阻率随 $Sr_2Bi_2O_5$ 的添加量变化,$Sr_2Bi_2O_5$ 掺杂量对室温电阻率的影响曲线上有一个突变点,当 $Sr_2Bi_2O_5$ 掺杂量(摩尔分数)为 0.01% ～ 0.07% 时,材料的室温电阻率相当低,然而当掺杂量(摩尔分数)超过 0.7% 以后,材料的电阻率急剧增大,达到 10^8 数量级。因此,为了很好地研究掺杂的影响,将低掺杂量和高掺杂量情况分别加以研究,本节主要以掺杂量(摩尔分数)为 0.0% ～ 0.7% 的 $BaTiO_3$ 基 PTC 热敏陶瓷作为对象进行研究。在 $Sr_2Bi_2O_5$ 掺杂量(摩尔分数)低于 0.7% 陶瓷的室温电阻率随添加量呈 U 形变化趋势,在摩尔分数为 0.3% ～0.4% 时室温电阻率为几十欧,掺杂量对室温电阻率的影响说明了 $BaTiO_3$ 中 $Sr_2Bi_2O_5$ 掺杂的作用是电子补偿或空位补偿,其室温电阻率与自由电荷载流子 ND、导电电子、迁移率 μ 有关。当施主掺杂量较小时,电子的迁移率 μ 接近于一个常数,因而在低浓度施主掺杂时,由于自由电荷载流子 ND 的浓度随 $Sr_2Bi_2O_5$ 的含量增加而增加,所以此时其电阻率下降。当掺杂量继续增加时,一方面由于离子空位的反作用的增加,因此降低了 ND 的值,另外,也可能是由于高 $Sr_2Bi_2O_5$ 掺杂降低了导电电子的迁移率,两者的综合作用,因此电阻率上升。

$Sr_2Bi_2O_5$ 的添加量与电阻温度系数(从居里温度附近到最大电阻率之间的电阻温度系数,如下所有电阻温度系数均指同一概念)以及和升阻比的关系曲线。随着 $Sr_2Bi_2O_5$ 的添加量的增加,材料的电阻温度系数和升阻比均呈倒 V 字形变化,且在 $x=0.4$ 时同时有个峰值,此时升阻比达到 10^3,与此相对应,材料的电阻温度系数接近 24%。在 $x=0.01$、0.7 时,

升阻比仅为几十。这可能主要是由于随着 $Sr_2Bi_2O_5$ 的添加,将发生如下反应:

$$Ba_2TiO_3 + xBi^{3+} \longrightarrow Ba_{1-x}^{2+}Bi^{3+}(Ti_{1-x}^{4+}Ti_x^{2+})O_3 + xBa^{2+}$$

部分 Bi^{3+} 替代 Ba^{2+} 进入晶格,由于两者的化学价不同,为了保持电中性,在材料中会形成 Ba 缺位,钡缺位的存在,削弱了 O^{2-} 与周围 Ti^{4+} 的结合程度,在缺氧气氛中烧结(致密化和晶粒生长)可能在晶界出现少量受主杂质离子的富集,形成 O 缺位,而这些界面能级是受主能级。所以钡空位增多,必然造成电子陷阱增多,使 PTC 效应提高,使升阻比增大。然而过量的 $Sr_2Bi_2O_5$ 添加量必然导致 Sr 和 Bi 的晶界的析出,相当于稀释了在晶界出现的少量受主杂质离子,从而减弱了 PTC 效应,使升阻比降低。

由以上可以知道,随着掺杂量的改变,室温电阻率呈 U 形变化,对应掺杂量(摩尔分数)为 $0.25\%\sim0.5\%$ 范围,材料的室温电阻率最低。而从材料的升阻比角度看,掺杂量(摩尔分数)为 0.4% 陶瓷样品有比较理想的性能,升阻比达到峰值。

2. 不同添加量对耐电压的影响

耐电压是元件可靠性的重要标志,一般电阻率越低的材料耐压也较低。耐电压随 $Sr_2Bi_2O_5$ 添加量的变化可以知道,随着添加量的增加,耐电压强度呈 U 形变化,此变化趋势也与室温电阻率的变化趋势基本一致。这也符合通常的电阻率越低的材料耐压也较低的一般规律。显然 $Sr_2Bi_2O_5$ 的加入一方面降低了材料的室温电阻率,同时也使材料的耐电性能降低。虽然低阻的 PTC 元件主要用于大电流,低电压的应用场合,但是如果能进一步改善材料的耐电压性能无疑将拓宽材料的应用领域及提高元器件的可靠性,这需要进一步深入研究。

（三）不同 $Sr_2Bi_2O_5$ 掺杂量对 $BaTiO_3$ 基 PTC 热敏陶瓷组织的影响

不同 $Sr_2Bi_2O_5$ 掺杂量的 $BaTiO_3$ 基 PTC 热敏陶瓷的 SEM 可以看出,晶粒基本上都呈多边形,晶界清晰,但在添加量 $x=0.2,0.4$ 的陶瓷样品的晶粒有异常长大的不均匀现象,在 $x=0.3$ 的样品晶粒尺寸基本在 $4\sim5~\mu m$ 之间,比较均匀。均匀的晶粒对于材料的耐电压性能有一定改善作用,所以在室温电阻率基本相同的情况下掺杂量为 0.3% 的材料晶粒组织较均匀,其耐电压性能也稍微好些。

二、不同 $Sr_2Bi_2O_5$ 掺杂量对 $BaTiO_3$ 基 NTC 热敏陶瓷的组织和性能的影响

目前商业投入应用的 NTC 热敏电阻率是由 Mn—Co—Fe—Ni—Cu 等过渡金属氧化物的多种成分,采用陶瓷工艺烧结而成的,通常都是 AB_2O_4 型尖晶石结构。随着对材料的性能要求越来越高,特别是要求易集成化,材料的成膜性能、敏感性能等,对新的热敏材料要求灵敏性好、精度高、粉末性能稳定、工艺简单等。而具有 AB_2O_4 型尖晶石结构的 Mn—Co—Fe—Ni—Cu 等过渡金属氧化物 NTC 材料在其中的一些方面存在缺陷,但目前未见到过关于 $BaTiO_3$ 基热敏陶瓷具有明显的 NTC 效应。

（一）不同 $Sr_2Bi_2O_5$ 掺杂量对 $BaTiO_3$ 基 NTC 热敏陶瓷相的影响

在 $BaTiO_3$ 中掺杂 $Sr_2Bi_2O_5$ 的研究过程中已经发现当添加量(摩尔分数)达到 1% 时,其室温电阻率生突变,达到 10^8 数量级,显然高掺杂后材料性能的突变是一个值得关注的问题。为此,向 $BaTiO_3$ 中掺入不同高含量的 $BaTiO_3$ 制备出陶瓷样品进行了研究,样品的编

号见表 4－1。采用 $BaTiO_3$ 掺杂对材料的影响进行了系统研究,材料添加的摩尔分数见表 4－2。

表 4－2　高 $Sr_2Bi_2O_5$ 掺杂 $BaTiO_3$ 基热敏陶瓷的配比

编号	A0	A1	A2	A3	A4	A5	A6	A7	A8
添加量(摩尔分数)$x/\%$	10	15	20	25	30	35	40	50	70

A0、A1、A4、A7 和 A8 陶瓷原料在 1 180 ℃ 烧结后进行 X－射线衍射分析。在 1 180 ℃ 烧结后的陶瓷样品中存在 3 种相成分:钙钛矿结构的 $BaTiO_3$、立方结构的 $Sr_{0.74}Bi_{1.26}O_{2.63}$ 和钙钛矿结构的 $Ba_{0.77}Sr_{0.23}TiO_3$,没有发现 $Sr_2Bi_2O_5$ 的衍射峰,而且 $Sr_{0.74}Bi_{1.26}O_{2.63}$ 的衍射峰的强度随着 $Sr_2Bi_2O_5$ 的掺杂量的增加而逐渐增加;$BaTiO_3$ 的衍射峰随着 $Sr_2Bi_2O_5$ 的掺杂量的增加而逐渐降低,且宽度增加。

这主要是由于在 1 180 ℃ 的条件下,部分 Sr^{2+} 和 Bi^{2+} 取代 Ba^{2+} 而占据钙钛矿结构中的 Ba^{2+} 位置,$BaTiO_3$ 的结构正在由有序的钙钛矿结构发生畸变,晶体对称性降低。随着取代量的增加,畸变程度越强,晶体对称性越差,其衍射峰的强度不断降低变宽。此外,由于 Sr^{2+} 的半径(1.12 Å)小于 Ba^{2+} 的半径(1.35 Å),Ba^{2+} 被 Sr^{2+} 取代后晶格常数有变小的趋势。随着 $Sr_2Bi_2O_5$ 的掺杂量的增加,Ba^{2+} 被 Sr^{2+} 取代的量的增加,晶格常数逐渐减小。由布拉格方程:

$$2d\sin\theta = \lambda$$

可以知道,晶格常数减小会导致 θ 角增大,X－射线衍射峰的位置将向高角度方向偏移。纯 $BaTiO_3$ 第一主峰在 $31.5°$,随着 $Sr_2Bi_2O_5$ 的掺杂量的增加,$BaTiO_3$ 的 X 射线衍射峰的发生偏移,强度也降低,当添加量(摩尔分数)达到 50% 时,峰的位置已经移至 $32.25°$,且强度降低了约三分之一。

(二)不同 $Sr_2Bi_2O_5$ 掺杂量对 $BaTiO_3$ 基 NTC 热敏陶瓷的性能影响

1. $Sr_2Bi_2O_5$ 高掺杂对于电阻率－温度特性的影响

$Sr_2Bi_2O_5$ 的添加量(摩尔分数)分别为 10%、15%、30% 的 $\rho - T$ 曲线,虽然添加少量 $Sr_2Bi_2O_5$ 所制备的 $BaTiO_3$ 基陶瓷具有很好的 PTC 特性,但是加入高比例的 $Sr_2Bi_2O_5$ 后所获得的 $BaTiO_3$ 基陶瓷却为典型的 NTC 热敏陶瓷,具有负的电阻率－温度系数,且在较宽的温度范围内保持良好的线形。

高 $Sr_2Bi_2O_5$ 掺杂量导致 $BaTiO_3$ 基热敏陶瓷表现出典型的 NTC 特征,其原因可能与添加了 $Sr_2Bi_2O_5$ 后,Sr^{2+} 和 Bi^{2+} 影响材料的晶体结构从而对影响电导率的两个因素——载流子浓度和迁移率产生了影响有关。在 $Sr_2Bi_2O_5$ 的高掺杂的 $BaTiO_3$ 基陶瓷中,Sr 主要影响晶体的晶格结构,而 Bi 由于电离能较小,在常温下就已经可以电离,所以随着温度的升高,样品中载流子浓度变化不大,起主要作用的是迁移率,由于晶体结构的变化,促进了电子跃迁,迁移率增加,因此出现 NTC 现象。

2. 高 $Sr_2Bi_2O_5$ 掺杂对于室温电阻率和 B 的影响

B 常数是以零功率的阻值对时间的变化来表示的,它是由电阻率－温度特性上任意两点温度来求出的常数,表达式为

$$B = \frac{\ln\rho_2 - \ln\rho_1}{\dfrac{1}{T_2} - \dfrac{1}{T_1}}$$

式中　　B——常数；

　　　　T_1——任意温度值，K；

　　　　T_2——与 T_1 相异的另一温度值，K；

　　　　ρ_1——与 T_1 时的零功率电阻率值，$\Omega \cdot cm$；

　　　　ρ_2——与 T_2 时的零功率电阻率值，$\Omega \cdot cm$。

　　室温电阻率和 B 值是 NTC 热敏电阻率的重要参数，室温电阻率和 $B_{25/200}$ 随 $Sr_2Bi_2O_5$ 掺杂量变化可以看出，当 $Sr_2Bi_2O_5$ 的添加量（摩尔分数）在 10％ ～ 30％ 这个范围时，陶瓷样品的室温电阻率和 $B_{25/200}$ 随添加量的增加而迅速降低，当添加量（摩尔分数）超过 30％ 以后，电阻率的下降速度减缓，最后保持稳定不变。

　　这主要是由于 $Sr_2Bi_2O_5$ 在 $BaTiO_3$ 中的固溶度是有限的，在低于固溶度的掺杂量的范围内，随着掺杂量的增加，载流子浓度和迁移率都增加，当超过固溶度时，就有 Sr 和 Bi 的晶界析出从而降低了载流子的迁移率。

3. 在 $10 \leqslant x \leqslant 70$ 内添加量对密度的影响

　　随着掺杂量的增加，材料的相对密度首先上升，当 $x = 50$ 时左右达到最大值，当继续增加掺杂量时相对密度保持稳定，这可能是由于 $Sr_2Bi_2O_5$ 的加入降低了 $BaTiO_3$ 的熔点，在同样的烧结温度下，熔点低的材料原子的扩散速度加快，加速了烧结过程的进行，材料的密度得到提高。

4. 在 $10 \leqslant x \leqslant 70$ 内添加量对热稳定性的影响

　　耐老化性是衡量热敏陶瓷的可靠性的关键参数。将样品分别烧上电极及引线，在温度为 220 ℃ 的条件下，保持 1 050 h，测量各时间点的电阻得到 $Sr_2Bi_2O_5$ 掺杂量和耐老化时间的关系曲线，如图 4－3 所示。

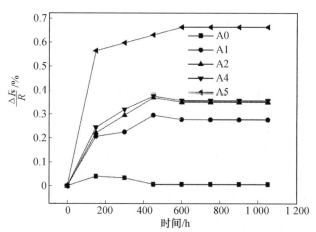

图 4－3　样品 A0、A1、A2、A4、A5 的老化曲线

　　从图 4－3 中可以看到，当添加量（摩尔分数）在 10％ ～ 40％ 的范围内，随着 $Sr_2Bi_2O_5$ 掺杂量的增加，电阻率的漂移增大；当掺杂量（摩尔分数）为 10％ 时，材料的性能相当稳定，电阻率几乎不发生漂移；当掺杂量（摩尔分数）为 40％ 时，电阻率漂移最大达 0.675％。而且，几种样品在前 300 h，电阻率的漂移率都是最大的，随着老化时间的延长，材料的电阻率趋向于稳定。

（三）Sr$_2$Bi$_2$O$_5$ 的添加量对 BaTiO$_3$ 基 NTC 热敏陶瓷组织形貌的影响

掺杂摩尔分数为 10% 的 Sr$_2$Bi$_2$O$_5$ 的 BaTiO$_3$ 基陶瓷的大多数晶体颗粒成不规则形状，粗细不均，粒径为 1～4 μm，大多数颗粒的粒径为 0.5～2 μm（约占颗粒总数的 87%）。随着 Sr$_2$Bi$_2$O$_5$ 的掺杂量的增加，晶体颗粒逐渐变小，而且逐渐变均匀，密实度逐渐增大，当掺杂量（摩尔分数）为 50% 时晶体颗粒缩小至大约 0.7 μm，而且样品很密实——密度约为 97%，晶界逐渐变得模糊。这可能主要是由于低熔物 Sr$_2$Bi$_2$O$_5$ 的增加，坯体在烧结过程中的液相量增加，促使液相分布均匀，进而大量晶核形成，物质的扩散速率相对较大，促进坯体烧结，密实度增加。

三、小结

采用 Sr$_2$Bi$_2$O$_5$ 作为掺杂剂添加到 BaTiO$_3$ 中，当添加量（摩尔分数）低于 1% 时可以获得居里温度约为 135 ℃ 的 PTC 热敏陶瓷。

对于添加 Sr$_2$Bi$_2$O$_5$ 的 BaTiO$_3$ 基 PTC 热敏陶瓷，其室温电阻率随着掺杂量的增加先降后升，当掺杂量（摩尔分数）大于或等于 1% 时陶瓷样品几乎绝缘。材料的升阻比和电阻温度系数呈倒 V 形变化。当掺杂量（摩尔分数）为 0.4% 左右时，陶瓷样品的各项性能均比较理想。

当 Sr$_2$Bi$_2$O$_5$ 的掺杂量（摩尔分数）为 10%～70% 时，所获得的 BaTiO$_3$ 基热敏陶瓷呈现典型的 NTC 特性。随着掺杂量的增加，室温电阻率和 $B_{25/200}$ 呈下降的趋势，致密度逐渐增加，晶粒尺寸逐渐减小，漂移电阻率逐渐增加。

第三节　烧结工艺及稀土对热敏陶瓷的作用

烧结工艺对 BaTiO$_3$ 陶瓷的组织和性能有着重要的影响，采用合适的烧结工艺可以获得性能良好的陶瓷样品，在实际生产中大大降低陶瓷的废品率和成本。因此，本节主要研究了烧结制度对 0.4SB－BTO 热敏陶瓷性能和组织结构的影响。

一、烧结工艺对热敏陶瓷的作用

（一）升温速率对 0.4SB－BTO 组织结构和 PTC 性能的影响

烧结升温过程中是形成显微结构的关键阶段，升温速率过慢，停留在晶粒生长区的时间过长，易造成异常晶粒生长，当升温速率过快；由于液相成分来不及进行互扩散和均匀化，组分分布不均，在液相较多的区域形成巨晶，也易形成晶粒异常长大。只有在适当的升温速率下，结构均匀、无异常晶粒长大、PTC 及耐电压性质均较佳。

1. 升温速率对 0.4SB－BTO 组织结构的影响

其他条件不变，升温速率分别为 3 ℃/min、5 ℃/min、10 ℃/min、15 ℃/min、20 ℃/min 的 SEM，随着升温速率的增加，晶体颗粒尺寸逐渐减小，样品密实度增加，气孔率降低。当升温速度从 3 ℃/min 增加到 203 ℃/min 时，样品的平均晶粒尺寸从 11 μm 左右减小到平均 3 μm 左右。

升温阶段是晶核形成的关键阶段,在此阶段中升温速率对形成晶核数量及晶粒的异常长大等有着重要影响。当升温速度很慢时,在缓慢升温过程中,体系的能量通过缺陷的逐渐消失而缓慢释放掉。当达到新晶粒开始形核温度时,体系能量较低,晶粒核心由于体系能量较小,不能迅速在材料的整个体积中大量形成,而只能是在部分能量相对高一点的区域以及能量起伏较大的区域形核。这样形核率较小,而且核心分布不均匀,这就造成在后续的保温阶段晶粒生长出现晶粒少生长不均匀的现象。陶瓷样品晶粒数较少,晶粒粗大而且不够均匀,晶体颗粒尺寸约为 20 μm,且晶粒呈不规则形状。同时,晶粒组织较疏松,孔隙较多。

随升温速度加快,升温过程缩短,体系的能量释放较少。高的体系能量利于材料的新晶粒均匀、大量形核。高的形核率促使陶瓷材料形成了均匀、细小的晶粒组织,晶粒大小为 1～2 μm。同时晶粒均匀生长获得的组织也比较致密,孔隙率小,孔洞细小弥散分布。另外,晶粒的生长受两个因素影响,一个是结晶成核率,另一个是低共熔烧结液相,当升温速度较慢时烧结液相也较少,此时生长长大的晶粒受到晶粒间及晶界液相的阻碍作用较小,因而也容易导致大晶粒组织的形成。

2. 升温速率对 0.4SB – BTO 的 PTC 性能的影响

随着升温速率的增加,室温电阻率随之降低。这主要是升温速率过慢,容易形成大晶组织同时也会产生溶质向晶界偏析,大量溶质在晶界偏析导致了材料室温电阻率增大。当升温速率提高时,材料的晶粒组织趋向于细小、均匀,这就使得晶界杂质对材料电阻率的影响减小,陶瓷样品的室温电阻率迅速降低。升温速率为 3 ℃/min 时的室温电阻率最大为 73 Ω·cm,当升温速率增大到 15 ℃/min 时,室温电阻率最低为 31.5 Ω·cm。材料的晶粒组织情况对于陶瓷样品的 PTC 特性的影响也有同样的规律,在材料晶粒组织趋向于细小、均匀的同时,陶瓷样品的升阻比也提高约一个数量级,达到 323 156。

随着升温速率的增加,耐电压迅速升高,并逐渐达到稳定,显然这是由升温速率的增加使晶体颗粒变的细小均匀所致。值得注意的是,当升温速度达到 20 ℃/min 时,材料的晶粒组织变细,但室温电阻率反而上升。这个异常可能是因为当晶粒细小到一定程度以后,晶界杂质就不再是影响材料室温电阻率的决定因素了,此时大量增加的晶界本身促使室温电阻率提高。这对于材料的升阻比也稍有影响,但是由于晶粒组织非常均匀,所以对于材料的耐电压性能影响很小。

由上分析可以知道,陶瓷样品烧结工艺的最佳升温速率应控制在 10～15 ℃/min。

（二）烧结温度对 0.4SB – BTO 组织结构和 PTC 性能的影响

陶瓷的半导化应该是热力学控制的过程,与烧成温度有密切关系,并且半导化的反应速度很快,只要温度能够达到半导化反应的要求,使半导化反应能克服反应的势垒,陶瓷体就能很快半导化。

1. 烧结温度对 0.4SB – BTO 组织结构的影响

烧成过程中发生一系列的物理、化学过程,例如:预先合成的主晶相晶粒的生长 – 再结晶过程、半导化过程、晶界势垒形成过程等,对材料的室温电阻率和 PTC 效应有重要的影响。由于 $BaTiO_3$ 基的 PTC 材料的 PTC 效应来源于晶界,而烧成温度对试样中的晶粒的大小、晶界含量的高低以及晶界的氧化程度有很重要的作用。随着烧结温度的升高,晶粒组织有逐渐长大的趋势。当烧结温度在 1 240 ℃ 时,烧结的样品,虽然表面晶粒细小,但晶粒间结合不致密,存在许多孔隙;在 1 260 ℃ 烧结的样品晶粒稍有长大;随着烧结温度继续升高,在 1 300 ℃ 烧结的晶粒明显长大,晶体比较致密。

2. 烧结温度对 0.4SB－BTO 的 PTC 性能的影响

烧结温度对陶瓷的半导化、PTC 特性等具有很大的影响。每一种 PTC 陶瓷都具有一个最佳的烧结温度,在最佳烧结温度附近 20 ℃ 左右这样一个范围内,材料才能被充分半导化。在此温度以上,会引起晶粒变粗,密度降低,影响显微结构和性能;此温度范围以下由于烧结不够完善,材料的气孔率较高,颗粒间的连接性不好。

随着烧结温度的升高,电阻率呈 U 形变化,室温电阻率在烧结温度为 1 300 ℃ 左右存在一个低谷,在 1 300 ℃ 室温电阻率值为 31.4 Ω·cm。显然,在温度较低时的烧结一方面半导化不充分,另一方面,晶粒的生长过程不够充分,烧结不够完善,气孔率较高,所以电阻率和升阻比较小。随着温度的升高,晶粒逐渐长大,晶界数量减少,晶体充分半导化,所以电阻率下降;随着温度的继续升高,杂质扩散速度加快并在晶界的富集造成了晶界势垒的升高。杂质在晶界富集量越多,晶界势垒就越高,因而电阻率增加。

随着烧结温度的升高,升阻比先增加后降低,呈抛物线变化。这主要可能由于温度低时,半导化不充分,钡原子被取代的不彻底,在居里温度左右,样品晶体的晶胞参数($a,c,c/a$) 变化不大,所以升阻比较低;随着烧结温度的进一步升高,材料半导化充分,在居里温度前后晶体晶胞参数(c/a) 变化较大,升阻比随之升高;过高的烧结温度导致杂质的晶界富集在居里温度前后晶体晶胞参数(c/a) 变化减小,升阻比有所降低。

随着烧结温度的升高,耐电压也逐渐升高并趋向一定值。耐电压的变化主要与材料的晶粒组织情况有关,当烧结不够完善、材料中孔隙较多、晶粒组织不均匀等都会降低材料的耐电压性能。所以低温下烧结获得的样品其耐电压较低;随着烧结温度的升高,晶体缺陷减少,耐电压上升;过高的烧结温度引起的杂质的晶界富集,导致晶体的均匀性降低,耐电压略有降低。

综合考虑材料的几个性能参数,确定所选取的材料体系的最佳烧结温度应该在 1 280～1 300 ℃。

(三)烧结保温时间对 0.4SB－BTO 组织形貌和 PTC 性能的影响

1. 烧结保温时间对 0.4SB－BTO 组织形貌的影响

不同烧结保温时间样品的微观组织结构不同,随着保温时间的延长,样品晶体颗粒逐渐长大,当保温时间为 30 min 时,晶体颗粒细小均匀,平均尺寸为 1～2.2 μm。当烧结时间为 90 min,晶粒逐渐增大,晶粒组织致密但是均匀程度下降,晶粒呈多边形,边界清晰,平均晶粒尺寸为 7～10 μm。烧结时间为 150 min 的样品的晶粒出现急剧异常长大,平均晶粒尺寸为 12～20 μm。

2. 烧结保温时间对 0.4SB－BTO 的 PTC 性能的影响

不同烧结保温时间的样品的电阻率温度的关系,随着保温时间的延长,室温电阻率先降后升,升阻比逐渐减小,从前面可以知道烧结时间为 30 min 时,晶体颗粒细小,晶界多,所以室温电阻率大,晶界效应大,升阻比大;随着烧结时间的延长,晶体颗粒进一步长大且有异常大晶粒,晶界数少,室温电阻率低,升阻比降低,过长的烧结时间,一方面由于气孔增多增大,增加了室温电阻率,降低了升阻比,另一方面溶质的晶界偏析和分凝,也使室温电阻率升高。

由以上分析可以知道,烧结保温时间应该在 30～60 min。

(四)降温速率对 0.4SB－BTO 组织形貌和 PTC 性能的影响

PTC 效应是一种由晶界引起的效应,晶界的重氧化主要在降温阶段发生,晶界重氧化产生大量的 Ba^{2+} 且增加了晶界势能,从而增强了 PTC 热敏陶瓷的 PTC 效应,因此降温速率阶段是 $BaTiO_3$ 基 PTC 热敏陶瓷的 PTC 效应形成的关键阶段。

1. 降温速率对 0.4SB－BTO 组织形貌的影响

其他烧结工艺条件相同,降温速率为 2 ℃/min、10 ℃/min 的 PTC 热敏陶瓷的扫描电子显微镜照片,显示晶粒细小均匀。由于晶粒组织的形成是在升温和保温过程中完成的,当烧结保温过程完成,晶粒组织就已经确定,所以降温速率对于微观组织形貌影响很小。

2. 降温速率对 0.4SB－BTO 性能的影响

室温电阻率和升阻比随降温速率增加的变化曲线和电阻温度系数随降温速率增加的变化曲线,当降温速率由 10 ℃/min 减小到 1 ℃/min 时,室温电阻率不断升高,因为在降温阶段,主要是晶界势垒形成的阶段,在该阶段,随着炉温的下降,杂质元素将会在晶界偏析,同时,氧通过扩散进入晶界,导致大量 Ba^{2+} 空位的形成,这些均使晶界势垒增加,因此室温电阻率增加。同时降温速率越慢,晶界的氧化程度越高,使电阻温度系数增大,因此室温电阻率、电阻温度系数、升阻比均逐渐增加。此时再延长降温时间,只会促进晶界氧化,使晶界形成高阻氧化层,并且有助于溶质在晶界上的分凝和脱溶的充分进行,导致晶界层绝缘程度的提高,使室温电阻率升高,而 PTC 效应不再增大。

进一步将冷却速度由 2 ℃/min 降低到 0.3 ℃/min,由所得样品的电阻率－温度曲线可以知道,样品的室温电阻率随降温速度的降低增大较快,而最大电阻率随降温速率的变化不大。

由以上分析可以看出材料的 PTC 效应是随降温速率的降低而降低。因此,材料烧结工艺的降温速率应该控制在 1～3 ℃/min。

(五)小结

(1)升温速率对微观晶粒组织影响较大,随着升温速率的增加,晶粒细化,晶粒组织均匀。相应的室温电阻率降低,升阻比升高,材料的耐电压性能也提高。但当升温速度达到 20 ℃/min 时,材料的室温电阻率反而上升。

(2)随着烧结温度的升高,晶粒逐渐变粗,烧结致密,材料的孔隙减少;电性能测试表明:室温电阻率先降后升;升阻比与之相反;耐电压逐渐升高,当烧结温度为 1 300 ℃ 时达到顶点,耐电压约为 170 V。

(3)烧结保温时间的延长影响到晶粒组织的大小和晶界杂质的分布,当保温时间过长,晶粒组织粗大,晶界杂质富集,降低材料的性能。

(4)随着降温速率对材料的 PTC 性能影响很大,降温速度增大,材料的室温电阻率和升阻比都迅速降低。

(5)对于实验中材料体系来说,采用 10～15 ℃/min 的升温速度,在 1 280～1 300 ℃ 烧结 3 060 min,然后以 1～3 ℃/min 的降温速度降温冷却可以获得性能较好的 PTC 热敏陶瓷材料。

二、稀土(La,Y) 及 Mn 对 xSB－BTO 的影响

稀土元素掺杂是 $BaTiO_3$ 半导化的常用方式之一,稀土元素的掺入可以使 $BaTiO_3$ 产生弱束缚电子,即为其导电所需的载流子,研究表明 La、Y 作为半导化元素对热敏陶瓷的性能有明显改善,但有关 La、Y 掺杂 xSB－BTO 热敏陶瓷的报道很少。此外,Mn 作为一种常用的受主杂质元素对 $BaTiO_3$ 系半导体材料的 PTC 效应的改善起着重要的作用,Mn 在陶瓷材料中以一种变价的形式存在即 $Mn^{3+} \leftrightarrow Mn^{4+}$ 引起的电子跃迁,使许多材料中具有稳定的 NTC 效应,但 Mn 对 xSB－BTO 热敏陶瓷的改性研究不多。因此,研究了 La、Y 和 Mn 对 xSB－BTO 热敏陶瓷的性能影响。

(一) 稀土对 0.4SB－BTO 热敏陶瓷性能影响

室温电阻率随稀土添加量增加呈先降后升的变化趋势,未掺杂稀土元素时,陶瓷样品的室温电阻率为 31 $\Omega \cdot cm$,当稀土摩尔分数为 0.6% 时,样品的 ρ_t 均达到最小值,添加 La 和 Y 的室温电阻率分别为 8.5 $\Omega \cdot cm$ 和 5.2 $\Omega \cdot cm$,说明稀土掺杂可以明显降低 PTC 热敏陶瓷的室温电阻率;当稀土含量继续增加,两种掺杂效果稍有不同,其中掺杂 La 的室温电阻率上升幅度比掺杂 Y 的室温电阻率上升幅度稍大。当 La 摩尔分数为 1.0% 时,其电阻率达 9 831 $\Omega \cdot cm$。而在 Y 掺杂之中,其掺杂量(摩尔分数)为 0.7% 左右时,其室温电阻率才明显上升,此时的室温电阻率为 7.8 $\Omega \cdot cm$,相同掺杂量的条件下,室温电阻率比 La 掺杂的要小。

上述现象可从缺陷化学方面加以分析,$BaTiO_3$ 的半导化过程可分四个阶段。第一阶段是电子补偿,La、Y 掺杂量(摩尔分数)为 0%～0.3% 阶段,在该阶段 La、Y 作为施主分别取代二价的钡离子和四价的钛离子,为了保持电中性,部分四价钛离子转化为三价。一旦有外加电场,这些弱束缚的电子便会定向移动形成电流。所以该区随着施主含量的增加,室温电导率增大,由于 La 和 Y 的化学价相同,所以对室温电阻率的影响基本一致。第二阶段为电子与缺位混合补偿,对应掺杂量(摩尔分数)为 0.3%～0.6% 段,施主含量增加到一定程度时,晶格中将产生金属离子缺位,以补偿多余电子。在 $BaTiO_3$ 陶瓷中,主要以钡缺位为主。在该阶段电子补偿与缺陷补偿共存,电子补偿占优势,电导率仍继续缓缓增大,且下降幅度比第一阶段稍微平缓。第三阶段,缺位补偿阶段,对应掺杂量(摩尔分数)为 0.6%～0.8% 段,此阶段电导率随施主掺杂量的增加而呈线性关系下降,且由于 La 和 Y 的离子半径之间的差别,缺位补偿之间的不同,所以掺 La 的陶瓷样品室温电阻率增幅更大。第四阶段为双位补偿,对应 La、Y 掺杂量(摩尔分数)为 0.8%～1.0% 段,当施主引入量继续增大,施主离子有可能同时进入 Ba 位和 Ti 位,这种情况下原来充当施主的杂质则转变成受主杂质,即施主杂质中只有一部分充当施主,而另一部分则成为妨碍材料半导化的受主杂质,这些导致室温电导率减小。

La、Y 的升阻比随掺杂量增加均呈先升后降趋势。没掺杂稀土的陶瓷样品的升阻比只有 10^3 左右;而掺杂量(摩尔分数)为 0.6% 时升阻比达到最大值,约为 10^7;当掺杂量(摩尔分数)为 1.0% 时升阻比达到最小值,约为 10^2(两者升阻比数值在各掺杂点相差不大)。

这可能是由于不掺稀土时,$Sr_2Bi_2O_5$ 中的 Bi 取代 Ba 促进材料的半导化,形成一定的升阻比。随着 La、Y 的掺入,由于 $La^{3+}(1.36 \text{ Å})$、$Y^{3+}(1.12 \text{ Å})$ 与 $Ba^{2+}(1.61 \text{ Å})$ 原子半径相差

较 Bi^{3+}(1.03 Å)与 Ba^{2+}(1.61 Å)相差要小,更容易取代 Ba 位,钡空位增多,因此电子陷阱增多,PTC 效应提高,升值比增大。当掺杂量达 0.6% 左右时,La 和 Y 的量刚好达到材料的固溶度左右,升阻比最大;当掺杂量大于 0.6% 时,La 和 Y 开始在晶界位置析出,降低了材料的 PTC 效应。以上看出,稀土(La、Y)较佳掺杂量为 0.6%。

(二)稀土对 10SB－BTO 的组织和性能的影响

由上面可以知道掺杂适量的稀土元素能够改善钛酸钡基 PTC 热敏陶瓷的性能,所以研究了 La、Y 掺杂 10SB－BTO 热敏陶瓷(根据第四章研究的结果),以期获得较好的 NTC 性能,以下分别讨论了 La 和 Y 对 10SB－BTO 的热敏陶瓷组织和性能的影响。

1. 稀土(La、Y)对 10SB－BTO 的组织的影响

不掺 La 时,陶瓷样品中存在开孔和异常晶粒长大,晶粒细小,相对掺稀土的样品相对密度较小;当掺入 0.2%(摩尔分数)的 La 时,晶粒长大,组织相对较致密,开孔消失;当掺杂量(摩尔分数)增加到 0.4% 时,晶粒粗大,呈规则六面体形,样品致密度相对最大。这可能是由于掺入 La 后改变了预烧粉末的活性,促进了素坯样品的烧结,进而促进晶粒的生长,所以掺 La 的陶瓷样品较不掺 La 陶瓷样品致密。

Y 对 NTC 陶瓷样品的影响与 La 相似,但在相同掺杂量情况下,掺杂 Y 的陶瓷样品的晶粒尺寸和密实度更大。这可能是 Y 比 La 半径小,对晶格结构的影响较大,增加了预烧粉末的晶格活性,促进了坯体的烧结和晶粒长大。

2. 稀土(La、Y)对 10SB－BTO 热敏陶瓷 NTC 效应的影响

室温电阻率随掺杂量的增加呈先降后升趋势。不掺杂时,室温电阻率达到 10 s 左右,该陶瓷样品的气孔较多,所以电阻率较大。当掺杂量(摩尔分数)为 0.4% 时,室温电阻率达到最小值,此时添加稀土 La、Y 样品的室温电阻率分别为 142 371 $\Omega \cdot cm$ 和 25 220 $\Omega \cdot cm$。随着添加量继续增加,室温电阻率开始变大,掺 La 样品的室温电阻率比掺 Y 样品的高,但是掺杂量(摩尔分数)为 1.0% 时两者的室温电阻率几乎相同,达到 $10^8 \Omega \cdot cm$。另外,随着稀土(La、Y)添加量的增加,$B_{25/200}$ 逐渐降低。

稀土元素对掺杂量(摩尔分数)小于 0.4% 的 $BaTiO_3$ 陶瓷的 NTC 特性的影响,可以用 $BaTiO_3$ 陶瓷 N 机理的形成来解释。

实验研究的 $BaTiO_3$ 陶瓷,由于本征的氧离子缺位和 La(Y 及 Bi^{3+})对 Ba^{2+} 的代位施主掺杂,$BaTiO_3$ 陶瓷的晶粒部分为很好的 n 型半导体。同时,有少数杂质受主离子偏析于晶界处,形成负的界面电荷,在这些富集于晶界处的界面电荷的作用下,晶粒的近表层就会形成具有一定厚度的正的空间电荷层,导致所谓的晶界双肖特基势垒层的产生。

同样由于热激发的原因,晶粒中的准自由电子有可能越过晶界势垒而产生电荷迁移。无外电场作用时,由于双肖特基势垒层是对称的,所以宏观平均电流为零。在外电压作用下,晶界势垒发生倾斜,导致宏观净电流的出现。

$B = \dfrac{\phi}{k}$ 为材料常数,又称 B 值。在大多数 n 型半导体陶瓷中,掺杂 La、Y 重要的是它阻碍了受主杂质偏析于晶界。降低晶界有效受主浓度,同时增加了有效施主浓度,晶界势垒 ϕ 反比于 n_D,而 B 值正比于晶界势垒 ϕ,当掺杂稀土时,稀土元素主要作为施主杂质,正比于 n_D,可见,在掺杂量(摩尔分数)小于 0.4% 的区间内,La、Y 含量的增加降低了样品的 B 值和

电阻率。

当掺杂量(摩尔分数)大于 0.4% 时,部分稀土在晶界析出,导致晶界电阻率升高,晶界有效受主浓度 n5 减小,所以室温电阻率增加,样品的 B 值降低。

添加稀土元素比没有添加稀土元素陶瓷样品的线性度更好。适量的掺杂稀土元素可以改善阻温特性的线性度的原因可能是与 $BaTiO_3$ 中存在多种施主杂质有关。陶瓷晶粒中存在氧空位、变价铋、稀土,而这些施主杂质的电离能不尽相同。

由以上分析可以知道,适量的稀土掺杂能够改善 NTC 陶瓷材料的线性度,但同时也减弱了 NTC 效应。

(三)Mn 对 xSB－BTO 热敏陶瓷性能的影响

1. Mn 对 0.4SB－BTO 热敏陶瓷性能的影响

PTC 效应与施受主掺杂密切相关,某些 3d 元素作为受主掺杂可以使材料的 PTC 效应大幅度增加。Mn 元素作为一种常用的受主杂质元素对 $BaTiO_3$ 系半导体材料 PTC 效应的改善起着重要的作用,通过添加适量的元素 Mn 可以形成适当的受主能级明显改善其 PTC 效应。

室温电阻率随着锰添加量增加而升高。Mn 掺杂量(摩尔分数)为 0.02% 时,室温电阻率为 $20\ \Omega\cdot cm$,比添加前增加约一个数量级;当掺杂量(摩尔分数)超过 0.04% 时,室温电阻率上升幅度稍微增大,到 0.07% 室温电阻率上升幅度进一步变大。另外,Mn 元素低浓度掺杂时(小于 0.1%),可增加其 PTC 效应,升阻比随掺杂量增加先升后降,掺杂量(摩尔分数)为 0.07% 时达到最大值。掺杂量(摩尔分数)超过 0.1%,PTC 效应几乎消失。

当铁电相变时,二价 Mn 可以进一步氧化为三价 Mn,形成电子捕获中心从而提高材料的 PTC 效应。同时由于 Mn 元素在晶界的富集,增大了晶界电阻率,因此室温电阻率比没有掺杂样品的室温电阻率高,而过量的 Mn 离子不利材料的 PTC 效应是因为晶界上析出的 Mn 元素越多,晶界层变厚,所以材料半导性恶化,电阻率大大增加几乎绝缘。

由以上分析可以知道,Mn 实验样品基料中的掺杂量(摩尔分数)为 0.07% 左右比较合适。

2. Mn 对 10SB－BTO 热敏陶瓷性能的影响

不同 Mn 掺杂量的在 $25\sim200\ ^\circ\!C$ 温区间内电阻率－温度特性曲线均近似呈线性,跟 La、Y 掺杂的样品的线性度效果一致。室温电阻率和 $B_{25/200}$ 均随着 Mn 掺杂量增加增大,由于 Mn 的掺杂量的增加,因此晶界势垒增大,电阻率和 $B_{25/200}$ 因而变大。

(四)小结

(1)0.4SB－BTO 的室温电阻率随稀土(La、Y)掺杂量的增加先降后升,升阻比先升后降,在掺杂量(摩尔分数)为 0.6% 时,室温电阻率最低,均小于 $10\ \Omega\cdot cm$,升阻比达到峰值约为 10^7。

(2)稀土(La、Y)掺杂 10SB－BTO 热敏陶瓷,改善了电阻的线性度,但同时弱化了陶瓷的效应,在掺杂量(摩尔分数)为 0.4% 时,室温电阻率均比没掺杂时小,且达最小值,分别为 $142\ 371\ \Omega\cdot cm$ 和 $25\ 220\ \Omega\cdot cm$,$B_{25/200}$ 也较没掺杂时降低。

(3)对于 0.4SB－BTO,室温电阻率随着 Mn 掺杂量的增加而升高,当 Mn 掺杂量(摩尔分数)为 0.7％时,升阻比出现峰值,比不掺杂高出两个数量级;对于 10SB－BTO,室温电阻率和 $B_{25/200}$ 随掺杂量的增加而上升,比不掺杂的样品的线性度更好。

第五章　NTC 热敏陶瓷的结构与导电机理探究

第一节　NTC 热敏陶瓷和铁基钙钛矿材料的结构与导电机理研究

一、导电机理

(一)NTC 热敏材料的导电机理

目前，基于锰酸镍（$NiMn_2O_4$，NMO）基的尖晶石型 NTC(Negative Temperature Coefficient Thermistor) 热敏陶瓷材料的导电机制在热敏陶瓷领域中受到广泛关注。针对尖晶石 NMO 的导电模型，当前被研究者所认可就是电子跳跃模型(Electron Hopping Model)。其电子的跃迁转移并不是由于载流子(电子,空穴)在满带中运动的结果，而是电子在能级间的跳跃，由此把这种导电方式称为跳跃式导电模型。其中电子跳跃需要满足两个条件：一是存在可变价的金属元素；二是金属元素占据相同的晶体学位置。该跳跃式导电模型描述的导电机制主要有以下几点：① 由于受到电价平衡和离子占位属性的影响,过渡金属离子 A^{2+} 将邻近的八面体间隙中 Mn^{3+} 离子歧化,形成的 $A^{2+}Mn^{4+}$ 离子对。由于 $A^{2+}Mn^{4+}$ 所对应的能级和 Mn^{3+} 能级非常接近,将形成受主能级。当受主 $A^{2+}Mn^{4+}$ 受到激发时,它吸引附近 Mn^{3+} 的电子形成 $A^{2+}Mn^{3+}$,而将 Mn^{3+} 变成 Mn^{4+}。② 对于易变价过渡金属元素,这种可以变换持续下去,使得 Mn^{4+} 在整个晶格内的八面体间隙中迁移。在 NMO 尖晶石结构中,由于 Ni－O 四面体间的距离比 Mn－O 八面体间的距离略大,电子跃迁需要的激活能较大。因此,电子的转移主要依赖于八面体中的 Mn^{3+} 和 Mn^{4+} 之间跳跃,形成 $Mn^{4+} + Mn^{3+} \Longrightarrow Mn^{3+} + Mn^{4+}$ 跳跃方式——"跳跃式导电模型"。

具有尖晶石型结构的 NMO 热敏陶瓷以最佳灵敏度和热稳定性优点成为研究最为广泛的化合物,其结构基于氧立方密堆积结构形成的四面体(A 位)和八面体(B 位)位置构成,属于 Fd3 空间群。根据阳离子在四、八面体中的不同分布可以分为正尖晶石结构、反尖晶石结构、半反尖晶石结构。然而,在形成尖晶石结构时,由于离子半径、价电子构成、离子价键平衡、离子有序化以及体系温度等因素的影响,因此 A、B 位过渡金属阳离子在占据四、八面体位置受到很大的限制。金属阳离子发生替位交换这将引起电荷有序的变化,原子轨道间杂化方式的改变,电子跃迁势垒的变化,从而改变了材料的物理化学性质,例如:结构转变(立方相 → 四方相)、电学性能、热敏特性、热稳定性等。为此,许多研究者基于不同的烧结温度、表征方法(电学表征、热学性能以及老化性能表征)、制备方法(氧化物合成法、化学共沉淀法、自蔓燃法等) 提出了 NMO 不同的阳离子分布和价态分布模型,研究解释了 $NiMn_2O_4$ 的电传导机制和物化性质(电学、磁学、光学特性)。然而,对于不同的晶体学位置(四面体和八面体结构)的掺杂是一个关键的问题,它不仅影响材料的物理化学性能,而且影响材料的使用范围和应用领域。

目前,从 E. J. W. Verwey 首次采用跳跃电导机制阐述了 Fe_3O_4 的导电行为,这一工作成为人们理解尖晶石型 NMO 基材料导电机制的一个转折点。之后 Dorris 和 Mason 深入研究了 Mn_3O_4 材料在高温下的阳离子分布和价态分布。通过电学测试证实了电子转移的跳跃式导电模型,并且基于 Mn^{4+}/Mn^{3+} 之间电荷转化平衡关系解释了 $NiMn_2O_4$ 和 $CuMn_2O_4$ 的电学特性。当前,针对 NMO 尖晶石的研究主要集中在电学性能的研究。Verwey 等首次证明了 NMO 尖晶石的电阻率和 B 值均可通过化学掺杂来进行调节。合适的电阻率可以通过复合绝缘的 $MgCr_2O_4$、$MgAl_2O_4$ 及 Zn_2TiO_4 相而得到。在 Mn_3O_4 的结构中,按照通式 $Ni_{1-x}Mn_{2+x}O_4$ 八面体中的 Mn 被 Ni 取代,可以获得很有价值的电学特性。当 x 为 0.46 时实现了 n 型向 p 型半导体间的转化。Mason 和 Bowen 研究 $(1-x)Fe_3O_4 - xFeAl_2O_4$ 材料时,在 $x = 0.5$ 的配比下也观察到这种 $n-p$ 型转变。尽管 $Ni_{1-x}Mn_{2+x}O_4$ 基陶瓷材料具有稳定的电阻值和 B 值,但其变化范围过窄。目前,在实验研究中主要采用 Fe、Al、Zn、Mg、Cu、Li、Co、Zr 等常作为掺杂元素对 Ni—Mn—Cu、Ni—Mn—Cu—Co、Co—Mn—Cu、Fe—Ti、Ni—Li、Co—Li 以及 Cu—Mn 等材料体系的电学性质进行调整研究,研究近邻跳跃和变程跳跃的跳跃式导电模型,揭示不同的阴、阳离子掺杂对材料电学性能的影响。在理论研究上,针对 $NiMn_2O_4$ 的计算模拟研究还鲜见报道。因此,利用不同金属、非金属掺杂,是研究和证实 NMO 跳跃式导电机制以及设计新型镍锰基结构是 NTC 热敏材料的主要研究方向之一。

(二)钙钛矿 $BiFeO_3$ 的导电机理及其研究进展

近年来,具有钙钛矿结构的过渡金属氧化物由于良好的电学和磁学性能被广泛关注。1996 年,Macher 等针对尖晶石和钙钛矿材料作为 NTCR 在高温环境中的电学特性进行了一次关键的对比。结果表明,两种材料遵循相似的导电机理——"跳跃式导电"均依赖于八面体中电子的跳跃。而多铁材料 BFO,由于具有大的极化和弱铁磁性被作为自发的电子极化铁电材料,具有非常大的应用前景,如随机存取存储器、铁电隧道接口、巨型压电设备、光催化材料、铁电场效应晶体管等。BFO 的结构是由一系列共顶角的 Fe—O 氧八面体构成的钙钛矿结构,其中 Fe 原子位于氧八面体的中心,Bi 原子位于氧八面体之间。通过第一性原理计算表明:BFO 具有较高的磁电转变温度。因此,对 BFO 的研究成为多铁性材料研究领域的一个热点,使得 BFO 成为无铅铁电体的重要候选材料之一,吸引了众多科学家来探索多铁性材料的合成及其多铁性质物理机制的研究。但是目前为止 BFO 的研究却遇到很多的困难,可以归纳为以下几点:第一,由于 BFO 的合成及稳定存在的温度范围较窄,单相的 BFO 材料较难制备,合成的产物中常常伴有 $Bi_2Fe_4O_9$、$Bi_2Fe_5O_4$ 等杂相,从而影响其多铁性能。第二,由于 BFO 材料中往往存在氧空位或非化学计量比等电荷缺陷,导致样品的漏电流密度较大,在室温下难以观测到饱和的电滞回线,从而限制了材料铁电性能,严重地阻碍了其在磁电子器件中的应用。

目前,为了研究铁电材料 BFO 电磁性能,在实验上,许多研究者利用元素掺杂来改变材料物理化学性质。许多研究表明,对于强关联体系的钙钛矿型结构的 BFO 来说,A 位离子和 B 位离子的元素替代可以实现对其结构的调整,并最终达到改变性能的目的。其中,过渡族金属离子 B 位掺杂可以有效地改善其铁电性。到目前为止,B 位掺杂的元素主要有 Ti、Mn、Nb、Cr、Co、Zn、Ni、V 等过渡族金属离子。一方面,利用高价态的非磁性离子(Nb^{3+}、

V^{3+}、Ti^{4+})替代 Fe^{3+},通过改变 Fe^{2+} 的浓度减小 BFO 的漏电流密度,进而改善 BFO 的铁电性能。另一方面,采用磁性粒子(Co^{3+},Cr^{3+},Mn^{3+} 等)替代 Fe^{3+},通过替代 B 位 Fe^{3+} 可以强烈影响磁矩及其晶粒内部的磁结构,进而影响其磁性及磁电效应。随着研究的不断深入,研究者已经不再满足于材料的实验室合成成果,而更多的关注于 BFO 这类强关联体系的性能研究和合成机理性研究,这需要更多的借助于计算机模拟技术来开展。目前对铁电材料 BFO 电磁性能的理论研究主要集中于在宽温度区域内局域态和非局域态间电子相互作用。例如,S. M. Selbach 等报道了 BFO 的铁磁—反铁磁转变的实验特性(643 K),此类体系的强关联性难以采用常规实验法直观获得。在理论方面,2005 年,J. B. Neaton 等采用第一性原理计算了 BFO 的自发极化效应,揭示了 BFO 强关联性与微观电子自旋能级的关系。之后,Y. Wang、D. Kan 和 Z. Zhang 等课题组采用密度泛函理论、分子动力学等方法针对 BFO 的声子和热容量、B 位掺杂等电子级参数进行了定性的深入研究,引入了准确描述电子间强的库伦排斥力参数 U 和剪刀算符等特殊参数。其中,Wang 和 Kan 等通过计算表明:铁电畸变是由于 Bi 原子的位移,Bi—6p 态与 O—2p 态的共价作用选择性增强,从而引起铁电畸变。许多研究者利用密度泛函理论计算过渡金属掺杂 BFO 的电子结构表明:Co 掺杂能够破坏 BFO 原来的 G 型反铁磁有序,最终变为亚铁磁有序,进而明显地改善其磁性;La 掺杂稳定了氧八面体,减少了氧空位,有效增强绝缘性和铁电性;由于 Cr 和 Fe 离子间存在铁磁超交换相互作用,因此 Bi_2FeCrO_6 具有很大的磁电极化。至此,BFO 强关联体系的质变区域研究获得了较为合理的精度。然而,结构相变和对称性的理解温度对于晶体结构的影响一直是材料界难于精确定量的难题。为此采用密度泛函理论计算了介电常数和能带结构,数学方法——二维相关分析技术解析温度场引入的热积累效应,解释温度引起的能级小范围波动的定量化问题,揭示了 BFO 温度依赖的电子转移机制。

二、背景理论

随着对热敏材料的应用性能要求越来越高,研究热敏材料的空间尺度在不断减小,利用传统的实验研究方法对亚显微结构进行研究已经不能完全揭示材料性能的本质,如原子结构和电子结构等。因此,仅仅依靠实验研究已经不能满足科技发展对材料提出的新要求。随着理论计算方法的不断深入、计算机技术的日益发展,计算材料科学技术在材料研究领域已经成为重要组成部分,成为理论和实验研究相结合的桥梁。计算机模拟技术不仅为理论研究提供了新途径,而且为实验研究提供微观的理论机理解释。同时,结合相关的基本原理、理论,不仅可以在微观、介观尺度下对材料进行多层次理论研究,也可以在高温、高压等特殊环境下的研究特殊材料的性能以及在一定外界条件下研究其性能演变规律。从而为设计和改善材料的性能以及探索新型材料提供理论指导。

本节采用美国 Accelrys 公司研发的 Materials Studio(MS)材料模拟软件,采用电子层次的量子力学计算——基于密度泛函理论(Density Functional Theory,DFT)的第一性原理计算(First-principles calculations)。该理论在电子层次上,不仅考虑原子核与原子核、原子核与电子间的相互作用,而且考虑电子—电子的相互作用。研究体系涉及零维的量子点、一维的纳米管、二维的固体表面、三维的高温超导等多种体系。不仅对同一组分下不同结构的能量进行有效描述,而且对微观电子转移行为进行描述,如电子的跃迁、轨道杂化、电荷的转移、能带的移动等。

（一）基于密度泛函理论的第一性原理

量子力学作为研究微观粒子运动规律的物理学方法，利用薛定谔方程，通过计算粒子运动状态与粒子能量的关系——色散关系，从而揭示原子、分子等基本粒子以及凝聚态的微观结构和性质的基础理论。第一性原理就是基于量子力学的计算方法，将多粒子体系转化为由电子和原子核组成的多粒子系统，通过求解该多粒子系统的薛定谔方程组，从而获得体系的波函数和对应的本征能量，揭示微观系统的运动规律和宏观性质。基于密度泛函理论的第一性原理不再以电子波函数作为唯一变量，而是用电子密度描述体系能量的方法。在粒子数不变的条件下，利用密度函数将能量泛函变分就得到系统基态的能量，从而描述原子、分子和固体的基态物理性质。

1. Hartree － Fock 近似

为了简化多粒子体系的 Schrodinger 方程，Born 和 Oppenheimer 将原子核运动和电子运动分开考虑，提出了 Born － Oppenheimer 近似（绝热近似）。即考虑电子运动时可以认为原子核是在瞬时位置上是静止的，而在考虑核的运动时则不考虑电子在空间中的具体分布。

由原子物理学可以知道原子是由带正电的原子核和带负电的电子所组成，原子核与原子核之间，原子核与电子之间以及电子与电子之间，都存在着相互作用。如不考虑外场的作用，体系的哈密顿量应该包含所有粒子的动能和粒子间的相互作用能。因此，多粒子系统的哈密顿算符形式可写为

$$H = H_e + H_N + H_{e-N}$$

式中　H_e——包括电子的动能和电子间的库仑作用；

　　　H_N——包括原子核的动能和原子核之间的库仑作用；

　　　H_{e-N}——包括电子和原子核之间的相互作用。

在非相对论近似下，其定态 Schrodinger 方程的哈密顿量可具体写为

$$H = -\sum_i \frac{h^2}{2m}\Delta_i^2 + \frac{1}{8\pi\varepsilon_0}\sum_{i=j}\frac{e^2}{|r_i - r_j|} - \sum_n \frac{h^2}{2M}\Delta_n^2 +$$

$$\frac{1}{8\pi\varepsilon_0}\sum_{m\neq n}\frac{Z^2 e^2}{|R_m - R_n|} - \frac{1}{4\pi\varepsilon_0}\sum_{i,q}\frac{Ze^2}{|r_i - R_n|}$$

式中　R_m、R_n——原子核的位矢；

　　　r_i、r_j——电子的位矢；

　　　M, m——分别为原子核和电子的质量。

根据热力学理论，原子核只是在其平衡位置附近振动，而电子处于高速运动中，且是原子核的质量是电子质量的 1 038 倍。根据动量守恒定律可以知道，当核的位置发生变化时，电子能迅速调整运动状态及其分布达平衡状态。因此，核的动能项就变为零，而核与核之间的相互作用变成一常数项，则哈密顿量简化形式写为

$$H = -\sum_i \nabla_i^2 + \sum_i V(r_j) + \frac{1}{2}\sum_{i\neq j}\frac{1}{|r_i - r_j|}$$

2. Kohn － Sham 方程

密度泛函理论就是用粒子密度函数来描述体系基态物理性质。多粒子体系经过 Born － Oppenheimer 近似，体系的 Schrodinger 方程简化了很多，但是要想严格求解该方程，需要对电子间的库仑相互作用做进一步研究。为此，Hohenberg 和 Kohn 用电子密度表

示体系能量的方法,用粒子密度函数描述原子、分子和固体的基态物理性质。在粒子数不变的条件下能量泛函对密度函数的变分就得到系统基态的能量。

Kohn－Sham 采用无相互作用电子系统的动能代替有相互作用电子系统的动能,而将有相互作用粒子的全部复杂性归入交换关联相互作用泛函 $E_{ex}[\rho(r)]$ 中去,从而导出单电子方程,提出了 Khon－Sham(KS) 方程:

$$\{-\nabla^2 + V_{eff}[\rho(r)]\}\phi_i(r) = E_i\phi_i(r)$$

在求解 KS 方程中主要有以下步骤:

$$KS 方程 \rightarrow V_{eff} \rightarrow V_{xc}[\rho(r)] \rightarrow E_{ex}[\rho(r)] \rightarrow \rho(r) \rightarrow \phi_i(r) \rightarrow KS 方程$$

这是一个循环求解的过程,被称为自洽场(Self-consistent Field,SCF)方法。在 SCF 的实际计算中,将多电子系统分割成一定数量的网格,在每个网格点上初始化一组无相互作用电子系统的电子数密度 $\rho_0(r)$,然后求解 KS 方程;利用计算得到的本征值和本征波函数导出新的电子数密度 $\rho(r)$ 和总能量 E,然后将新的电子数密度 $\rho(r)$ 部分叠加到初始值上,重新计算 KS 方程。这样不断地循环迭代,直到电子数密度和总能量的变化值小于所设置的精度值,计算才会收敛,采用最终的电子数密度和能量推导出系统的基态以及所有的基态性质。

3. 交换关联相互作用

为求解 Kohn－Sham 方程,还需给出交换－关联能 $E_{xc}[\rho(r)]$ 的具体形式,但是交换－关联能中包含了多体效应。一般把交换－关联能分为交换能和关联能两部分:交换作用是考虑到费米子的特性;关联作用是考虑不同自旋取向电子间的相互作用。交换－关联能的精确程度,决定了 Kohn－Sham 计算的精确度,为此人们对交换－关联能的密度泛函形式采用一些近似方法,主要有局域密度近似、广义梯度近似并以及 DFT＋U 等。

(1)局域密度近似泛函。

局域密度近似(Local Density Approximation,LDA)是 Kohn 和 Sham 提出的一种最简单有效的近似。它的物理含义是:把体系分成很多无限小的区域,电子在每个小区域内的分布可以看作是近似均匀的,某点的交换关联能只与此处附近的电荷密度有关。

(2)广义梯度近似泛函。

由于 LDA 是建立在理想的均匀电子气模型的基础上,而实际原子和分子的电荷密度并非均匀。研究者在交换相关能泛函中引入电子密度的梯度来完成,提出了广义梯度近似(Generalized Gradient Approximation,GGA),即假定交换关联能不仅与局域电荷密度有关,而且还与附近区域内的电荷密度有关。

(3)LDA＋U 或 GGA＋U。

然而采用 LDA 和 GGA 方法研究一些强关联体系的性质时,还是会遇到严重问题,尤其是不能成功地应用到 Mott 绝缘体体系(如一些 3d 族过渡金属氧化物)。为此,Hubbard 通过一个 Hubbard 参数 U 来描述这种库仑排斥作用,从而提出了 DFT＋U 的近似。DFT＋U 的核心思路是:针对局域的 d 或 f 电子,它们之间的库仑相互作用采用 Hubbard 模型。

在计算当中,由于考虑到强关联电子体系 $NiMn_2O_4$ 和 $BiFeO_3$ 以及尖晶石－钙钛矿复合体系中 d 轨道间强相互作用,在自洽场计算中采用 GGA－PBE 的泛函形式描述交换－关联能的密度泛,采用 GGA＋U 的方法描述了静态局域电子间的库仑排斥相互作用。模拟了 $NiMn_2O_4$ 和 $BiFeO_3$ 以及尖晶石－钙钛矿复合体系的复介电常数和能带结构,解释晶体内原子间相互作用和电子转移。

（二）基础理论简介

1. 价键理论

由原子物理学可以知道,在晶体中相邻的原子和离子间存在着强烈的相互作用,该作用被称为化学键(chemical bond),对这种相互作用进行解释的理论则为价键理论。这种理论随着量子力学的不断丰富发展,成为今天的配位场理论。它是将分子轨道理论和晶体场理论有效融合,成功地解释了配合物中化学键的本质以及化合物的物理性质。

由晶体场理论的基本观点可以知道,过渡离子的$(n-1)d$、ns和np能级接近,可以形成杂化轨道。由此产生的晶体场可能导致中心离子的 d 轨道分裂,形成能量和较低的轨道,但其总能量不变。原子间不同空间构型形成了不同晶体场,从而导致 d 轨道的分离情况不同,常见的晶体场有四面体场(Td 场)、八面体场(Oh 场)和正方形场。在 Td 场、Oh 场以及正方形体场中,d 轨道将进一步分离。

由原子物理学可以知道,原子间的静电相互作用主要是由化学键来评估的。不同 3d 电子的空间分布会组成不同的成键、反键轨道。原子轨道相互作用要符合对称性匹配、能量相近、最大重叠的原则,它们将会组成 σ 和 π 型分子轨道。两个不同能级的原子轨道组成分子轨道时,低能级原子轨道(配体)主要占据成键分子轨道,主要体现配体的电子性质;高能级原子轨道(中央离子)主要占据反键分子轨道,主要体现中央离子的电子性质。

电子在分子轨道中的排布情况决定着材料的轨道相互作用的微观变化和电磁特性的宏观变化。它的排布主要取决于分裂能和成对能。其中,分裂能为 d 轨道分裂形成的低能级与高能级间的能量差;成对能指迫使分占两个轨道且自旋平行的电子同时占据同一轨道所需要的能量。晶体场的强弱决定了分裂能的大小,从而确定配合物呈现的自旋态。在化合物中,分离能是由配体的 π 轨道在分子轨道中的不同分布促使中央离子的 t_{2g} 轨道能级发生变化引起。若配体的 π 轨道占据低能分子轨道,$π^*$ 分子轨道中所含中央金属离子的 t_{2g} 成分较多促使分裂能降低,形成弱场配体。若配体的 π 轨道据高能能分子轨道,$π^*$ 分子轨道中所含配体的轨道成分较多,π 分子轨道主要是由中央金属电子占据,促使分裂能升高形成强场配体。不同的配体场决定配体和中央离了的电子在分子轨道中的分布情况,进而决定原子间不同轨道杂化方式和电子转移过程。因此,将晶体场理论与分子轨道理论进行结合的理论称为配位场理论。该理论的重点是,应用杂化轨道理论具体分析原子间的成键规律,解释电子的转移机制,探索材料的物化性质。

2. 二维相关分析方法

二维相关分析技术作为一种数学分析方法首先是在核磁共振(NMR)领域发展起来的,它的主要思想就是将两个相互独立的光学信号定义二维光谱的直角坐标平面上,将其的光谱信号扩张到二维以上,从而提高光谱的分辨率。利用相互重叠的光谱信号,通过选择相关的光谱信号研究和处理分子间和分子内的微观相互作用。二维相关分析技术不仅可以提高光谱分辨率,分析谱线之间的相关性,研究分子间或分子内的相互作用,而且还可以检测光谱强度的变化次序和区域内吸收峰之间的关联性,研究分子间或分子内的相互作用过程。同步谱和异步谱的具体性质如下。同步谱是关于主对角线对称的:其中,光谱自身相关而得到的自动峰是关于主对角线对称的,它代表吸收峰带对一定微扰的敏感程度。交叉相关峰是位于非主对角线上的,它是由两个相对独立的光谱信号彼此相关或反相关时产生的。它代表分子内或分子间存在相互作用,反映了两个相应频率的光谱强度变化的相似性。若两个波数对应的光谱信号的强度变化方向一致,则交叉峰为正;若强度变化方向不一致,则交叉峰为负。因此,交叉峰可以用来衡量在子内或分子间是否存在相互作用。由异步相关图可以知道异步谱是关于主对角线反对称的。在异步谱只有交叉峰,说明分子内或分子间没有强的化学作用,只有相应光谱强度以不同速率变化时,才会出现峰。如果两个光谱吸收带位置靠得很近或者发生重叠,且对共同的微扰表现不同的响应,则会出现交叉峰。

通常结合异步交叉峰对应位置处的同步谱来分辨分子－分子和分子内官能团的变化的次序,进而研究解释分子－分子和分子内官能团间相互作用的机制。

因此,根据以上特点,将不同温度、不同掺杂比例等外界条件下能态密度作为两个相互独立的光谱信号,通过分析能态密度相互重叠的区域来分析和研究分子间和分子内的相互作用,从而得到相互作用随外界条件改变的变化趋势,进而研究物质中原子间的相互作用过程。本节利用量子化学的方法,在不同温度、不同掺杂比例等外界条件下模拟计算晶体内原子的局域态密度。量子化学轨道和强度和变化范围与二维相关分析技术中的同步谱和异步谱有密切联系。

对于处理外界环境对能态密度微观变化的影响主要有以下四个步骤:

首先,通过分析能态密度的变化,在态密度变化明显的能量范围内,将体系中原子的局域态密度(PDOS)进行划分。

其次,利用 MATLAB 软件,对不同能量范围内原子的局域态密度(PDOS)数据进行同步化处理,分析同步谱的自相关峰、交叉峰,即得到态密度对外界条件的敏感程度以及相互作用的变化趋势。

再次,对同步谱进一步进行异步化处理,分析异步谱的交叉峰,得到态密度相对于外界条件变化的快慢程度,进而得到外界条件对电子响应速率的影响。

最后,不同的能量范围内,分析对应的同步谱和异步谱,即可得到晶体内电子态密度随外界条件变化的微观变化。

三、掺杂对锰基尖晶石 NTC 热敏材料导电机制的影响

(一)$NiMn_2O_4$ 的导电机制

NMO 具有立方尖晶石结构,是由四面体和八面体间隙构成。根据阳离子在四面体和八面体位置中不同的占位,可以分为正尖晶石结构、反尖晶石结构、混合尖晶石结构。其化学式可以写成

$$[Ni_{(1-x)}Mn_x]_{Tet}[Ni_xMn_{(2-x)}]_{oct}O_4$$

当 $x=0$ 时,为理想正尖晶石结构,Ni^{2+} 和 Mn^{3+} 分别占据四面体和八面体位置;$x=1$ 时,为反尖晶石结构,Ni^{2+} 完全占据八面体位置,部分 Mn^{3+} 占据四面体位置;$0<x<1$ 时,为混合尖晶石结构,Ni^{2+} 和 Mn^{3+} 同时分别占据四面体和八面体位置。电子转移主要依赖于八面体中 Mn^{3+}/Mn^{4+} 间电子的跳跃,因此主要解释与证实 NMO 尖晶石的"跳跃式"导电模型。

1. 计算模型与计算方法

本节采用的正尖晶石结构,是由氧原子面心立方密堆积而成,具有立方对称性,空间群

为 Fd－3m 群(No.227)。NMO 晶胞中包含 8 个 Ni 原子占据四面体位置(A 位),16 个 Mn 原子占据八面体位置(B 位)以及 32 个氧原子。

采用基于密度泛函理论的第一性原理的计算软件 MS(Material Studio)中的 CASTEP 软件包进行计算。首先,在温度范围为 50 ～ 1 500 K 条件下,采用基于 COMPASS 力场和分子动力学方法,对 NMO 的晶体结构进行弛豫与优化。其中,短程的范德瓦耳斯力和长程的静电相互作采用原子级的 Ewald ＋ Group 模拟;温度和压力分别用 Nose － Hoover thermostat 和 Berendsen － Barostat 方法模拟。其次,采用密度泛函理论,利用广义梯度近似和缀加平面波法计算 NMO 的电子结构。在考虑强关联体系中的高度局域化 d 轨道作用的前提下,采用了超软赝势和 GGA＋U 方法计算 3d 轨道能级结构,所有结构都考虑了自旋极化。其中,Monkhorst － Pack k － point 的布里渊区为 $7×7×7$,采用 GGA 近似下的 PBE 泛函(Predew － Burke － Ernzerhof functional)描述电子间的交换关联函数,超软赝势描述离子实与价电子之间的相互作用。自洽场运算中采用 Pulay 密度混合法,平面波截止能为 300 eV,收敛精度为 $2×10^{-6}$ eV/atom。

通过密度泛函理论,采用 56 个原子的晶胞模型,计算了正尖晶石 NMO 的晶格参数(晶格常数、键长、键角)、电子结构。计算结构参数与实验报道的结果符合较好,误差范围在 0.5％ ～1.0％ 之间。

2.结果与讨论

在具有尖晶石结构的材料中,材料的导电性取决于极化子在能级间跳跃方式和载流子浓度。对于 NMO 电子转移机制主要依赖于八面体中 Mn^{3+}/Mn^{4+} 之间电子的转移。由晶体场理论可以知道,在正尖晶石 NMO 中的八面体结构(MnO_6)中,Mn－3d 轨道与 O－2p 轨道直接重叠,Mn－O 发生 d2sp3 轨道杂化形成氧八面体晶体场,使得简并 Mn－3d 轨道分裂形成能量较高的三重简并轨道和能量较低的二重简并轨道。在四面体结构(NiO_4)中,Ni－3d 轨道和 O－2p 轨道发生 sp3 杂化形成氧四面体晶体场,使得简并的 Ni－3d 分裂成三重简并轨道和二重简并轨道,但是在四面体中由于 d 轨道没有直接指向配体 O－2p 轨道,导致形成的二重简并能量较高和三重简并能量较低轨道。为了定性描述八面体间隙内 Mn^{3+}/Mn^{4+} 间电子转移机制,计算了复介电函数,如图 5－1 所示。由复介电常数虚部表明,Mn－3d 轨道自旋极化产生两个不同的峰。左侧的峰取决于八面体间隙内 O－2p 轨道和未被占据的 Mn－3d 轨道间电子转移。右侧的峰对应于导带内 O－2p 和 Ni－3d 和 Mn－3d 轨道间芯电子跃迁。随着温度的升高,八面体结构中的 Mn－O 之间的电子相互作用逐步增强,使得二重简并向低能方向移动。因此,由复介电常数表明电子的转移主要依赖于八面体 Mn－O 之间。

为深入定性解析的晶体中能级简并方式,计算 NMO 中原子的局域态密度(PDOS)描述静态轨道的波动。如图 5－2 所示,分别计算 Ni、Mn、O 原子的 PDOS,主要涉及的孤立原子的电子结构为 $Ni－3s^2 3p^6 3d^8 4s^2$、$Mn－3s^2 3p^6 3d^5 4s^2$、$O－2s^2 2p^4$。Ni－s 和 Ni－p 轨道对能态密度的贡献较小,主要是由 Ni－3d 轨道贡献;由 Ni－PDOS 可以知道,Mn－s 和 Mn－p 轨道对能态密度的贡献较小,主要是由 Mn－3d 轨道贡献;由 O－PDOS 可以知道,O－s 轨道对能态密度的贡献较小,主要是由 O－2p 轨道贡献。由此可以知道部分电子占据的 O－s 轨道和 Mn－s/p,Ni－s/p 轨道局域在原子的内层无法形成杂化轨道,对费米面附近的能态密度贡献很小,这里不做考虑。轨道间杂化主要考虑 $Ni－3d^8$、$Mn－3d^5$ 和 O－

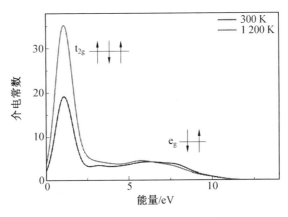

图 5-1　NMO 负介电常数虚部

$2p^4$ 轨道间相互作用。在价带顶部($-10 \sim 0$ eV)主要是由 Ni$-3d^8$、Mn$-3d^5$ 和 O$-2p^4$ 轨道组成;在导带底部($0 \sim 5$ eV)主要是由 Mn$-3d^5$ 轨道、O$-2p^4$ 轨道以及少量的 Ni$-3d^8$ 轨道组成。在靠近费米面上能态密度几乎为0,这表明在 NMO 中的电子是高度局域化,电子波函数被限制在很窄的范围内,电子只能在极化子中跳跃。

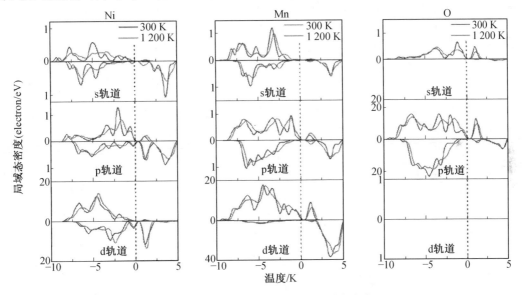

图 5-2　NMO 中各原子轨道的局域态密度

针对温度对轨道杂化作用的影响,通过二维相关分析技术进行定量的分析温度依赖的 PDOS 描述静态轨道的波动,进而解释热积累诱导电子相互作用和轨道杂化的定量变化。如图 5-3 所示为 NMO 晶格常数随温度的变化趋势,将温度分成不同的杂化区域 50 ~ 700 K 和 750 ~ 1 500 K。

由洪特定则可以知道,Ni$-$d 和 Mn$-$d 轨道远离原子核的束缚,很容易和 O$-$p 轨道重叠杂化,很容易将未配对的 O-2p 电子提供给四面体间隙中的 Ni-3d 和八面体间隙中的 Mn-3d 的空轨道。由于 Mn$-$O 间强自旋耦合作用,Mn$-3d^5$ 劈裂成角动量为 $j=7/2$ 的 $d^{7/2}$ 态和 $j=5/2$ 的 $d^{5/2}$ 态,其中只有 $d^{7/2}$ 态被 6 个 d 电子完全占据。由图 5-4 可以知道,随着温度的升高,热积累加速八面体晶体场劈裂导致 Mn$-d^{5/2}$ 态进一步劈裂,这一现象反映在导带中 Mn-3d 轨道的自旋向下的极化峰强度降低($29.1 \rightarrow 26.2$ electron $\cdot$ eV^{-1}),带

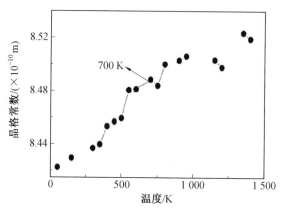

图 5-3　NMO 晶格常数随温度变化

宽增大(2.9 → 3.2 eV)。同时由于温度升高，导带底部 $Mn-d^{5/2}$ 态随着模拟强度的降低 (39.2 → 36.8 electron·eV^{-1})向高能方向移动。由此 $Mn-d^{5/2}$ 态在导带内积累施主能级，诱导 $O-2p$ 轨道劈裂形成氧空位缺陷，积累形成许多有效空穴(23.9 ∼ 87.9)×(10^{-31})kg)。此外，在导带底 $Ni-3d$ 自旋向下轨道能带随着态密度峰强的增大(11.8 → 14.1 electron·eV^{-1})向高能方向移动，由此形成的长程 $Ni-3d-O-2pd-p$ 杂化轨道，也是氧空位形成的一个原因。随着温度升高氧空位在价带内提供许多受主电子能级，诱导八面体内 Mr^{3+} 电荷歧化(Mr^{3+} → $Mr^{4+}-Mr^{3+}$)。

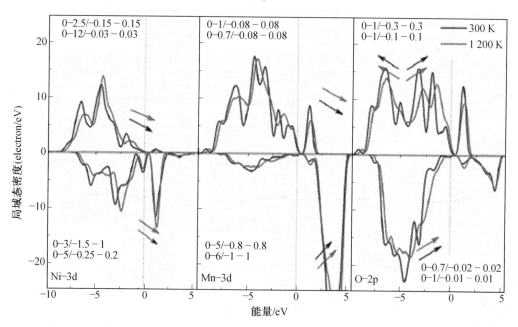

图 5-4　NMO 局域态密度随温度的变化趋势

同时根据价键理论，电子转移机制取决于 $d-p$ 轨道杂化形成的 σ 型和 π 型反键轨道方式。随着温度升高，$Ni-3d$、$Mn-3d$ 轨道在费米面附近存在明显极化，导致 $Mn-d^{5/2}$ 态和 $O-2p$ 轨道劈裂，增强 $Mn-O\ d-p$ 轨道杂化作用。$O-2p_y$ 占据 $Mn-3d^{5/2}$ 态，形成的 σ 型和 π 型反键轨道。由以 $Mn-3d-O-2p\ d-p\sigma$ 型反键轨道(2 → 5 eV)提供许多施主电子能级，产生许多有效电子。促使未配对的 $O-2p^4$ 电子向空的 $Mn-3d^5$ 轨道转移，湮灭部分阳离子空穴，进而形成 Mn^{3+}。由此形成了 Mn^{3+} → Mn^{4+} → Mn^{3+} 电子传递网络。因此,热积累刺激 $O-2p^4$ 轨道劈裂,增强 Mn—O d—p 轨道杂化作用,促使八面体(MnO_6)中电子从高占据 $O-2p^4$ 轨道向低占据的 $Mn-3d^3$ 轨道转移。

由电荷布局分析可以知道,当有效化合价值为 O 时为理想的离子键,当值大于 O 时表明为共价键。如图 5—5 所示,随着温度的升高 Mn 原子电荷持续下降,而 O 原子电荷持续升高。由此表明,Mn—O 共价键作用比 Ni—O 共价键作用强,产生的极化子 Mn^{4+}/Mn^{3+} 的浓度随温度的升高而增大,导致 NMO 热敏材料出现 NTC 特性。因此,NMO 导电性能主要是由在 MnO_6 极化子中的 $Mn^{3+} \rightarrow Mn^{4+}$ 之间电子的跳跃。

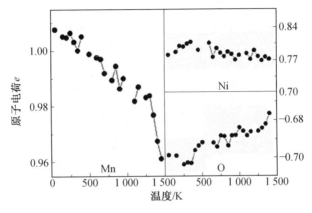

图 5—5　原子表面电荷布局分析

3. 小结

基于密度泛函理论第一性原理和广义梯度近似(GGA 和 GGA＋U)的方法以及二维相关分析分析技术计算分析了 NMO 电子转移机制,研究结论归纳如下:

(1)在 NMO 中,轨道间的轨道杂化作用主要发生在 $Ni-3d^8$、$Mn-3d^5$ 和 $O-2p^4$ 轨道间。导带主要是由 $Mn-3d^5$、$O-2p^4$ 轨道构成,价带主要是由 $Ni-3d^8$、$Mn-3d^5$ 和 $O-2p^4$ 轨道构成。

(2)随着温度升高,由于晶体场作用促使 Mn—3d 轨道劈裂形成 $Mn-3d^{5/2}$ 和 $Mn-3d^{7/2}$,诱导 O—2p 轨道劈裂,增强 Mn—3d—O—2p d—pσ 型反键轨道。

(3)在 NMO 中,共价杂化作用主要发生在 MnO_6 八面体中,电子转移主要依赖于 $Mn-3d^5-O-2p^4$ 轨道间电子转移。

(二)B 位取代对 NMO 的导电机制

立方尖晶石结构 NMO 的电子转移机制主要依赖于位于八面体中 Mn^{3+}/Mn^{4+} 间电子的跳跃——"跳跃式"导电模型。最近研究报道,过渡金属替代 Mn 不仅改变极化子 Mn^{3+}/Mn^{4+} 浓度,而且改变电子跃迁活化能。然而,大多数研究主要集中于 3d 过渡金属掺杂对 NMO 电磁性能的影响,但很少有研究报道 4d/5d 过渡金属取代对尖晶石 NMO 电子转移机制的影响。其中,钒(V—3d)取代八面体中的 Mn,不仅促进 Mn^{3+} 的电荷歧化 $Mn^{3+} \rightarrow Mn^{3+}-Mn^{3+}$,修饰了电子传递网络 $Mn^{3+}-O^2-Mn^{3+}$,而且创造了阳离子空位,改变了八面体中的交换相互作用,由此影响 NMO 的电子转移机制。作为同一主族的 4d/5d 过渡金属元素 Nb 和 Ta 掺杂 NTC 热敏材料,通过降低氧空位浓度和原子间相互作用来改变温度依赖的电子转移机制。因此,采用 Nb—4d/Ta—5d 掺杂 NMO 来研究,4d/5d 壳层轨道对电子转移机制的影响。

1. 计算模型与计算方法

为了简化模拟条件,研究 4d/5d 轨道对 NMO 电子转移机制的影响,采用正尖晶石结构,其中 Ni^{2+} 占据四面体和 Mn^{3+} 占据八面体,如图 5—6 中所示 NiV_2O_4、$NiNb_2O_4$、$NiTa_2O_4$ 的结构,将八面体中的 Mn 分别用 V、Nb、Ta 取代。首先,在宽温度范围内(50 ～ 1 500 K),借助于 CASTEP 软件包在 NPT 系中采用 500 ps 的分子动力学(MD)和 COMPASS 力场弛豫和优化 NiV_2O_4、$NiNb_2O_4$、$NiTa_2O_4$ 的晶体结构。短程范德瓦耳斯力和长程静电相互作用是用原子级的 Ewald ＋ Group 模拟的;系统的温度和压力分别是由 Nose-hoover thermostat 和 Berendsen-barostat 方法控制的。其次,采用基于 GGA 和 PAW 方法下的密度泛函理论计算了 VMn_2O_4、$NbMn_2O_4$、$TaMn_2O_4$ 的复介电常数和自旋极化能态密度。超软赝势和 GGA＋U 方法主要用于计算强关联体系中的高度局域化($V-3d^3$、$Nb-4d^3$、$Ta5d^3$、$Mn-3d^5$)轨道的能级结构。在动力学优化和能带结构计算中具体参数设定与 $NiMn_2O_4$ 一致。

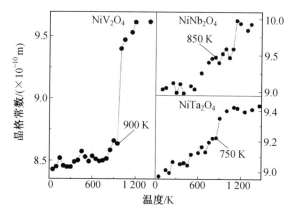

图 5—6　V、Nb 和 Ta 八面体取代随温度变化的晶格常数

2. 结果与讨论

通过与 V、Nb、Ta 在 A 位取代 NMO 的最终能量相比,V、Nb、Ta 占据 B 位的能量较小,这一结果表明 V、Nb、Ta 都易占据 NMO 的 B 位,主要是由于八面体间隙相对四面体间隙较大,见表 5—1。

表 5—1　V、Nb、Ta 取代 NMO 的最终能量　　　　　　　　　　　　　　　　eV

	V	Nb	Ta
A—substitute	−40 225.3 ～−40 195.4	−36 838.4 ～−36 817.4	−25 517.5 ～−25 488.9
B—substitute	−56 422.1 ～−56 420.4	−49 616.5 ～−49 589.9	−27 005.1 ～−26 987.3

为进一步研究 V、Nb、Ta 在 B 位取代 NMO 的原子相互作用,计算了 NiV_2O_4、$NiNb_2O_4$、$NiTa_2O_4$ 的复介电常数和自旋极化能态密度。随温度变化的晶格常数,将温度划分为不同的轨道杂化区域(NiV_2O_4,50 ～ 900 K 和 950 ～ 1 500 K;$NiNb_2O_4$,50 ～ 850 K 和 900 ～ 1 500 K;$NiTa_2O_4$,5 ～ 750 K 和 800 ～ 1 500 K)。由原子分波态密度可以知道,Ni/V/Nb/Ta—s、Ni/V/Nb/Ta—p 和 O—s 轨道对能级态密度的贡献很小,这部分轨道都局域在原子的内部,不能与其他原子轨道发生轨道相互作用。在导带底部(0 ～ 5 eV)主要是由 $V-3d^3$/$Nb-4d^3$/$Ta-5d^3$ 和 $O-2^4$ 轨道以及少量的 $Ni-3d^8$ 轨道组成;价带顶部(−9 ～ 0 eV)主要是由 $V3d^3$/$Nb-4d^3$/$Ta-5d^3$(和 $Ni-3d^5$)和 $O-2^4$ 轨道组成。因此

轨道杂化作用主要发生在 V3d^3/Nb$-$4d^3/Ta$-$5d^3、Ni$-$3d^8 和 O$-$2^4 轨道之间。

由于晶体场作用,因此 d 轨道发生明显的自旋极化,产生两个不同的峰。左侧的峰取决于八面体间隙内 O$-$2p 轨道和未被占据的 V/Nb/Ta$-$d 轨道间电子转移;右侧的峰对应于导带内 O$-$2p、V/Nb/Ta$-$d 和 Ni$-$3^d 轨道间芯电子跃迁。相比于 NiMn$_2$O$_4$ 中 Mn$-$3d^5 轨道,在导带中 V/Nb/Ta$-$d 轨道能带密度的能带宽度明显增大,其 d 轨道极化程度明显减弱;价带中的 V/Nb/Ta$-$d 轨道均靠近费米面,同时相比于 NMO 中 Ni$-$3d^8 轨道,导带中内 Ni$-$3d 轨道极化程度明显减弱,由此极大的影响 V/Nb/Ta$-$d 轨道与 O$-$2p 轨道的共价杂化作用。因此,局域态密度表明共价杂化主要发生在八面体内的 Mn$-$O 轨道和四面体中 Ni$-$O 轨道间。V/Nb/Ta 取代四面体 Mn 不仅改变八面体内的共价杂化,而且改变四面体内 Ni$-$O 轨道间共价杂化强度。其轨道间电子$-$电子相互作用是由复介电常数衡量的,由 NiV$_2$O$_4$、NiNb$_2$O$_4$、NiTa$_2$O$_4$ 的介电常数虚部表明,由于晶体场劈裂,因此 d 轨道自旋极化展现了两个不同的状态,其中一个是处于 1.9 eV(NiV$_2$O$_4$)/1.1 eV(NiNb$_2$O$_4$)/1.7 eV(NiTa$_2$O$_4$) 的 t$_{2g}$ 轨道,它表示的轨道是从 O$-$2p^4 到未被占据的 Nb$-$3d^3、Ta$-$4d^3 的电子转移轨道;另一个是处于 6.1 eV(NiV$_2$O$_4$)/6.6 eV(NiNb$_2$O$_4$)/6.8 eV(NiTa$_2$O$_4$) 的 e$_g$ 轨道,它表示的轨道是在导带内从 O$-$2p^4 到 Ni$-$3d^8、Nb$-$3d^3/Ta$-$4d^3 的电子转移轨道。温度对轨道杂化作用的影响以及电子间相互作用将通过下面的二维相关分析技术进行进一步分析。

(1)V 取代 NMO 对电子转移的影响。

为了进一步解释 NiV$_2$O$_4$、NiNb$_2$O$_4$、NiTa$_2$O$_4$ 的电子转移机制,利用二维相关分析技术处理了静态自旋轨道的波动。由晶体场理论表明,由于强自旋轨道耦合,d 轨道劈裂成 d$^{7/2}$ 和 d$^{5/2}$ 两个状态,其角动量分别为 $j=5/2$ 和 $j=7/2$。随着温度升高,只有 d$^{7/2}$ 的状态完全由自旋磁矩为零的六个 d 电子占据。在 NiV$_2$O$_4$ 中,导带内(0 ～ 5 eV)V$-$3d^3 态的 PDOS 发生明显变化。V $-$ 3d 自旋向上的能态密度峰不仅峰值强度增大(9.2 → 12.8 electron·eV^{-1})而且能带宽度随之而扩张(1.0 ～ 2.0 eV)。V$-$3d 自旋向下的能态密度峰高随着能带宽度的扩张(2.0 ～ 3.0 eV)而降低(26.2 → 9.8 electron·eV^{-1})。随着温度的升高,能带向高能方向移动。由此增强了 V$-$O 间 p$-$dσ 型和 π 型轨道杂化,为电子转移提供许多电子施主能级,促进八面体内 V$-$O 电子的传递。同时,在 V$-$3d 波函数与其邻近的波函数相互重叠,这使得自旋向下的 O$-$2p 轨道在($-$3.2 eV)劈裂形成氧空位缺陷,导致 V$-$O d$-$p 轨道杂化也相对移动,从而形成了 V$-$3d 为主的 σ 型反键轨道和以 O$-$2p 为主的 π 型成键轨道。此外,导带中(0 ～ 2.0 eV)Ni$-$3d 态密度峰急剧减小(11.0 → 0 electron·eV^{-1}),使得四面体中 Ni$-$O p$-$d 轨道杂化减弱,降低了 O$-$2p 电子向空的 Ni$-$3d 轨道的转移。电子的转移由原来 NMO 的 Mn$-$O d$-$p(Ni$-$O d$-$p)轨道转化到 V$-$O d$-$p 轨道间电子转移。因此,在 NiV$_2$O$_4$ 中电子的转移主要依赖于八面体中 VO 间电子的转移。

根据价键理论可以知道,V$-$3d$-$O$-$2p 间 σ* 和反轴对称的 π* 反键轨道可以决定自旋$-$轨道耦合作用和电子转移特性。随着温度升高,V$-$3d$-$O$-$2p d$-$p 轨道杂化增强,促使得电子$-$电子相互作用由原有的 d$-$p σ 型(Mn$-$3d$-$O$-$2p)反键轨道转变为 d$-$pσ 和 π 型(V$-$3d$-$O$-$2p)反键轨道。诱导未配对的 O$-$2p 电子向空的 V$-$3d 轨道转移。这是由于 p$-$d 杂化轨道在导带内提供了许多电子能级,诱导八面体中的价电子转移。由原子电荷的 Mullken 分析可以知道八面体中 V$-$O 间共价键作用强于四面体中 Ni$-$O 间共价键作用。当温度升高到 700 K 以上,原子表面电荷趋于稳定值,特别的对于 V 原子电荷(0.87 → 0.97 − 1.10 eV)。V—O 八面体发生强烈 J—T 畸变(John—Teller 效应)使得高能电子—电子相互作用(V−$3d^3$−O−$2p^4$,t_{2g})峰值增强(19.8 → 37.6 eV)。这是由于 V 取代 NMO 后,改变八面体和四面体中金属阳离子和氧原子之间的超交换作用,进而改变 V—O 的键长与晶体结构的对称性。

(2)Nb/Ta 取代 NMO 对电子转移的影响。

由晶体场理论,Nb−4d/Ta−5d 相对于 V−3d 轨道具有较宽的能带,更容易受到八面体晶体场的影响,具有较大的晶体场劈裂。随着温度升高,由于晶体场作用促使八面体中 Nb−4d/Ta−5d 轨道劈裂形成三重简并的 t_{2g} 轨道和二重简并的 e_g 轨道。由 Nb/Ta 的局域态密度可以知道,在导带中(0 ~ 6 eV),自旋向下的 Nb/Ta−d 轨道相比于 NMO 中 Mn−3d 轨道,不仅态密度峰急剧降低($NiNb_2O_4$,36.8 ~ 9.8 electron·eV^{-1}、$NiNb_2O_4$,36.8 ~ 9.4 electron·eV^{-1}),而且能带向费米面移动,自旋向上的 Nb/Ta−d 轨道能态密度向高能方向移动。这是由于较宽的 Nb−4d/Ta−5d 能带极易与 O−2p 轨道重叠,因此弱化了 Nb−4d/Ta−5d−O−2p 间的轨道耦合作用,减小了 Nb−4d/Ta−5d 的交换劈裂作用。由此使得电子—电子相互作用由原有的 d−pσ 型(Mn−3d−O−2p)反键轨道转变为 d−pσ 和 π 型(Nb−4d/Ta−5d−O−2p)反键轨道。诱导未配对的 O−2p 电子向空的 Nb−4d/Ta−5d 轨道转移。这是由于 p−d 杂化轨道在导带内提供了许多电子能级,诱导八面体中的价电子转移。同时由于热积累促使 Nb−4d/Ta−5d 轨道劈裂,因此 O−2p 自旋轨道劈裂,其局域态密度的峰值随着能带宽度的增大而减小($NiNb_2O_4$,19.8 ~ 18.4 electron·eV^{-1};$NiNb_2O_4$,20.2 ~ 18.8 electron·eV^{-1}),这一结论反映在 O−$2p^4$ 态密度的积分强度保持在一个恒定值。根据缺陷化学理论可以知道,Nb−4d/Ta−5d−O−2p 杂化促使 O−2p 轨道劈裂产生了氧空位缺陷。随着温度的升高,氧空位不仅提供和积累许多有效空穴,湮灭部分的有效电子,而且为电子提供施主能级促使八面体中电子的转移。在四面体中,导带内(0 ~ 3 eV)Ni−3d 自旋向下的轨道相比于 NMO 中 Ni−3d 轨道明显减弱($NiNb_2O_4$,11.8 ~ 4.7 electron·eV^{-1};$NiTa_2O_4$,11.8 ~ 4.8 electron·eV^{-1}),但能带宽度增大(1 → 3 eV)。

这是由于热增强促使 Ni−O 四面体中内交换相互作用增大,其交换劈裂就减小,减弱了 d−pπ 型(Ni−O)反键轨道。相反,在价带中(−5 ~ 0 eV)Ni−3d 自旋向下的轨道增强($NiNb_2O_4$,9.6 ~ 16.7 electron·eV^{-1};$NiTa_2O_4$,11.8 ~ 16.8 electron·eV^{-1}),由此形成长程的 d−p 成键轨道也是氧空位形成的另一个原因。因此,Nb/Ta 取代 Mn 减弱了四面体和八面体中 σ 和 π 型轨道杂化作用,从而减低了 Nb/Ta−O 和 Ni−O 间电子转移,复介电常数的虚部急剧降低($NiNb_2O_4$,34.8 ~ 15.7 electron·eV^{-1};$NiTa_2O_4$,9.8 ~ 7.3 electron·eV^{-1})。

此外,由表 5−2 中 Mulliken 布局分析可以知道,共价杂化中主要发生在 Nb/Ta−O 八面体中。当温度高于 700 K 时,原子表面电荷趋于稳定值($NiNb_2O_4$,Nb1.23 ~ 1.07 eV 和 O−0.65 ~ 0.67 eV;$NiTa_2O_4$ Ta,1.12 ~ 0.73 eV 和 O,−0.65 ~ 0.70 eV)。在 $NiNb_2O_4$ 和 $NiTa_2O_4$ 中电子转移主要依赖于八面体中未配对的 O−2p 电子向空的 Nb−4d/Ta−5d 轨道转移。

表 5－2　NiV_2O_4、$NiNb_2O_4$、$NiTa_2O_4$ 的键长

		NiV_2O_4			$NiNb_2O_4$			$NiTa_2O_4$	
		50 ～ 950 K	1 000 ～ 1 500 K		50 ～ 800 K	580 ～ 1 500 K		50 ～ 800 K	850 ～ 1 500 K
键长 /Å	Ni—O	1.97 ～ 2.32	2.01 ～ 2.43	Ni—O	2.34 ～ 2.39	2.36 ～ 2.44	Ni—O	1.98 ～ 2.27	2.18 ～ 2.44
	V—O	2.02 ～ 2.08	2.05 ～ 2.38	Nb—O	2.16 ～ 2.39	2.26 ～ 2.42	Ta—O	2.20 ～ 2.28	2.27 ～ 2.45
	V—Ni	2.51 ～ 2.72	2.56 ～ 2.94	Nb—Ni	2.61 ～ 2.83	2.58 ～ 2.77	Ta—Ni	2.67 ～ 2.91	2.62 ～ 2.87

3. 小结

通过第一性原理计算和二维相关分析结果表明：

(1) 在 NiV_2O_4 中，V 取代 Mn 不仅弱化了八面体中 V－3d－O－2p p－dσ 型反键轨道杂化，而且削弱了四面体中 Ni－3d O－2p p－dπ 反键轨道杂化。导致电子－电子相互作用由 p－dσ(Ni/Mn－3d－O－2p) 型杂化转变为完全的 σ 和 π 型(V－3d O－2p) 轨道杂化。

(2) Nb/Ta 取代 Mn 减弱了四面体和八面体中 σ 和 π 型轨道杂化作用，从而减低了 Nb/Ta－O 和 Ni－O 间电子转移。

(3) 在 NiV_2O_4、$NiNb_2O_4$、$NiTa_2O_4$ 中电子转移主要依赖于八面体中未配对的 O－2p 电子向空的 Nb－4d/Ta－5d 轨道转移。

(三) A 位取代对 NMO 的导电机制

目前被大家广泛接受的尖晶石结构导电机理是电子跳跃模型，导电机制主要依赖于氧八面体间 Mn^{3+}/Mn^{4+} "跳跃式" 导电过程。为此近年来，大量实验报道主要采用掺杂 3d 过渡金属的方法，研究 NMO 的 Mn^{3+}/Mn^{4+} "跳跃式" 导电机制。其中，掺杂的过渡金属离子优先占据间隙较大的八面体阳离子位置。但是随着研究的深入，国内外研究者逐渐关注八面体取代过程中局部阳离子饱和引起的四面体取代问题。实验研究证实，由于离子半径、价电子构成、离子价键平衡以及离子有序化等因素，金属阳离子发生替位交换致使掺杂的过渡金属离子占据四面体间隙。这可以降低四面体和八面体共用氧表面电子密度，打破八面体位置 Mn^{3+}/Mn^{4+} 的电荷有序(Mn^{3+} → Mn^{3+}－Mn^{4+})，降低电子跃迁的活化能，提高电子跃迁概率。同时，占据四面体位置的过渡金属离子也可以参与 Mn^{3+}/Mn^{4+} 间电子跳跃过程，有效提高电子转移量。根据 Kim 报道，3d 过渡金属元素中，离子半径(0.355 Å) 较小的 V－3d³ 可以有效地取代四面体 Ni－3d⁸(离子半径：0.69 Å)，引起阳离子无序性并促进电荷传递。同时 V－d⁰ 电子构型促使八面体中 Mn^{3+}/Mn^{4+} 混合价态的产生以及阳离子空位的形成，大幅度地降低电子跃迁的活化能(1.18 → 0.98 eV)，材料的电阻骤降两个数量级。因此，采用 V、Nb、Ta 取代 NMO 四面体将有效地调控 NMO 的电子转移量。

1. 计算模型与计算方法

本节采用 V、Nb 和 Ta 四面体(A 位) 取代 Ni，研究 A 位取代对 $NiMn_2O_4$ 电子转移机制的影响。将 $NiMn_2O_4$ 四面体中的 Ni 分别用 V、Nb 和 Ta 取代构成 VMn_2O_4、$NbMn_2O_4$、

$TaMn_2O_4$。仍然采用56个原子的晶胞,其中8个 V(Nb 或 Ta)原子占据四面体位置(A 位),16个 Mn 原子占据八面体位置(B 位)。首先,在温度范围为 50 ~ 1 500 K 条件下,利用 CASTEP 中的 Dynamic 模块,对 VMn_2O_4、$NbMn_2O_4$、$TaMn_2O_4$ 的晶体结构进行弛豫与优化。其次,采用 CASTEP 中的 Energy 模块,计算 VMn_2O_4、$NbMn_2O_4$、$TaMn_2O_4$ 的复介电常数和自旋极化能态密度。在考虑强关联体系中的高度局域化 $d(V-3d^3$、$Nb-4d^3$、$Ta-5d^3$、$Mn-3d^5$) 轨道作用的前提下,采用了超软赝势和 GGA + U 方法计算 3d 轨道能级结构。在动力学优化和能带结构计算中具体参数设定与 $NiMn_2O_4$ 一致。

2. 结果与讨论

为研究 A 位取代对八面体中 Mn^{3+}/Mn^{4+} 间电子转移机制的影响,计算了 VMn_2O_4、$NbMn_2O_4$、$TaMn_2O_4$ 的能带结构和复介电常数。由图 5-7 所示的原子分波态密度可以知道,在 VMn_2O_4、$NbMn_2O_4$、$TaMn_2O_4$ 中,V/Nb/Ta-s、V/Nb/Ta-p 和 O-s 轨道对能带贡献很小,轨道杂化作用主要发生在 $V-3d^3/Nb-4d^3/Ta-5d^3$、$Mn-3d^5$ 和 $O-2p^4$ 轨道之间。导带底部主要是由 $Mn-3d^5$ 轨道和 $O-2p^4$ 轨道以及少量的 $V-3d^3/Nb-4d^3/Ta-5d^3$ 轨道组成;价带顶部主要是由 $V-3d^3/Nb-4d^3/Ta-5d^3$(和 $Mn-3d^5$) 和 $O-2p^4$ 轨道组成。由复介电常数虚部表明,由于晶体场作用,$Mn-3d$ 轨道发生明显的自旋极化,产生两个不同的峰。左侧的峰取决于八面体间隙内 $O-2p$ 轨道和未被占据的 $Mn-3d$ 轨道间电子转移。右侧的峰对应于导带内 $O-2p$、$V-3d/Nb-4d/Ta-5d$ 和 $Mn-3d$ 轨道间芯电子跃迁。

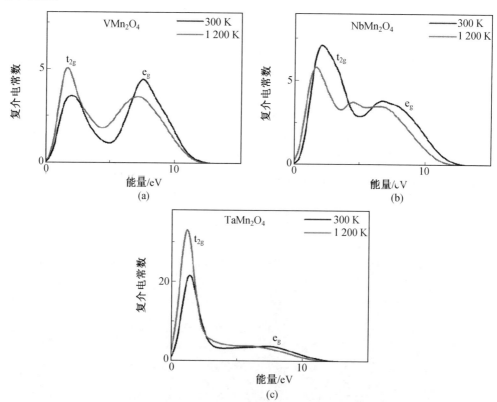

图 5-7　A 位 V/Nb/Ta 取代 NMO 的复介电常数

同时由图 5-7 中的能态密度表明,V/Nb/Ta 取代的 NMO 相比于 $NiMn_2O_4$ 中 $Ni-3d^8$

轨道,在导带中 V/Nb/Ta—d 轨道能带密度的能带宽度明显增大,价带中的 V/Nb/Ta—d 轨道均靠近费米面,由此增强了 V/Nb/Ta—d 轨道与 O—2p 轨道的共价杂化作用。因此,局域态密度表明共价杂化主要发生在八面体内的 Mn—O 轨道间。V/Nb/Ta 取代四面体 Ni 不仅保持八面体内的共价杂化,而且增强四面体内 V—O 轨道间共价杂化强度。温度轨道杂化作用的影响将通过二维相关分析技术进行定量分析。

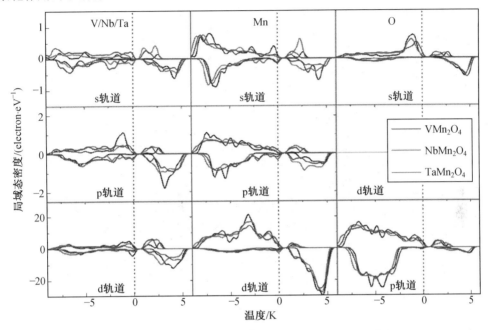

图 5－8　VMn₂O₄、NbMn₂O₄、TaMn₂O₄ 的局域态密度

利用二维相关分析技术,在不同温度区域内通过分析温度依赖的 PDOS 描述静态轨道的波动,进而解释热积累诱导电子相互作用和轨道杂化的定量变化。为此,利用优化计算后的晶格常数随温度的变化,将其划分成不同的温度区域。VMn_2O_4 划分为 $50 \sim 750$ K 和 $800 \sim 1\ 500$ K,$NbMn_2O_4$ 划分为 $50 \sim 800$ K 和 $850 \sim 1\ 500$ K,VMn_2O_4 划分为 $50 \sim 700$ K 和 $750 \sim 1\ 500$ K。

由洪特定则可以知道,$V-3d^3/Nb-4d^3/Ta-5d^3$ 和 $Mn-3d^5$ 局域化的 d 轨道远离原子核的束缚,容易和非局域化的 $O-2p^4$ 轨道重叠,使得未配对的 $O-2p^4$ 电子很容易转移到空的 $Mn-3d^5$ 和 $V-3d^3/Nb-4d^3/Ta-5d^3$ 轨道。

随着温度的升高,热积累加速八面体晶体场劈裂导致 $Mn-d^{5/2}$ 态劈裂,导带中 $Mn-3d^5$ 的极化峰强度降低,带宽增大。劈裂的 $d^{5/2}$ 简并价带中 $O-2p^4$ 轨道,在 -5 eV 能量区域劈裂形成能量较高和较低的能级,促使氧空位形成。这一结论反映在 $O-2p^4$ 能态密度的积分强度保持不变,其态密度的峰值在局域能级内随着带宽的扩展而降低。在八面体内的 $Mn-3d^5$ 能态密度相比于 NMO 没有明显变化。随着温度升高,热积累诱导 $Mn-d^{5/2}$ 态劈裂,促使价带内的 $O-2p^4$ 轨道在 -5 eV 处劈裂形成氧空位,积累了有效空穴($36.7 \rightarrow 86.1 \times 10^{-31}$ kg)。相反,$V-3d^3/Nb-4d^3/Ta-5d^3$ 相比于 $Ni-3d^8$ 的轨道波动发生了明显变化。在价带顶部,$V-3d^3/Nb-4d^3/Ta-5d^3$ 轨道的能态密度峰值增大,与 $O-2p^4$ 轨道形成不稳定的 d－p 杂化轨道,也是氧空位形成的一个原因。在导带内($0 \sim 2$ eV),V/Nb/Ta 自旋向上的能态密度明显增大,其能带宽度随峰高的降低而增大。V/Nb/Ta 自旋向下的能态密度的峰值向高能方向移动,带隙由原来的 0.45 eV(NMO)增大到 1.17 eV。随着温度升高,导带内 $V-3d^3$ 能态密度带宽明显增大($1.5 \rightarrow 5$ eV),增强长程的 $V-O$ $p-d$ 杂化作用。由此形成的 $p-d\sigma^*$ 反键轨道,促使未配对的 $O-2p^4$ 电子向空的 $V-3d^3$ 轨道转移。

根据价键理论,在 VMn_2O_4(VMO)中,由于 V/Nb/Ta 的取代 Ni,$Mn-3d$、$V-3d$/$Nb-4d$/$Ta-5d$ 与 $O-2p$ 的杂化增强,体系的自旋向下子带部分穿过费米能级,形成以 $Mn-3d$ 主的 e_g 反键轨道和 $V-3d$/$Nb-4d$/$Ta-5d$ 为主的 t_{2g} 反键轨道,以 $O-2p$ 为主的 t_{2g} 成键轨道在价带的中部($-10 \rightarrow -2.0$ eV),主要是由 $O-2p$ 轨道和自旋向下的 $Mn-3d$ 轨道,组成成键轨道。在导带($1.0 \rightarrow 5.0$ eV)主要是由自旋向上的 $Mn-3d$ 轨道主要是由自旋向下的 $Mn-3d$ 轨道、$V-3d$/$Nb-4d$/$Ta-5d$ 轨道以及 $O-2p$ 轨道提供自旋动量,构成反键轨道。在靠近费米面附近($-1.0 \rightarrow 1.0$ eV)主要是由自旋向下的 $V-3d$/$Nb-4d$/$Ta-5d$ 轨道,$O-2p$ 轨道。随着温度的升高,在费米面附近,自旋向下 $O-2p$ 轨道使得 $Mn-3d$ 的电荷歧化,形成 $Mn^{3+} \rightarrow Mn^{4+}$ 离子对,同时 $V-3d$/$Nb-4d$/$Ta-5d$ 在导带内向上极化,增强 $Mn^{3+} \rightarrow Mn^{4+}$ 的变化,能带穿过费米面。由于温度的升高,Mn(和 V/Nb/Ta)—O 的 $d-p$ 轨道杂化增强刺激 O 表面的电荷转移到 Mn^{4+},形成 $Mn^{3+} \rightarrow Mn^{4+} \rightarrow Mn^{3+}$ 电子传递系统。随着四面体离子之间的内交换相互作用增大,$V-O$ 之间的杂化越强,交换劈裂就越小,$V-3d$/$Nb-4d$/$Ta-5d$ 的 t_{2g} 轨道向低能方向移动,复介电常数的第一个峰($O-2p^4$ 到未被占据的 $Mn-3d^5$ 和 $V-3d^3$/$Nb-4d^3$/$Ta-5d^3$ 的 t_{2g} 电子转移轨道)向低能方向移动,此时,四面体中上的 V/Nb/Ta 也有可能参与电子的转移过程。同时电荷的歧化作用使得 Mn^{3+} 很容易失去一个电子变成 Mn^{4+},其电子结构排布则为 $t_{2g}\uparrow e_g^1\uparrow$,导致在 $d_{x^2-y^2}$ 方向上对异性离子的吸引较弱,使得 MnO_6 八面体沿着 z 轴方向伸长——姜泰勒效应的机制,导致 e_g 轨道向低能方向移动,使得复介电常数的第二个峰(导带内从 $O-2p^4$ 到 $V-3d^3$ 的 e_g 电子转移轨道)向低能方向移动。由原子布局分析得,对共价键的贡献主要是 Mn—O。电子间的相互传递是由八面体 MnO_6 中 Mn^{3+}、$Mn^{3+} \rightarrow Mn^{4+} \rightarrow Mn^{3+}$ 极化子跳跃导电。

温度的变化不仅影响由自选极化引起的能带位置的偏移,而且影响由电荷交换引起的相互作用的变化强度。由电荷布局分析可以知道,有效化合价被用来衡量共价键的强弱,当值为 0 时为理想的离子键,当值大于 0 时表明为共价键,且值越大共价作用越强。共价键主要分布在 Mn—O 和 Ni—O 之间,且 Mn—O 共价键作用强于 Ni—O 共价键作用。随着温度升高,Mn 电荷趋于稳定($0.96 \rightarrow 0.76$ eV),保持原有 Mn—O 间电子传递。键长布局分析可用来衡量原子间电子相互作用的强弱,当布局分析值趋近于 0 时表明相邻原子间无电子相互作用。V—O 键明显大于 Ni—O 键,则随着 V 取代增强了四面体中的电子相互作用。因此,热积累不仅保持八面体内 $Mn-3d^5-O-2p^4$ 间电子转移量($0.06 \rightarrow 0.30$ eV),而且增强四面体内 $V-3d^5-O-2p^4$ 间电子转移量($0.05 \rightarrow 0.09$ eV),加速未配对的 $O-2p^4$ 电子向局域的 $Mn-3d^5$ 和空的 $V-3d^3$ 轨道间的电子转移。V 取代 NMO 四面体 Ni 位置极大地提高电子转移率。此研究可为过渡金属四面体取代 NMO 的电子转移机制解释提供一定的理论参考。

3. 小结

DFT 定性计算了能带结构和介电函数,结合 2D—CA 分析技术定量的处理由热积累引

起的能态密度的微观变化。结果表明:

(1)V/Nb/Ta取代NMO四面体Ni位置改变了原有四面体内spd3轨道杂化形式,增强了V/Nb/Ta—O d—pσ* 轨道杂化,增大了禁带宽度(0.47 → 1.17 eV)。

(2)随着温度升高,热积累可以促使电子由非局域的O—2p^4轨道向局域的Mn—3d^5轨道转移,进而促使O—2p^4轨道劈裂形成氧空位,诱导Mn电荷歧化(Mn^{3+} → Mn^{3+} — Mn^{4+})。

(3)V—3d^3/Nb—4d^3/Ta—5d^3四面体取代增强长程的V—3d^3/Nb—4d^3/Ta—5d^3—O—2p^4 矿轨道杂化,促使未配对的O—2p^4电子向空的V—3d^3/Nb—4d^3/Ta—5d^3轨道转移。特殊地,V取代NMO四面体不仅保持原有八面体中 Mn^{3+}/Mn^{4+} 间电子转移量(0.06 → 0.30 eV),而且提高四面体中V—O间电子转移量(0.05 → 0.09 eV)。因此,过渡金属V四面体取代有利于提高NMO的电子转移率,改善NMO基热敏材料的阻温特性。

(四)O位取代对NMO的导电机制

近年来,NMO电学性能的研究主要集中在过渡金属掺杂控制Mn—O间的电声相互作用以及氧缺陷和3d过渡金属间的洪德耦合作用。这种敏感的耦合作用通常被用来研究特定杂质产生的电子态的类型。2012年,Dong等已经通过溶胶—凝胶技术合成了F原子取代八面体中的O原子构型,并研究了F原子取代对热敏材料磁学特性的影响。2013年,Bian等已经借助于密度泛函理论采用阴离子取代的方法研究了卤素取代对热敏陶瓷电磁性能的影响,证明了氧缺陷不仅保持原有四面体间电子转移方式,而且促使有效空穴的产生。因此,通过卤素阴离子取代的方法来研究氧缺陷对Mn—O间相互作用的影响,卤素与氧以及锰与氧间的电子相互作用,解释卤素(氟—F,氯—Cl,溴—Br,碘—I)取代对NMO电学性能的影响,这为研究与设计新型热敏材料开拓了新方向。

1. 计算模型与计算方法

为了研究卤素取代对NiMn$_2$O$_4$电学性能的影响,借助密度泛函理论和二维相关分析技术计算了氧缺陷的形成机制和氧缺陷对锰氧八面体中Mn—O间电子传递的影响。仍然采用56个原子的立方尖晶石结构的晶胞模型,将八面体位置上的两个氧原子分别用(氟—F,氯—Cl,溴—Br,碘—I)取代。其中Ni完全占据四面体位置,Mn完全占据八面体位置。

首先,在NPT体系中利用虚拟晶格近似和COMPASS力场对卤素取代后的晶体结构进行弛豫与优化,采用原子级的Ewald+Group模拟短程的范德瓦耳斯力和长程的静电相互作用,其中温度和压力分别是由Nose-hoover thermostat和Berendsen-barostat控制。采用GGA—PBE泛函和平面波法计算能带结构,其中K点网络为3×3×3,截断能设定为300 eV,收敛精度为2.0×10^{-4} eV/atom。为了提高计算的精确性,采用了超软赝势和GGA+U的方法考虑强关联体系中的高度局域化d轨道作用,剪切因子为1 eV。为了研究温度变化对卤素取代NMO的电学性能,利用二维相关分析技术对温度依赖的轨道波动进行处理,确定电子转移的进程。

2. 结果与讨论

由于卤素(X)具有较高的电负性,其作为杂质粒子阴离子取代NMO会产生氧缺陷。X—2p的局域态密度结论表明,在价带的中部,X—2p能带随着温度的升高向费米面移动,如图5—9所示。由于强洪德交换作用,氧缺陷使得X—2p主要的自旋轨道被电子完全占据,少数自旋轨道被部分占据,其中活跃的X—2p主要自旋轨道不仅高度局域化了O—2p

轨道上的电子而且增强了 $X-2p^5-O-2p^4$ 间的 p—p 轨道杂化,这些 p—p 杂化轨道占据部分的 Mn—3d 轨道,促使电子由 $Mn^{4+}-3d^4-t_{2g}$(三重简并)和 e_g(二重简并)转变为完全的 $Mn^{3+}-3d^5-e_g$ 轨道(Mn 的布局电荷转变:$0.03\sim0.37$ eV),因此,卤素取代促进了八面体中 Mn 的电荷歧化。

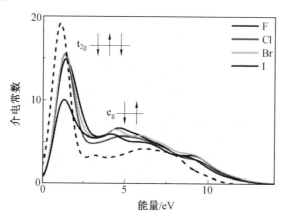

图 5—9　卤素取代 NMO 的介电常数图

为研究卤素取代对 Mn—O 八面体中的电子转移进程的影响,计算介电函数和局域态密度。电函数的虚部有三个峰,左侧的峰来自 O—2p 轨道和未被占据的 Mn—3d 轨道间电子的跃迁;中间的峰来自导带中 O—2p 轨道和高能的 Ni—3d 轨道间电子的跃迁;右侧的峰来自导带中 O—2p(或 X—2p)轨道和 Mn—3d(或 Ni—3d)轨道间芯电子的跃迁。卤素掺杂后,价带中 Mn—3d 轨道向费米面移动($-4.5\sim2.5$ eV),而在导带中 d 轨道远离费米面($3.0\sim5.0$ eV),带隙由 0.47 eV 增大到 $2.12\sim2.73$ eV。导带的中部主要是由高度自旋极化的 Mn—3d 轨道和 O—2p 轨道提供,价带的顶部主要是由 O—2p 轨道和部分的 Mn—3d 轨道提供,这表明强烈的杂化作用主要发生在 Mn—3d 轨道与 O—2p 轨道之间以及 O—2p 轨道和 X—2p 轨道之间。其中 $O-2p^4-Mn-3d^5$ p—dσ* 型杂化轨道和 $O-2p^4-X-2p^5$ p—pσ* 型杂化轨道刺激 O—2p 轨道上电子跃迁到 Mn—3d 和 X—2p 轨道,形成氧空位缺陷。同时,未被占据的 Ni—3d 轨道与 O—2p 形成的不稳定 σ* 型杂化轨道,也是促使氧空位缺陷形成的另一个原因。

根据价键理论,自旋轨道耦合机制和电子转移机制可以由 $O-2p^4-X-2p^5$ 和 $O-2p^4-Mn-3d^5$ 形成的 σ* 型和 π* 型反键轨道决定。$Mn-O_yX_{1-y}$ 间的杂化轨道被局域的 $X-2p^5-O-2p^4$ 电子态破坏,局域 X—2p 刺激导带中非局域的 O—2p 态与 Mn—3d 态进一步简并,增强 Mn—3d 轨道和 O—2p 轨道间电子相互作用,提高有效空穴的浓度。由布局电荷分析可得:不同卤素取代 NMO 电荷转移顺序为 Cl—NMO>F—NMO>I—NMO>Br—NMO>NMO,卤素取代提高了电子 $Mn^{3+}-O^{2-}-Mn^{3+}$ 在 M 中传递。因此,卤素取代增强了未被占据的 Mn—3d 轨道和高占据的 O—2p 轨道间电子相互作用,促使氧空位缺陷形成,提高 Mn—O 间电子转移。

氧和卤素间的 p—p 杂化轨道和锰氧间的 d—p 杂化轨道促使了氧空位的形成。氧空位导致锰原子表面电荷的进一步歧化,由此增大了价带中 $O-2p^4$ 轨道到未被占据的 $Mn-3d^5$ 轨道间电子的转移,增强了高占据的 $O-2p^4$ 轨道和未被占据的 $Mn-3d^5$ 轨道间的电子相互作用。

3. 小结

通过密度泛函理论和二维相关分析技术计算得到如下结论：

(1)氧和卤素间的 p－p 杂化轨道和锰氧间的 d－p 杂化轨道促使了氧空位缺陷的形成。

(2)氧空位缺陷可以通过非局域的 O－2p 轨道产生有效空穴，提高载流子的浓度，产生了电子空穴对的数量，利于提高 $NiMn_2O_4$ 的催化性能。

(3)由于强的洪德交换作用氧空位缺陷建立施主能级，促进 Mn 原子的电荷进一步歧化。

四、掺杂对铁基钙钛矿材料导电机制的影响

(一)$BiFeO_3$ 温度依赖的电子转移机制

1. 计算模型与计算方法

铁酸铋作为一种新的宽温区热敏材料备受关注，为了解释温度对 BFO 电子转移机制的影响，目前，大多数理论模拟工作主要集中在定性分析轨道相互作用，电子相互作用，很少对其相互作用进行定量分析。利用密度泛函理论和二维相关分析技术计算了 BFO 温度依赖的电子转移机制，晶格受温度的影响会发生变化(晶格畸变、晶格膨胀、晶格缺陷)，这种变化必将导致相互作用的变化，使得电子结构发生微弱变化。然而这种变化难以用定性的方法衡量，为此用二维相关分析技术处理了温度引起的能态密度的微观变化，解释了温度对电子转移的影响。

$BiFeO_3$ 具有钙钛矿结构，采用晶格模型为 80 个原子(16 个 Bi 原子，16 个 Fe 原子，48 个 O 原子)的晶胞。首先，在 NPT(isothermal-isobaricensemble) 系中，采用分子动力学和密度泛函理论在 $50 \sim 1\,500$ K 温度范围内对立方相的 BFO 晶体结构进行了弛豫与优化。其中，温度和压力分别是由 Nose-hoover thermostat 和 Berendsen-barostat 方法控制的。同时还利用基于密度泛函理论的第一性原理，采用广义梯度近似和缓加平面波法(PAW)的方法计算了自旋－分波态密度。其中，超软赝势用于 $Bi－6p^3$、$Fe－3d^5$ 和 $O－2p^4$ 态的价电子。

2. 结果与讨论

由于热增强提高活化能，不仅降低电子态的稳定性，而且增大了原子的扩散。为了证实这一点计算原子键长和原子表面态密度。由生成焓和晶体的体积随温度的变化趋势，可以看出在居里温度(T_c)附近(722.2 K)铁酸铋出现明显的铁磁相变 FM－AFM。对于 BFO，八面体中的 Fe^{3+} 的净磁矩是 $4.0\ \mu B$ 左右(实验值 $3.8 \sim 4.0\ \mu B$)。在反铁磁相中由于随着热积累的增强引起了 Fe 的电荷歧化，反铁磁相中的 Fe－3d 具有自旋向上和自旋向下的对称性。此外，由生成焓随温度变化的斜率表明，热积累打破了 Fe—O 八面体中 $Fe^{3+}－O^{2-}－Fe^{3+}$ 的电子传递网络，对于结构从立方相到菱形相钙钛矿结构的转变中所示由原子的扩散系数表明，对于菱形结构，Bi 和邻近的 O 原子的扩散系数比较接近，表明 Bi—O 间形成了虚弱的共价键。因此，原子的扩散引起了原子间共价杂化作用的改变。随着温度升高，在铁磁相中 Fe—O 八面体发生晶格畸变，引起 $Bi－6s^2$ 与 $O－2p^4$ 电子轨道间共价杂化作用的反铁磁扭曲。在八面体中 Fe—O 的键长与键角变化，其中一个 Fe—O 键在 $0.192 \sim 0.205$ nm 间，其他三个 Fe—O 键在 $0.205 \sim 0.212$ nm 间，同时理想的 Fe—O—Fe 角度为 108°增大到

$160° \sim 168°$。

为了定量地解析热积累对于晶体电输运转变的作用,采用二维相关分析技术处理分波态密度随温度的微观变化。例如,使用了自旋向上的 $Fe-3d^6$ 极化解释静态轨道波动,同步谱和异步谱反应 FM 和 AFM 相中自旋局域态密度(SPDOS)变化的范围和强度。静态轨道波动的顺序决定着原子间相互作用的强度,进而影响能带位置的移动。随着温度的升高,能带位置的移动随着模拟强度增加而增大。这是由于热积累刺激了 $Fe-d^{5/2}$ 自旋轨道的劈裂,削弱了八面体中 $Fe-O$ 间轨道杂化作用。

根据洪特规则,距离原子核较远的 $Fe-3d$ 轨道易与 $O-2p$ 轨道重叠,使得未配对的 $O-2p$ 电子很容易转移到 $Fe-3d$ 的空轨道上,从而形成 $Fe^{3+}-O^{2-}-Fe^{3+}$ 电子传递网络。$Fe^{3+}-3d^5$ 轨道与邻近的 $O-2p^4$ 轨道相互重叠,导致自旋向下的 $O-2p^4$ 轨道劈裂。其中,在费米面附近的 Fe 自旋向上极化强度明显强于自旋向下极化强度,体系在 FM 相中表现出金属性。随着温度升高,$Fe-d^{5/2}$ 态促使 $O-2p^4$ 能级在 5 eV 处劈裂,形成一对能量较高和能量较低的能带。这一结果反映在 $O-2p^4$ 能级峰的积分强度始终保持一个恒定值,$O-2p$ 态密度峰的高度随着能带宽度增大而逐渐减小。同时晶体场劈裂导致 $d^{5/2}$ 态分别在(FM: -4 eV)和(AFM:4 eV)劈裂,这就抵消了 $Fe^{3+}(4.0 \mu B)$ 和 $Fe^{2+}(-4.0 \mu B)$ 态的净磁矩。因此,$O-p_y$ 轨道占据 $Fe-d^{5/2}$ 态,激发 $O-2p$ 轨道波动,在价带中创造两个 $O-2p$ 空位缺陷(-5 eV 左右)。在价带中高电势自旋向下的 $O-2p$ 态诱导 Fe^{3+} 的电荷在费米能级处分裂成不同自旋取向的 $Fe^{3+}-Fe^{2+}$ 态(包括自旋向上和自旋向下),其中,Fe^{3+} 表明只有满的 $Fe-5d$ 电子配置占据一个自旋轨道,而 Fe^{2+} 表明部分占据的 $Fe-d^5-d^0$ 轨道占据一个自旋轨道,部分占据的 d 轨道其他自旋轨道。$Fe-3d$ 自旋轨道的变化极大的影响局域化的 $Fe-3d$(和 $Bi-6p$)轨道和非局域化的 $O-2p$ 轨道杂化,导致在 AFM 相中原子的自旋磁矩相互抵消。电子从完全局域化状态向非局域化状态转移,并且没有净磁矩的变化。因此,BFO 晶体的电学特性从金属转变为半导体。在导带中部主要提供自旋磁矩,在价带的顶部主要是由 $O-2p^4$ 轨道和部分 $Bi-6p^3$ 和 $Fe^{2+}-d^5-d^0$ 状态。热积累刺激 $Bi-6p^3$ 和 $O-2p^4$ 的轨道简并,促使电子-电子相互作用从完全的反键(σ^*)-(π^*)状态转变为完全的反键(σ^*)轨道,这使 $Bi-O$ 轨道杂化增强。

此外,BFO 作为温度依赖的强关联电子体系,温度的变化可以引起由电荷交换作用引起的能带位置的移动。Mulliken 电荷作为衡量有效化合价标准:当为负值时表示为理想的离子键,当值大于零表明为共价键。由此可以表明,$Fe-O$ 间的共价键作用比 $Bi-O$ 间的共价键作用强。当温度高于 722 K 时,原子表面电荷将趋于稳定值。钙钛矿 BFO 中 $Fe-3d-O-2p$ 轨道杂化发生明显变化,在 722 K 处由金属(FM)转变为半导体(AFM),禁带宽度从 2.6 eV(FM)减小到 2.3 eV(AFM)。

(二)卤素取代对 BFO 的导电机制

$BiFeO_3$ 作为多铁材料的新体系,许多研究者通过过渡金属掺杂调控八面体中强的 $Fe-O$ 共价键。由于 $O-2p$ 空位和过渡金属间的强洪德耦合相互作用,其电学稳定性是由铁电相和未畸变的帕拉电子结构相互作用进行解释。强的洪德耦合作用常常被用来通过特殊掺杂方法和特殊杂质研究电子态的位置和类型。尽管在 Bi 位和 Fe 位的空位能够在 $O-2p$ 轨道上形成空位,然而较大的形成能使得阳离子空位很难形成。因此,为保持八面体中 $d-p$ 轨道间电子转移且具有高的形成熵,氧空位的计算将成为研究结构转变、电磁性能的主要手段。其中,较高的电导率就是由于导带底许多杂质能级的形成和杂质能带的宽度,这些影响因素均与依赖于氧空位的浓度。

原则上讲,氧空位可以用阴离子掺杂的方法直接获得,这一方法已经被应用于 C 和 N 掺杂 TiO_2 中证实。因此,利用单一的卤素取代在 O 位产生 O—2p 空位缺陷。铁电转变的 d^0 电子构型是由非局域的 O—2p 态建立的,可以通过高度局域化的卤素修饰。为此 W. Dong 等证实了卤素取代 BFO 中的氧的电子掺杂方法能够引起电荷补偿,使得 Fe 原子的化合价由转变为态。为此利用卤素取代 BFO 中的氧,研究卤素(X)取代对 BFO 电学性能的影响。

1. 计算模型与计算方法

采用基于密度泛函理论的第一性原理,利用虚拟晶格近似,利用分子动力学弛像与优化卤素取代后的晶体结构。计算发现只有掺杂比例(摩尔分数)为 5% 时最稳定,为此将八面体中的一个氧分别用 C,N,P,S 取代。首先,在 NPT 系统中利用分子动力学(500 ps)弛豫了卤素掺杂的具有菱形对称的 BFO 结构。其次,结构的转变利用 NVT 和分子动力学进行了进一步优化。近程的范德瓦耳斯力和长程的电子相互作用是由原子级的 Atom + Ewald + group 的方法模拟控制的。最后,对于具有高的电负性的卤素和 O—2p 态的不稳定性,利用基于广义梯度近似 DFT + GGA — U 和局域密度近似 DFT + LDA + U 的方法进一步计算了自旋—局域态密度。考虑到强关联电子中局域化的 O—2p 轨道和非局域化的 Fe—3d 轨道将杂化作用,将 U 设置为 7 eV,使得能带偏移的剪切因子为 2.5 eV。高精度的缀加平面波法被用来描述价电子间的相互作用。其中,LDA 计算方法主要用于计算 O—2p 轨道和卤素间长程的铁电交换相互作用。对于卤素取代对电子转移的微观影响,利用二维相关分析技术处理静态轨道的波动。

2. 结果与讨论

由于卤素具有高的电负性,在 BFO 中的 O—2p 空位缺陷变得不稳定。它增大了原子在动态势阱跃迁的可能性。在阴离子交换的界面上,卤素以较低的形成熵以一定的比例取代氧位原子。当卤素杂质占据氧位就会产生一个 O—2p 空位缺陷,强的洪德交换作用使得卤素 X—p 的多数自旋轨道完全占据,少数自旋轨道 2/3 占据。通过结构性弛像后发现,配对状态比孤立杂质状态具有较低的能量(约低 170 meV),较弱的局域—非局域的 p—pσ 反键轨道提供了较高的相互抵消的势场。由于在 p—d 杂化轨道附近 O 原子被束缚,八面体畸变是导致在 R3c 菱形中晶格参数变化的主要原因。

众所周知,部分 Bi—O 共价杂化作用是解释自发极化的关键。为此计算了卤素修饰 BFO 系统中空的 d 轨道和孤立的 Bi—6s 电子间强的共价键作用。当局域的 X—p 轨道诱导 O—p 电子高度局域化,在费米面附近杂化轨道增强了 Bi—6s 表面电荷密度。由此,完全的 d—p 轨道间电子的转移被保持,掺杂比例的 X—p5 轨道刺激局域杂化。形成的 p—p 杂化轨道占据部分的 Fe—d 轨道使得 BFO 表现出铁电性能。复介电常数表明,随着卤素掺杂,p—pσ 杂化轨道加速电子的转移从完全 t_{2g}—e_g 轨道的转变为完全的 e_g 轨道,Fe—3d 轨道自旋取向由顺磁排列转变为反磁性排列,整个体系由铁磁相转变为反铁磁相。

为了研究卤素取代对电子转移进程的影响,计算原子轨道的波动,并借助与二维相关分析技术处理了静态轨道的波动,进而解释电子相互作用的微观变化。原子局域态密度,在导带底部(0 ~ 2 eV)主要是由 Fe—$3d^5$ 轨道贡献,而在顶部(2.6 ~ 5 eV)主要是由 O—$2p^4$ 轨道贡献。这与在不同能量区域内 Fe^{3+} 和 Fe^{2+} 状态有关。随着卤素的取代,Fe 离子的状态变化非常明显,价带中的 Fe—3d 能带向费米面移动而导带中能带远离费米面,因此禁带宽度由原来的 3.1 eV 降低到 2.5 ～ 3.0 eV。根据价键理论可以知道,X—p^5—O—2p^4 p—pσ 型和 π 型反键轨道可以用来解释自旋轨道耦合作用的电子转移特性。在价带区域局域的 X—p 轨道诱导非局域的 O—2p 轨道向费米面移动,由此形成的 p—pσ 杂化轨道抵消了 O—Fe 间电子的转移,电子—电子相互作用从完全的 t_{2g}—e_g 轨道转变为完全的 e_g 轨道。典型的对于 F 和 Cl 取代,在高能导带中,随着 FM 相向 AFM 相转变,O—2p 电子从 Fe^{3+}—3d^5 轨道向 Bi—6p^3—Fe^{2+}—3d^5—d^0 轨道转移。电子转移机制表明由于强的洪德交换作用 X—p^5 的主要自旋轨道被完全占据,局域化的 X—p^5—O—2p^4 电子杂化轨道通过非局域的 O—2p 空位缺陷建立的施主能级增大电子传导。氧位阴离子的存在,导致 Fe 原子电荷歧化,使得 Fe 自旋向上和自旋向下的态具有不对称性。由 Fe^{3+} 的 d^5 电子配置,全满的 t_{2g} 轨道只占据一个自旋轨道;而 Fe^{2+} 的电子配置,全满的 t_{2g} 轨道一个自旋轨道,未满的 t_{2g} 轨道一个自旋轨道。因此,在导带中 O—2p^4 未占据 Fe—3d^5(t_{2g}) 杂化轨道转变为 O—2p^4—Bi—6p^3(e_g) 杂化轨道。

3. 小结

(1)卤素取代 BFO 不仅提高了电磁转换系数 2.5 ～ 3.0 eV,而且保持了八面体中 O^{2-}—Fe^{3+} 电子转移,有效调控了电学磁学性能。

(2)由于卤素取代有效调控了空的 d^0 和 O—2p^4 轨道间的强的共价杂化作用,由 X—p^5—O—2p^4 形成的杂化轨道促使 Fe 电荷歧化 Fe^{3+}—3d^5—Fe^{2+}—3d^5—d^0,从而导致铁磁—反铁磁相的转变。

第二节　　六方 $BaTi_{1-x}Co_xO_{3-\delta}$ 新型 NTC 热敏陶瓷导电机理分析

一、过渡金属离子的理论和性质

目前广泛应用的尖晶石型 NTC 热敏电阻材料通常含两种或两种以上的过渡金属氧化物,而 NTC 材料的电性能被认为与可变价的过渡金属离子有关,为此首先介绍有关过渡金属离子的理论和性质。

(一)晶体场理论

晶体场理论是由 Bethe 于 1929 年针对晶体提出来的。该理论的主要内容为:过渡金属离子在自由状态时,五个 d 轨道是简并的,而晶体中的离子,在具有一定对称性的周围离子的静电作用下,d 轨道能量会发生分裂。晶体场理论提出了 d 轨道分裂和稳定化能的概念,Van vleck 将其引入到过渡金属配合物中,可以很好地解释配合物的构型、稳定性、磁性、光谱等。在尖晶石型 NTC 材料中,过渡金属离子处于氧八面体和氧四面体中,因此可以用晶体场理论解释其导电机理和晶型转变。

1. 中心离子在晶体场中的分裂

过渡金属离子的 d 轨道,在没有配体的外场作用时,能量是相同的,当配体以一定方向接近中心金属离子时,若配体负电荷或偶极子负端电荷是球形分布的,即过渡金属离子在球心,而球壳上的电荷是均匀的,则 d 轨道上的电子受到配体电荷或偶极子负端电荷的排斥作用是相等的,d轨道的能量比原来自由离子时的能量升高 E_a,但不发生分裂。如果配体负电荷或偶极子负端电荷不是球形分布,而是位于八面体或四面体各顶点,由于d轨道的构型与角度分布不一样,距离配体远近不同,能量升高的程度有所不同,因此产生了能级的分裂。

在八面体场中,6个配体分别占据八面体的6个顶点,产生静电场。在静电场中各轨道的能量均有所提到,但受电场作用不同,能量升高程度不同。中心离子的d轨道分裂为两组: d_{z^2} 和 $d_{x^2-y^2}$ 轨道与配体迎头相碰,受到配体的排斥力大,能量比在球形场中高,称为 e_g 轨道; d_{xy} 、 d_{yz} 、 d_{xz} 轨道伸展方向在轴间,排斥力小,能量比在球形场中低,称为 t_{2g} 轨道。同理,在四面体场中,中心离子的d轨道能级分裂为两组:一组是能量较高的轨道 d_{xy} 、 d_{yz} 、 d_{xz} ,称为 t_2 轨道,一组是能量较低的 d_{z^2} 和 $d_{x^2-y^2}$,称为e轨道。

2.晶体场稳定化能

在配位场中,中心离子的电子进入分裂后的d轨道,同不分裂的d轨道相比,引起能量的降低总值,称为晶体场稳定化能(简称CFSE)。

在尖晶石中,阳离子的分布状况,即构成尖晶石结构的金属离子占据A位置还是B位置,对起电学性质有重要的影响。对于任一给定的过渡金属元素离子来说,它在八面体场中晶体场稳定化能总是比在四面体场中时大。把某一过渡元素离子在这两种晶体场中CFSE的差值,称为该过渡元素离子的八面体择位能(OSPE)。它代表了该离子位于八面体晶体场中时,与处于四面体晶体场中时的情况相比,在能量上降低的程度,或者说稳定性增高的程度。

3.John—Teller 效应

John—Teller 指出:在对称性的非线性分子中,体系不可能在简并状态保持稳定,一定要发生畸变,使一个轨道能量降低,来消除这种简并性,这种效应叫作 John—Teller 效应。以 Cu^{2+} 为例。 d^{10} 结构的配合物应有理想的八面体构型,当失 $d_{x^2-y^2}$ 轨道上的一个电子之后,电子排布成为 $(t_{2g})^6(d_{x^2-y^2})^1(d_{z^2})^2$,这就减少了对 x 和 y 轴上配体推斥力,使 $\pm x$ 和 $\pm y$ 方向上的4个配体向中心离子靠近,形成4个较短的键;结果又使 d_{z^2} 轨道上的电子受到较大推斥力,使它们与中心离子的距离增大,形成两个较长的键,变成了拉长了的八面体。这样畸变的结果使 $d_{x^2-y^2}$ 轨道能级上升, d_{z^2} 轨道能级下降,消除了简并性。若失去 d_{z^2} 轨道上的一个电子,则电子排布成为 $(t_{2g})^6(d_{x^2-y^2})^2(d_{z^2})^1$,这就减少了对 z 轴上配体的推斥力,使 $\pm z$ 方向上两个配体向中心离子靠近,形成两个短键,结果又使 $d_{x^2-y^2}$ 轨道上的电子受到较大推斥力而远离中心离子,变成压扁了的八面体。畸变结果使 d_{z^2} 轨道能级上升, $d_{x^2-y^2}$ 轨道能级下降,消除了简并性。实验发现 Cu^{2+} 的配离子绝大多数是拉长八面体。

在尖晶石结构NTC材料中,许多非对称性的离子,如 $Cr^{2+}(d^4)$ 、 $Mn^{3+}(d^4)$ 和 $Cu^{2+}(d^9)$,都会因为 John—Teller 效应使氧八面体场发生畸变。未掺杂的 $BaTiO_3$ 在室温下为四方晶系结构,但是已有研究发现,过渡金属离子掺杂的 $BaTiO_3$ 的材料在室温下为六方晶系结构,其中过渡金属离子具有的 John—Teller 效应被认为是对六方相的形成起重要的作用,为相转变提供驱动力。

(二)窄带理论

MnO 、 FeO 、 CoO 和 NiO 都是具有立方对称性的氯化钠结构的MO型氧化物,这些材料的金属离子分别有5、6、7、8个3d壳层的电子和2个4s壳层的电子。理论和实验研究表明,氧离子的 2p 能带比 3d 能带能量低,而金属离子的 4s 能带已经填满,3d 能带未满,因此这些氧化物的导电性能主要由 3d 带的电子来决定。

在立方对称的氯化钠型结构中,金属离子位于氧离子八面体的中心。在氧八面体场的作用下,3d 能带要分裂为 6 度简并能量较低的 t_{2g} 带和 4 度简并能量较高的 e_g 带。对于 FeO 来说 6 个 3d 电子刚好把 t_{2g} 带填满,所以应该是绝缘体,理论和实验结果相符。但对于 MnO、CoO、NiO 来说,都应该有未满带,理论上预测应该呈金属性。但是实验结果表明,当它们的纯度很高,而且符合严格的化学计量比时,都是良好的绝缘体,能带理论碰到了困难。

对此 Mott 提出了窄带理论,假设钾晶体的原子间距可以任意拉开,显然在原子距离拉到相当远以后,晶体的电导率将会降到微不足道的程度而成为绝缘体。从能带论的观点来看,这种假想晶体与真实晶体的差别只是带宽变小了,在能带中电子的占有态还是相同的,即它的最外层能带仍是半满的。因此,对于大于某一临界晶格常数,或小于某一临界带宽的情况,尽管存在着半满带,材料也会变成绝缘体。

能带理论是建立在单电子近似的基础上的,它忽略了两个电子相互作用的库仑排斥能。在宽能带中,与原子键和形成能带所引起的能量减少相比,这种相互作用能可以忽略。但是,在非常窄的能带中,情况恰好相反,由于形成能带所引起的能量减少非常小,这种相互作用能就成为不可忽略的了,因此能带理论在解释窄的能带时会遭到失败。

为什么不饱和过渡金属氧化物呈现这样的窄带特性,决定带宽的主要参数是相同原子的电子交叠,它首先决定于最近邻原子的间隔。以 MnO 和 Mn 晶体为例,在 Mn 晶体中,最近邻的 Mn—Mn 距离约为 2.2 Å,而对 MnO 来说,由于晶格中存在氧,Mn—Mn 距离扩大到 3.1 Å。而且,在 MnO 中 Mn 原子是双电离的,在 Mn^{2+} 中 3d 电子由于静电吸引力非常靠近原子核,它的离子半径仅为 0.9 Å,而 Mn 的原子半径则为 1.4 Å。由此可见,MnO 比 Mn 晶体有窄得多的 d 带。对于 FeO、CoO、NiO 也有类似的窄 d 带。于是可以得出结论,3d 带很窄的过渡金属氧化物,在纯净和没有化学计量比偏移的情况下,它们都是绝缘体。

（三）极化子理论

在半导体材料中,载流子浓度与电导率之间的关系可表示为

$$\sigma = nq\mu$$

式中　　σ——电导率;

　　　　n——载流子浓度;

　　　　q——载流子单位电荷;

　　　　μ——载流子迁移率。

氧化物半导体的电导率,不仅与载流子浓度有关,而且与载流子的迁移率有关。由半导体物理可以知道,对于一般半导体材料,在正常条件下,载流子浓度随绝对温度呈指数关系变化,而当晶格散射与电离杂质散射同时存在时,载流子迁移率随绝对温度 T 成比例变化。由于温度对前者的影响远远超过后者,因此在研究一般半导体材料的导电性能的时候,往往可以忽略温度对迁移率的影响。但是,实验发现,对于某些过渡金属氧化物材料(如 NiO、CoO),其迁移率也有随温度呈指数变化的现象。这时,就不能不考虑温度对迁移率的影响,其导电现象,要用极化子的理论来解释。

1. 极化子的形成

极化子的概念是 1960 年由 Landau 首先提出来的,其后 Austin、Emin 和 Holstein 等人先后进行了论述。所谓极化子,是指当电子在晶体中运动时,在一定条件下可以使电子周围的晶格产生极化,引起离子位移,使晶格发生畸变。由于使晶格畸变消耗了电子的部分能量,电子的静电势能下降,变得更加稳定了。最后电子被它自身所极化的畸变晶格束缚住了,称为电子的自陷作用,由这种自陷作用所产生的电子束缚态称为自陷态。这种自陷态与杂质引起的局部能态不同之处在于,杂质原子所形成的带电中心是固定不动的,而由电子运动引起的晶格极化则没有固定不动的中心,晶格畸变将随电子的运动从晶格一处移向另一处。因此把这个处于自陷态的电子连同被其畸变了的晶格看作一个系统,成为极化子。极化子比自由电子有更低的能量和更大的有效质量。

极化子可以看成是电子与晶格振动相互作用的产物,即电子与声子相互作用的产物。根据晶格畸变范围的大小分为大极化子和小极化子。如果晶格畸变只限于电子最近邻晶格以内,称为小极化子;如果晶格畸变延伸到几个晶格常数以上,则称为大极化子。

2. 小极化子的运动

小极化子中的电子受到离子的引力,在晶格中陷得很深,以致它大部分的时间停留在陷阱中。Holstein 发现,在晶体中小极化子态的交叠可以形成一个极化子能带,其图像类似于在没有畸变的晶格中所形成的电子能带。例如,若晶格中导带电子受自陷作用后能量降低,其所处能级将落入禁带中。

在晶体中,小极化子能带通常是很窄的,而且它的宽度随着温度的上升指数衰减。在理想晶体中,小极化子可以由于两种不同的机理而运动。在低温下,通过隧道效应在晶格间运动,如同有很大的有效质量的电子在导带中运动那样,称为小极化子能带电导。在这种小极化子的运动过程中,声子占有数没有任何改变。在高温下,小极化子靠从一个晶格位置到另一个等价位置的"跳跃"来运动,而这只能靠周围晶格的相似畸变来产生。这样的晶格畸变需要能量,这个能量由晶格振动(即声子)提供,因此,这种运动称为声子协助的小极化子跳跃电导。

目前广泛使用的 NTC 热敏电阻是以过渡金属氧化物为基础,具有尖晶石结构的 Mn－Ni－Co－Fe 系陶瓷。研究表明,在 $200 \sim 400\ ℃$ 范围内,其四面体和八面体中的阳离子会随时间缓慢的重新分布。因此,这种弛豫现象造成了尖晶石型 NTC 材料电学性能的不稳定,限制了其使用温度,造成了材料的老化现象。寻找一种新型 NTC 材料体系并开展其导电机理的基础研究和应用研究成为必然发展趋势。前期工作发现 $BaTi_{1-x}Co_xO_{3-\delta}$ 陶瓷材料具有明显的 NTC 效应,而且国内外迄今尚未见关于其 NTC 效应及其机理方面的研究报道。同时,由于结构体系的差异,$BaTi_{1-x}Co_xO_{3-\delta}$ 系 NTC 特性的导电机理也可能与传统的尖晶石系材料不完全一样。因此,探讨这类新型 NTC 材料的导电机理,由此可以为优化材料性能提供理论指导。另外,$BaTiO_3$ 基陶瓷材料应用广泛,制备技术成熟,成功开发以 $BaTiO_3$ 为基础的新型 NTC 材料,有望得到商业推广应用。所以对 $BaTi_{1-x}Co_xO_{3-\delta}$ 系 NTC 材料特性与相关理论研究既有重要的实际意义又有学术理论意义。

以 Co 掺杂的 $BaTiO_3$ 陶瓷材料为研究对象,用湿化学的方法合成了 $BaTi_{1-x}Co_xO_{3-\delta}$ 粉体,经传统烧结工艺制得了 $BaTi_{1-x}Co_xO_{3-\delta}$ 陶瓷材料;探讨了不同 Co 含量对 $BaTi_{1-x}Co_xO_{3-\delta}$ 材料晶体结构和性能的影响;利用电阻温度特性测试、XRD、SEM 和 TEM

等分析手段研究了陶瓷材料结构与性能的关系;利用交流阻抗测试研究频率响应特性和晶粒／晶界对电性能的影响,并初步探讨 $BaTi_{1-x}Co_xO_{3-\delta}$ 陶瓷材料的导电机理;通过添加不同的助烧剂,实现 $BaTi_{0.8}Co_{0.2}O_{3-\delta}$ 陶瓷的低温烧结,并讨论助烧剂对 $BaTi_{0.8}Co_{0.2}O_{3-\delta}$ 陶瓷烧结性和电性能的影响。 用 La、Sb 和 Bi 对 $BaTi_{0.8}Co_{0.2}O_{3-\delta}$ 进行施主掺杂,探索调节 $BaTi_{0.8}Co_{0.2}O_{3-\delta}$ NTC 陶瓷电阻率和 $B_{50/120}$ 常数的可行性。

二、Co 含量对 $BaTi_{1-x}Co_xO_{3-\delta}$ 晶体结构与电性能的影响

(一)综述

$BaTiO_3$ 陶瓷是一种重要的电子陶瓷材料,在铁电、压电、介电以及热敏陶瓷等领域得到了广泛的研究与应用。随温度升高 $BaTiO_3$ 会经历以下相变过程:在 183 K 有菱方－正交转变,在 273 K 有正交－四方转变,在 393 K 由四方－立方转变,到 1 733 K 以上,将会形成六方结构 $BaTiO_3$(简称为 $h-BaTiO_3$)。与低温时为位移型相变不同,$BaTiO_3$ 的立方－六方转变属于重构型相变。

近年来,$h-BaTiO_3$ 已经引起了广泛的研究兴趣。$h-BaTiO_3$ 分别在 $T_c=74$ K 和 $T_0=222$ K 有连续相变。低于 $T_c=74$ K 时 $h-BaTiO_3$ 显示出铁电性能,但在 $74\sim222$ K 时铁电性能消失。Wakamatsu 将 $BaTiO_3$ 在还原气氛下烧结后,发现样品在室温时有六方相出现,其含量随着还原气氛浓度增加而增加。Langhammer 等对 $BaTiO_3$ 掺杂 Mn、Cu、Cr 等元素,发现在一定掺杂量下能在室温下得到 $h-BaTiO_3$。Keith 等人用 Mg、Al、Cr、Mn、Fe、Co、Zn、Ga、Ni 或 In 掺杂均在室温下得到 $h-BaTiO_3$,并测试了介电性能,所有掺杂样品在室温下均为绝缘体。

以往的文献多为对 $h-BaTiO_3$ 的形成和介电性能进行研究,对其 NTC 效应及导电机理的报道甚少。实验用 Co 掺杂制得 $BaTi_{1-x}Co_xO_{3-\delta}$($x=0.01, 0.05, 0.1, 0.2, 0.3, 0.4$)系列材料,通过 K 射线衍射和电阻－温度性能测试研究了 Co 含量对 $BaTi_{1-x}Co_xO_{3-\delta}$ 陶瓷结构及性能的影响,用交流阻抗测试研究了其频率响应特性,并对其导电机理进行了讨论。

(二)实验方法

1. 原材料与仪器

(1)实验所用原料。

碳酸钡 $BaCO_3$,分析纯(≥99.0%);

碱式碳酸钴 $2CoCO_3\cdot3Co(OH)_2\cdot3H_2O$,分析纯(≥99.0%);

钛酸丁酯 $[CH_3(CH_2)_3O]_4Ti$,化学纯(≥98.0%);

无水乙醇 CH_3CH_2OH,分析纯(≥99.7%);

聚乙烯醇 $(CH=CHOH)_n$,分析纯(≥99.0%);

硝酸 HNO_3,分析纯(≥98.0%)。

(2)实验仪器和设备。

CJJ79－1 磁力加热搅拌器 —— 金坛市大地自动化仪器厂;

SHIMAOZU AUY120 电子分析天平 —— 日本岛津公司;

SX3－12－16 型快速升温电阻炉 —— 湘潭市仪器仪表有限公司;

Reference 600 型交流阻抗分析仪 —— 美国 Gamry 公司；

$ZWX-CR-T$ 特性测试系统 —— 华中科技大学；

D/MAX2550X 射线衍射仪 —— 日本理学公司；

NETZSCHSTA449C 型 TG/DSC 联用热分析仪 —— 德国 NET 公司；

Sirion 200 高分辨场发射扫描电子显微镜 —— 荷兰 FEI 公司。

2. 样品制备

以碳酸钡（$BaCO_3$）、钛酸丁酯（$[CH_3(CH_2)_3O]_4Ti$）、碱式碳酸钴（$2CoCO_3 \cdot 3Co(OH)_2 \cdot 3H_2O$）为原料，用湿化学方法制备材料原始粉体。按照化学式 $BaTi_{1-x}Co_xO_{3-\delta}$ 计算配料，先将钛酸丁酯溶于无水乙醇，$BaCO_3$ 和碱式碳酸钴分别溶于硝酸，然后将以上两种溶液混合，再加入适量 PVA 溶液做聚合剂。PVA 分子与溶液中的金属阳离子发生螯合作用，对金属阳离子有俘获效应。同时由于 PVA 分子链的空间位阻效应，能将金属阳离子互相分离开来，避免其聚集，因此所得到的溶液有良好的化学均匀性。将所得溶液加热搅拌 6～7 h 至水分完全蒸发得到前驱体粉料。所得粉料在 1 050 ℃ 煅烧 2 h，然后压制成型，生坯规格为 Φ15 mm×3 mm 的圆片。将生坯片在 1 230～1 300 ℃ 烧结 2 h 获得最终块体材料。烧成后的瓷片经两面平磨后涂以银浆，并在 550 ℃ 烧渗欧姆银电极。

3. 测试方法

用日本理学 D/MAX 2500 型 X 射线衍射（XRD）仪分析烧结后块体材料的相组成，并可以计算材料的晶格常数，估算其晶粒尺寸等。采用 0.02° 的步进扫描方式收集衍射数据，2θ 角扫描范围为 20°～80°。

用 Sirion200 高分辨场发射扫描电子显微镜观察烧结后 $BaTi_{1-x}Co_xO_{3-\delta}$ 陶瓷样品的表面形貌和晶粒大小。将试样的表面用砂纸打磨、抛光，在无水乙醇中超声清洗 20 min，然后在低于烧结温度 150～200 ℃ 的温度热腐蚀 1 h，得到扫描电子显微镜分析样品。试样的电阻温度（$R-T$）特性用 $R-T$ 特性测试系统（华中科技大学研发，ZWX-C 型）进行测试。

用 Gamry Reference600 型交流阻抗分析仪测试样品的频率响应特性。测试频率为 0.1 Hz～1 MHz，扰动电压为 80 mV。用 Analyst 软件进行实验数据处理，分析样品的交流电导率、晶粒／晶界效应等，并结合电阻温度特性测试初步分析样品的导电机理。

（三）结果与讨论

1. 相组成分析

为得到不同 Co 含量时 $BaTi_{1-x}Co_xO_{3-\delta}$ 陶瓷的相组成，对其进行 X 射线衍射（XRD）测试。$x=0.01$ 时，样品为纯四方相，无其他杂质衍射峰。这表明 $BaTi_{1-x}Co_xO_{3-\delta}$ 陶瓷与未掺杂的 $BaTiO_3$ 的相组成相似，其晶格常数为 $a=0.399\ 6$ nm，$c=0.401\ 9$ nm，当 Co 含量增加时（如 $x=0.05$），样品中开始出现六方相的衍射峰，这表明样品中开始出现六方相。当 $x=0.05$ 和 $x=0.1$ 时的陶瓷样品为六方相和四方相共存。随着 Co 含量的增加，六方相的衍射峰强度逐渐增强，而四方相的衍射峰强度逐渐降低。$x=0.2$ 时的样品为纯六方结构，空间群为 $P6_3/mmc$，晶格常数为 $a=0.570\ 8$ nm，$c=1.398\ 7$ nm，这说明 Co 完全固溶进入了 $BaTiO_3$ 晶格，并形成了单相的六方晶系结构。Co 的掺入造成晶格畸变和氧空位，所以晶格常数与 PDF 卡片 34-0129 的 h-$BaTiO_3$ 相应参数（$a=0.572\ 5$ nm，$c=1.396\ 7$ nm，$c/a=2.439$）有微小差异。在 $x=0.3$ 和 $x=0.4$ 的样品中，在 $2\theta=28.5°～30°$ 时出现杂质峰，经

物相鉴别确定为 Ba_2TiO_4 的衍射峰。

h－$BaTiO_3$ 的晶体结构可描述为 BaO_3 层按照(cch)$_2$ 的次序紧密堆积(c 和 h 分别代表立方和六方堆积)，即两层立方堆积和一层六方堆积的堆积次序。Ti(1) 和 Ti(2) 分别占据共顶点和共面的氧八面体空隙。

氧空位对形成室温下的六方结构 $BaTiO_3$ 起重要的作用。Rietveld 法（Rietveld Refinement）和密度泛函理论的研究均表明，氧空位将产生在 $Ba(1)O(1)_3$ 层中。研究发现，将不掺杂的 $BaTiO_3$ 在还原气氛下（如 H_2）烧结，得到的六方相含量随着还原气氛浓度增加而增加。还原气氛下烧结时部分 Ti^{4+} 被还原为 Ti^{3+}，由于电价补偿晶体中将产生氧空位，因此认为，为降低六方相的吉布斯自由能，氧空位起很大的作用，并提出要在室温下获得稳定的六方相，Ti^{3+} 浓度需达到 Ti 离子浓度的 0.3%。在受主掺杂体系中，氧空位浓度和掺杂离子具有的 John－Teller 效应对形成室温下的六方相有重要的作用。Co 原子的外层轨道为 $3d^74s^2$，在化合物中容易存在 Co^{2+} 和 Co^{3+} 两种离子，而它们的离子半径均比 Ba^{2+} 的离子半径(149 pm)小很多，且与 Ti^{4+} 的离子半径(74.5 pm)相近，所以 Co 离子容易占据 Ti 的晶格位置。对 h－$BaTiO_3$ 进行 B 位掺杂时，掺杂离子应占据 Ti(2) 的位置，当占据同一个 Ti_2O_9 八面体时能量最低。以 Co 离子替代 Ti 离子后，为保持电中性平衡，晶体中会产生氧空位。

当 Co 掺杂浓度降低时(如 $x<0.05$)氧空位浓度较低，不足以将四方相转换为六方相，因此样品保持为纯四方相。随着 Co 含量的增加，氧空位浓度随之增加，晶体不足以提供足够的氧，导致氧八面体由共顶点转换为共面趋势并转换 BaO_3 层为六方堆积，直至六方相的形成。当 $x\geqslant0.2$ 时，氧空位浓度足够形成单一的六方相。同时，由于煅烧和烧结过程中 Co 以氧化物的形式挥发，造成晶体中产生富 Ba 相，因此在 $x>0.2$ 的陶瓷样品的 XRD 图谱中发现 Ba_2TiO_4 的衍射峰。

2. 微观结构与形貌

烧结后不同 Co 含量的 $BaTi_{1-x}Co_xO_{3-\delta}$ 样品的表面形貌经过扫描电子显微镜(SEM)可以知道，烧结后各样品的表面气孔较多，气孔孔径为 $2\sim3\ \mu m$。样品的表面气孔可能是因为烧结时温度较高，造成材料中的 Co 以氧化物的形式挥发所致。另外，各样品的晶粒尺寸较大，约为 $5\ \mu m$，在 $x=0.2$ 时，晶粒非均匀生长现象。

3. Co 含量对 $BaTi_{1-x}Co_xO_{3-\delta}$ 陶瓷电性能的影响

为得到不同 Co 含量对材料的电性能的影响，对样品进行了阻温特性测试。测试温度为 $26\sim300$ ℃。对于 $x=0.01,0.05,0.1$ 的样品，当温度低于 $\Theta_D/2$ 时(Θ_D 为德拜温度)，电阻率随测试温度的升高而升高；当温度高于 $\Theta_D/2$ 时，电阻率随测试温度的升高而降低。这种电阻率随温度升高先升高后下降的现象，表明样品中可能存在小极化子跳跃导电。

随着 Co 含量的增加，$BaTi_{1-x}Co_xO_{3-\delta}$ 陶瓷样品的 Θ_D 逐渐降低。在 $x=0.2$、0.3 和 0.4 的样品中，电阻率随温度升高单调下降，显示出 NTC 效应。因为测试温度条件的限制，认为这些样品中的 $\Theta_D/2$ 小于测试的最低温度(即 26 ℃)。

过渡金属氧化物中的导电现象通常是由未填满的 3d 轨道电子引起的。3d 轨道的交叠通常较小，不能形成类似金属的导带那样宽的能带，3d 电子通常是极化子的状态。在低温时，3d 轨道交叠形成窄的能带，载流子通过隧道效应在晶格间转移。带宽和迁移率随温度升高而降低，当载流子的平均自由程接近于晶格常数时，能带模型将不再适用，载流子开始以小极化子跳跃的方式运动,小极化子跳跃通常是由热激活或声子辅助的隧道效应产生的。如果载流子与晶格之间的作用是"绝热"的,则热激活的跳跃方式起主要作用。下面用小极化子理论来讨论 $BaTi_{1-x}Co_xO_{3-\delta}$ 陶瓷的导电机理。

在 $x = 0.01$、0.05 和 0.1 的样品中,当 $T < \Theta_D/2$ 时,样品的电阻率随温度升高而升高,这可以用小极化子能带导电来解释。在低温时,能带宽度 W 由电子交叠积分(electronic overlap integral)J 和振动交叠积分(vibrational overlap integral)S 决定,可用下列公式表示:

$$W = 4J\exp(-S)$$

式中　　S——$\gamma(2n+1)$;

　　　　n——$1/\exp(\hbar\omega_0/2k_BT)$;

　　　　γ——电子与声子的耦合系数;

　　　　k_B——玻耳兹曼常数;

　　　　ω_0——声子频率。

因为德拜频率 ω_D 表示声子振动的最大频率,为计算方便,用德拜频率 ω_D 替代 ω_0。ω_D 可由下列公式得到:

$$\omega_D = \frac{k_B\Theta_D}{\hbar}$$

耦合系数 γ 用来表示电子与声子相互作用力的大小,可由下式得出:

$$\gamma = \frac{2W_h}{\hbar\omega_0}$$

在低温时($T < \Theta_D/2$),电子与电子间的相互作用起主要作用,而电子与声子间的相互作用被视为微扰。随着温度升高,振动积分强度增强,能带宽度指数减小,载流子的迁移率也降低,因此电阻率升高。高温时($T > \Theta_D/2$),电子与声子间的相互作用成为主要作用,载流子受热激活的跳跃迁移率增加,所以电阻率随温度升高指数下降,表现出 NTC 效应。

在 $BaTi_{1-x}Co_xO_{3-\delta}$ 陶瓷中,用 Co^{3+} 替换 Ti^{4+} 后,为保持电中性,晶格中将出现氧空位,并释放出电子。释放出的电子可以被 Ti^{4+} 或 Co^{3+} 俘获。因为 Ti^{4+} 已经具有稳定的外层电子结构,而且其 Sanderson 电负性(1.50)比 Co^{3+}(2.56)要低,所以电子更容易被 Co^{3+} 俘获而形成 Co^{2+}。当 $T > \Theta_D/2$ 时,电子在 Co^{3+}/Co^{2+} 离子对之间跳跃,产生 NTC 效应:

$$Co^{3+} + Co^{2+} \longrightarrow Co^{2+} + Co^{3+}$$

跳跃模型的电导可用下式表示:

非绝热情况下

$$\rho = \frac{k_BT\hbar}{ne^2a^2J^2}\left(\frac{E_{a0}k_BT}{\pi}\right)^{1/2}\exp\left(\frac{E_{a0}}{k_BT}\right)$$

$$= \rho_0\exp\left(\frac{E_{a0}}{k_BT}\right)$$

绝热情况下

$$\rho = \frac{2\pi k_BT\hbar}{ne^2a^2\omega_0}\exp\left(\frac{E_{a1}}{k_BT}\right)$$

$$= \rho_1\exp\left(\frac{E_b}{k_BT}\right)$$

式中　　E_{a0} 和 E_{a1}——电导激活能;

ρ_0 和 ρ_1——指数前项；

h——普朗克常量；

k_B——玻耳兹曼常数；

n——载流子的浓度；

a——跳跃距离。

绝热情况是指当电子获得足够的能量（如声子协助）就能发生跳跃而运动。非绝热是指电子跟随不上晶格的振动，即使电子获得了足够的能量也需要一定的概率才能发生跳跃。

根据上式，在很宽的温度范围内电阻率将随温度升高呈指数下降。因为只有当 $k_B T$ 和电导激活能相接近的温度范围内，以 T（绝热情况）和 $T^{1.5}$（非绝热情况）变化的指数前项才会起主要作用，所以常常忽略指数前项的影响。在 $BaTi_{1-x}Co_xO_{3-\delta}$ 陶瓷中电导激活能 E_a 随 Co 含量的增加而减小。这是因为 Co 的增加使电子浓度增加，电子间相互作用增强，而电子与声子相互作用被削弱，即晶格对电子的束缚作用被削弱，电子从晶格位置上被释放所需能量减小，所以跳跃激活能 Ea 减小。

Emin 和 Holstein 指出非绝热小极化子跳跃导电需满足下列条件：

$$J < \left(\frac{k_B T W_h}{\pi}\right)^{1/4} \left(\frac{\hbar\omega_0}{\pi}\right)^{1/2}$$

$$J < W_h/3$$

式中 W_h——跳跃能，近似等于电导激活能 E_a。

另外，交叠积分 J 可以用下式来估算，当 T/Θ_D 取特征值 3 时得到 J_{max}：

$$J_{max} = 0.67\hbar\omega_0 (T/\Theta_D)^{\frac{1}{4}}$$

非绝热小极化子跳跃导电的条件为：

$$E_a > \Delta$$

$$J_{max} < E_a/3$$

式中 Δ——$\Delta = 5.384 \times 10^{-4}\Theta_D$。

当 $T > \Theta_D/2$ 时 $BaTi_{1-x}Co_xO_{3-\delta}$ 陶瓷样品的导电机理为非绝热小极化子跳跃导电；而在 $T < \Theta_D/2$ 时样品的导电机理为小极化子能带导电。

4. 晶粒／晶界效应及导电机理

交流阻抗谱被广泛应用于分析功能陶瓷材料的电性能和介电特性，是研究多晶陶瓷材料晶粒晶界电学性质的有效方法。通过复阻抗分析，可以分离出材料的晶粒和晶界电阻特性，因而这种方法也是研究多晶材料导电机制的有效方法。Cole－Cole 是研究 NTC 现象的一个重要手段，根据复阻抗的实部和虚部，可以计算出晶粒、晶界电阻，从而为 NTC 效应的研究和理论解释提供了一个有效的方法。

（1）$BaTi_{1-x}Co_xO_{3-\delta}$ 陶瓷的晶粒／晶界效应。

为了研究晶粒、晶界效应对 $BaTi_{1-x}Co_xO_{3-\delta}$ 陶瓷的 NTC 性能的影响，选取了具有 NTC 效应的 $x = 0.2$ 和 $x = 0.3$ 的样品，对其进行了交流阻抗测试。

在较低温度时，测得的数据点均有两个被压缩的半圆，分别为高频端的晶粒弧和低频端的晶界弧。因为晶界效应不明显，所以晶界弧半径较小，而且与高频端的晶粒弧相重叠，所以低频端的晶界弧较难观察到。随着温度升高，样品的电阻逐渐减小，所以测得的圆弧的半径逐渐减小。由于测试频率的限制，高频端的晶粒弧逐渐不能完全测出。同时可以观察到，低频端的图像出现向晶粒弧内部弯曲,这是由 Ag 电极的与样品表面的接触界面以及样品与测试夹头之间的接触界面所引起的。所测得的半圆弧的圆心均在实轴下方,说明样品中存在"弥散效应"。暂不考虑电极部分,因此拟合用的等效电路可以用两组 R/CPE 等效元件分别并联,然后再串联。其中 R 为等效电阻,CPE(Constant Phase Element) 为常相角元件。用拟合所得的 R 和 CPE 的值可以得到电容 C 的值,根据 C 的值可以判断晶粒和晶界所属的 R/CPE 等效元件。在多晶陶瓷样品中,一般认为晶界的电容比晶粒大。表 5－3 是拟合后得到的不同温度时 $BaTi_{0.8}Co_{0.2}O_{3-\delta}$ 的晶粒电阻 R_g、晶界电阻 R_{gb}、晶粒电容 C_g 和晶界电容 C_{gb} 的值。

表 5－3　不同温度时 $BaTi_{0.8}Co_{0.2}O_{3-\delta}$ 的晶粒／晶界的电阻和电容值

$T/\text{℃}$	晶粒电阻 R_g/Ω	晶粒电容 C_g/F	晶界电阻 R_{gb}/Ω	晶界电容 C_{gb}/F
20	58 970	5.86×10^{-09}	10 460	2.12×10^{-07}
40	32 200	4.36×10^{-09}	4 505	5.28×10^{-07}
70	11 690	4.35×10^{-09}	654	1.87×10^{-08}
100	5 614	4.41×10^{-09}	331	1.58×10^{-08}
120	3 586	4.39×10^{-09}	167	1.68×10^{-08}
150	2 232	4.28×10^{-09}	101	1.18×10^{-08}
200	1 179	4.87×10^{-09}	36	1.60×10^{-08}
250	551	4.80×10^{-09}	22	2.10×10^{-07}
300	246	4.83×10^{-09}	8	2.24×10^{-07}

晶粒电阻、晶界电阻和总电阻均随温度升高单调下降,显示出 NTC 效应。晶粒电阻比晶界电阻大得多,总电阻主要受晶粒电阻所影响,因此样品的电性能主要由晶粒效应起作用。

在较低温度时(如 25 ℃),测得的数据点可明显观察到两个半圆弧。随着测试温度的升高,样品的电阻逐渐减小,所以测得的圆弧半径逐渐减小。同时,也出现了低频端的图像出现向晶粒弧内部弯曲的现象。为区分出电极以及样品与测试夹头接触界面的影响,对未涂电极的 $BaTi_{0.7}Co_{0.3}O_{3-\delta}$ 陶瓷样品进行了交流阻抗测试。未涂电极的样品低频端的半圆弧不明显,所以可以判断涂 Ag 电极的样品中低频端的半圆弧主要为电极的效应。另外,未涂电极的样品测出的高频端的半圆弧更完整,这可能与未涂电极的样品电阻更高有关。

(2)交流电导率分析。

对于能带导电的半导体材料,其电导率主要取决于载流子浓度。在正常条件下,载流子浓度随绝对温度呈指数关系变化,所以其电导率随绝对温度的上升呈指数关系上升。在这种情况下,其电导率与频率无关。而对于跳跃导电机制的材料,其电导是因为电子在声子辅助下发生跃迁。声子能量越高,电子获得的能量越高,更容易发生跳跃。在这种情况下,其电导率与温度和频率都有关系。

接下来讨论纯六方相的 $BaTi_{0.8}Co_{0.2}O_{3-\delta}$ 陶瓷的交流电导率,以进一步分析其 NTC 效应的导电机理。

通过公式 $\sigma(\omega) = 1/Z(\omega)$,复阻抗 $Z(\omega)$ 也可以转换成复导纳 $\sigma(\omega)$(也有资料将复导纳表示为 $Y(\omega)$)。由复导纳的实部(即 $\sigma'(\omega)$)与频率的关系可以得到交流电导率。跳跃导电的

交流电导率可以表示为

$$\sigma'(\omega) = \sigma(0) + A\omega^S$$

式中　　$\sigma'(\omega)$——交流电导率；

　　　　$\sigma(0)$——直流电导率；

　　　　A——数前因子；

　　　　S——幂指数，一般为小于 1 的数。

不同温度下 $BaTi_{0.8}Co_{0.2}O_{3-\delta}$ 的交流电导率的对数 $\log\sigma'(\omega)$ 与角频率的对数 $\log\omega$ 的关系上看，样品的交流电导率 $\sigma'(\omega)$ 随温度的升高而增加。同时，在低频区，各测试温度下样品的交流电导率均与频率无关。而在高频区，各测试温度下样品的交流电导率均随频率的升高而增大。另外，随测试温度的升高，样品的交流电导率开始呈现与频率有关的部分向高频端移动。电导率随频率变化说明在 $BaTi_{0.8}Co_{0.2}O_{3-\delta}$ 陶瓷材料中存在跳跃导电过程。

（3）阻抗和模量分析。

Gerhardt 提出，由阻抗虚部 Z''、模量虚部 M'' 与频率的对数 $\log f$ 的关系，可以区分出材料中存在的局域化导电（localized conduction）和长程导电（long-range conduction）机制。由 $M(\omega) = j\omega C_0 Z(\omega)$ 可以得出样品的模量 $M(\omega)$（electric modulus），其中 C_0 是真空电容率。此方法可以被用于分析 NTC 材料的导电机理。在 NTC 材料中局域化导电对应小极化子跳跃导电，而长程导电则是对应能带导电。

在所有的测试温度下，阻抗虚部在低频时都趋近与 0，说明电极的极化效应较小，可以忽略不计。在高频区，所有阻抗虚部的曲线都出现一个峰值 Z''_{max}。Z''_{max} 的峰值与电阻成正比，随温度的升高样品的电阻降低，所以 Z''_{max} 的峰值也降低。

因为测试频率的限制，高频部分的 M''/M''_{max} 的峰没有完全显示出来。在所有测试温度下，Z''/Z''_{max} 的曲线都出现了一个峰。同时，在 200 ℃ 以下时，M''/M''_{max} 出现了两个峰，低频部分 M''/M''_{max} 的峰与 Z''/Z''_{max} 的峰相重叠，高频部分 M''/M''_{max} 的峰与 Z''/Z''_{max} 的峰相分离。随着测试温度的升高，低频部分 M''/M''_{max} 的峰的峰值逐渐增大，并且向高频方向移动。在 250 ℃ 和 300 ℃ 时，只出现了高频部分 M''/M''_{max} 的峰，这是因为低频部分 M''/M''_{max} 的峰向高频方向移动，被高频部分的峰所覆盖，所以不能从曲线上分辨开来。

高频部分 M''/M''_{max} 的峰与 Z''/Z''_{max} 的峰相分离，说明在样品中存在局域化导电，即跳跃导电。同时低频部分 M''/M''_{max} 的峰与 Z''/Z''_{max} 的峰相重合，说明样品中还存在长程导电，即能带导电。

基于以上的分析和讨论，可以判断在 $BaTi_{0.8}Co_{0.2}O_{3-\delta}$ 陶瓷样品中同时存在跳跃导电和能带导电。其中跳跃导电是由电子在 Co^{3+}/Co^{2+} 离子对之间跳跃产生，能带导电是由空穴在价带中运动产生。在不同温度范围内，跳跃导电和能带导电起不同的作用。在低温时（小于 70 ℃），电子在 Co^{3+}/Co^{2+} 离子对之间跳跃起主要作用，其激活能为 $E_{a1} = 0.201$ eV。此时，其交流电导率过程服从跳跃导电时的规律，所以在此温度范围内得到的 S 的值小于 1（$S < 1$）。在中温时（70～250 ℃），能带导电起主要作用。Co^{3+} 掺杂后引入受主能级，能接受因热激活从价带激发的电子。电子被激发后在价带中留下空穴而发生导电。这个过程的激活能较高，为 $E_{a2} = 0.296$ eV。由于跳跃导电不是起主要作用的过程，所以其交流电导率不服从跳跃导电的规律，所以得到的 S 的值大于 1（$S > 1$）。当温度高于 250 ℃ 时，价带的电子首先由于热激活被激发到受主能级被 Co^{3+} 俘获，然后电子再在 Co^{3+}/Co^{2+} 离子对之间发生跳跃。电子需要经历热激活和跳跃两个过程，所以此过程的激活能更大，为 $E_{a3} =$

0.417 eV。在此过程中，跳跃导电的机制加强，所以由交流电导率得到的 S 的值小于 1（$S < 1$）。可以注意到，$E_{a3} \approx E_{a1} + E_{a2}$，说明此激活能足以使电子完成热激活和跳跃的过程，与推测相符。同时价带中的空穴运动也对导电过程起一定的作用。

三、烧结助剂对 $BaTi_{0.8}Co_{0.2}O_{3-\delta}$ 陶瓷的影响

（一）综述

电子元件的片式化可以满足电子产品小型化、轻量化等要求。片式 NTC 热敏电阻主要有单层片式和多层片式两种结构形式。多层片式 NTC 热敏电阻具备以下突出的性能：① 可以满足元件小型化及表面贴装技术的需要；② 可以通过多层组装技术实现 NTC 热敏电阻性能的优化（如低阻值、高 B 值）；③ 借助于材料复合技术的应用，可以实现材料设计的梯度化和多功能化。

要实现 NTC 热敏电阻的多层片式化，首先就要实现陶瓷材料与内电极的共烧。实验中发现，$BaTi_{1-x}Co_xO_3$ 陶瓷的烧结温度为 1 230～1 300 ℃，只能使用 Ag—Pd 内电极，成本昂贵。要降低电极成本，就需要降低材料的烧结温度至 950 ℃ 以下，使用相对廉价的 Ag（熔点 961 ℃）电极。因此，探索不同的技术途径来降低 $BaTi_{1-x}Co_xO_3$ 陶瓷的烧结温度，具有重要的理论意义和工程应用价值。

传统降低陶瓷材料烧结温度的方法是：掺杂适当的氧化物或低熔点玻璃等烧结助剂、采用化学合成方法和使用超细粉体做起始原料。目前应用最广泛，也最经济有效的方法是掺杂烧结助剂进行低温液相烧结。

（二）实验方法

1. 原材料与仪器

（1）原材料。

碳酸钡 $BaCO_3$，分析纯（$\geqslant 99.0\%$）；

碱式碳酸钴 $2CoCO_3 \cdot 3Co(OH)_2 \cdot 3H_2O$，分析纯（$\geqslant 99.0\%$）；

钛酸丁酯 $[CH_3(CH_2)_3O]_4Ti$，化学纯（$\geqslant 98.0\%$）；

碳酸锂 Li_2CO_3，分析纯（$\geqslant 99.0\%$）；

五氧化二磷 P_2O_5，分析纯（$\geqslant 99.0\%$）；

硼酸 H_3BO_3，分析纯（$\geqslant 99.0\%$）；

氧化锌 ZnO，化学纯（$\geqslant 98.0\%$）；

碳酸钙 $CaCO_3$，分析纯（$\geqslant 99.0\%$）；

无水乙醇 CH_3CH_2OH，分析纯（$\geqslant 99.7\%$）；

聚乙烯醇 $(CH = CHOH)_n$，分析纯（$\geqslant 99.0\%$）；

硝酸 HNO_3，分析纯（$\geqslant 98.0\%$）。

（2）实验仪器和设备。

实验仪器与设备同上文一样。

2. 样品制备

样品制备过程如下：

（1）参照上面的方法制备出煅烧后的 $BaTi_{0.8}Co_{0.2}O_{3-\delta}$ 粉体，作为样品 A1。用乙二醇甲醚将煅烧后粉体研磨均匀备用。

（2）以 A1 粉体为基质，分别添加适量的 $Li-P-Ti-Co-O$、$B-Zn-Si-Li-O$ 或 B_2O_3 作为助烧剂，分别对应为 A2、A3 和 A4 样品。$Li-P-Ti-Co-O$ 和 $B-Zn-Si-Li-O$ 助烧剂为实验室自制。按配比称取 A2 和 A4 样品各助烧剂的组分，分别溶于稀硝酸形成澄清溶液。然后将 A1 粉体按比例分别加入各助烧剂的澄清溶液中，搅拌蒸发得到干燥的前驱体粉体。另称取适量 $B-Zn-Si-Li-O$ 助烧剂，与 A1 粉体按比例混合球磨，干燥后得到 A3 粉体。将 A2 和 A3 样品的前驱体粉体做 DSC/TG 测试。

（3）将样品 A2 的前驱体粉体在 750 ℃ 煅烧 4 h 后，与 A3 和 A4 的粉体分别压制成型，生坯规格为 $\Phi15\ mm\times3\ mm$ 的圆片。将生坯片在 950 ℃ 到 1 050 ℃ 烧结 2 h 获得陶瓷块体。烧成后的样品经两面磨平后涂以银浆，并在 550 ℃ 烧渗欧姆银电极。

3. 测试方法

用德国 NET 公司 NETZSCHSTA449C 型 TG/DSC 联用热分析仪分析前驱体粉料的热分解行为，根据差热和热重曲线分析粉料中可能存在的物理与化学反应，如硝酸盐的分解温度，助烧剂发生晶化和熔化的温度，粉体发生固相反应的温度等，以确定材料的煅烧制度和烧结制度。用日本理学 D/MAX 2500 型 X 射线衍射（XRD）仪分析烧结后陶瓷材料的相组成。用 Jade 5 软件进行图谱的分析。用 Sirion200 高分辨场发射扫描电子显微镜分析添加助烧剂后陶瓷样品的表面形貌和晶粒大小。试样的电阻温度（$R-T$）特性用 $R-T$ 特性测试系统（华中科技大学研发，ZWX-C 型）进行测试。用 Gamry Reference 600 型交流阻抗分析仪测试样品的频率响应特性，用 Analyst 软件进行实验数据处理。

（三）结果与讨论

1. 差热热重分析

从 A2 样品前驱体粉体的 DSC/TG 可以知道，在 81 ℃ 时有一个吸热峰，对应了少量的质量损失，这是由粉体中的水分蒸发引起的。从 400～600 ℃ 有 11.7% 的质量损失，对应了约 551 ℃ 时的吸热峰。这是因为硝酸盐在此温度下分解成氧化物，释放出气体，导致质量下降。在此温度以后，粉体的质量没有明显的变化。在约 960 ℃ 和 1 136 ℃ 时有两个明显的吸热峰，与 Li 和 P 形成的化合物具有多种晶型，这两个吸热峰可能是晶型转变引起的。960 ℃ 的吸热峰的起始温度为 910 ℃，与 $Li_4P_2O_7$ 的熔点接近，通过 XRD 分析证明了 $Li_4P_2O_7$ 的存在，所以这个吸热峰与 $Li_4P_2O_7$ 熔化和发生晶型转变有关。另外，实验中在 1 180 ℃ 对样品进行烧结，发现样品明显熔化，所以 1 136 ℃ 的吸热峰也可能是助烧剂发生较大程度的熔化造成。因此确定煅烧制度为 750 ℃ 煅烧 4 h，使硝酸盐完全分解。烧结温度应在 910 ℃ 以上，以实现液相烧结。

从 A3 样品前驱体粉体的 DSC/TG 可以看出，在 110 ℃ 时有一个吸热峰，这是由粉体中的水分蒸发引起的。从约 400 ℃ 开始样品缓慢吸热一直持续到 1 157 ℃，此过程中有 4.7% 的质量损失，这是因为助烧剂的组分较多，随温度升高发生连续的分解和熔化的过程，所以发生持续吸热的现象。在 950 ℃ 以上时样品的质量无明显变化，因此取烧结温度应在此温度以上。在约 939.8 ℃ 时有一个放热峰，可能是助烧剂组分发生晶化放出结晶潜热造成的。

2. 烧结助剂电性能的影响

为得到不同助烧剂对材料电性能的影响,对其进行阻温特性测试。添加助烧剂后,A3和 A4 样品的电阻温度特性发生改变,随温度升高电阻率先增大再降低,未呈现单调的 NTC效应。1 000 ℃ 烧结的 A2 样品的电阻率随着温度升高,呈现出 NTC 效应,而且曲线很平滑。由此可见,$Li-P-Ti-Co-O$ 体系比较适合作为 $BaTi_{0.8}Co_{0.2}O_{3-\delta}$ 陶瓷低温烧结的助烧剂。硼离子的半径很小,烧结时可能扩散入晶格形成间隙离子引起晶格畸变,可能导致晶体的平均势场和能带结构的改变,因而 A4 样品的电性能发生改变。对于 A3 样品,因为助烧剂的组分复杂,其电性能的改变可能与硼等小半径的离子形成间隙离子有关。同时,根据DSC/TG 在约 939.8 ℃ 时有一个放热峰,可能是助烧剂某组分发生晶化,所以其电性能的改变也可能与第二相的形成有关。

A2 样品的 NTC 效应较好,所以分析了不同烧结温度对其电性能的影响。随着温度升高,950 ℃ 和 1 000 ℃ 烧结 2 h 后的样品呈现良好的 NTC 效应,电阻率接近,ρ_{25} 分别是1.43×10^5 $\Omega \cdot cm$ 和 1.49×10^5 $\Omega \cdot cm$。1 050 ℃ 烧结 2 h 后样品的曲线有两个明显的跳跃点,电阻率上升,ρ_{25} 为 3.84×10^6 $\Omega \cdot cm$。而 1 050 ℃ 烧结 5 h 的样品电阻温度特性发生改变,电阻率明显增大,ρ_{25} 为 4.56×10^7 $\Omega \cdot cm$,而且随温度升高电阻率先增大再降低。根据DSC/TG,1 050 ℃ 时开始出现助烧剂的大量熔化,液相的出现导致离子的扩散更容易。由于助烧剂中的 Li 离子和 P 离子半径较小,可能进入晶格形成间隙原子。这样就造成晶体结构的畸变,对电子运动的散射增强,影响材料的电性能,导致电阻增大。所以在此温度烧结2 h 的样品电性能改变。随着保温时间的延长,大量的杂质离子进入晶格,可能改变材料的晶体势场和能带结构,因此导致在此温度烧结,5 h 的样品电性能发生改变,不再呈现单调的NTC 效应,所以添加 $Li-P-Ti-Co-O$ 助烧剂后,样品的烧结温度应在 1 050 ℃ 以下。

3. 烧结助剂对相组成的影响

为得到添加烧结助剂后对样品晶体结构的影响,对各样品进行了 XRD 测试。添加助烧剂后并未改变 $BaTi_{0.8}Co_{0.2}O_{3-\delta}$ 陶瓷的主要晶体结构,各样品主相均为六方晶系结构。

1 000 ℃ 烧结 2 h 的 A2 样品,晶格常数为 $a = 0.572\ 3$ nm,$c = 1.396\ 5$ nm。1 050 ℃ 烧结 2 h 后的 A2 样品,晶格常数略有变化,$a = 0.567\ 0$ nm,$c = 1.398\ 0$ nm,而且衍射峰向高角度移动。在 1 000 ℃ 烧结 2 h 的 A2 样品中,$2\theta = 27.6°$ 时出现明显的杂质峰,经物相鉴别确定为 $Li_4P_2O_7$ 的衍射峰。而在 1 050 ℃ 烧结 2 h 的 A2 样品中,$Li_4P_2O_7$ 的衍射峰更为明显。根据 DSC/TG 曲线,在 1 050 ℃ 时样品中出现大量助烧剂熔化的现象。液相的形成使Li 离子和 P 离子更容易扩散进入 $BaTi_{0.8}Co_{0.2}O_{3-\delta}$ 基体的晶格,造成晶格畸变程度更高。所以与 1 000 ℃ 时烧结相比,1 050 ℃ 烧结的 A2 样品晶格常数有变化,杂质相更明显。1 000 ℃ 烧结的 A3 样品,其晶格常数为 $a = 5.716\ 2$ nm,$c = 1.399\ 3$ nm。在 $2\theta = 28.2°$、34.3° 和 40.1° 出现 $BaAl_2O_4$ 的衍射峰。因此,在 939.8 ℃ 的放热峰可能是助烧剂中的 Al 离子与晶格的 Ba 离子反应生成 $BaAl_2O_4$ 引起的。

4. 微观结构与形貌

将添加助烧剂前后的样品进行了扫描电子显微镜测试,分析了助烧剂对其微观结构的影响。未含助烧剂烧结的 A1 样品表面气孔较多,气孔直径为 $2 \sim 3$ μm,样品晶粒生长不均匀,大部分晶粒的尺寸为 5 μm 左右,大晶粒之间还夹杂部分方形颗粒状的小晶粒,尺寸约为1 μm。添加助烧剂后,样品的烧结性明显改善,表面气孔数量较少,而且平均晶粒尺寸较小,晶粒生长比较均匀,只有少量晶粒生长较大。这可能是液相的形成抑制了晶粒的异常长大。同时可以看出,添加 Li—P—Ti—Co—O 的 A2 样品晶粒呈颗粒状紧密排列,而添加 B—Zn—Si—Li—O 的 A3 样品晶粒呈片状无序排列,晶粒间隙较大。所以 A3 样品较 A2 样品疏松。另外,A3 样品中有部分衬度较低的区域,表明有第二相生成,因此进行了 EDX 能谱分析。

1 000 ℃ 烧结 2 h 的 A3 样品中衬度较高的区域为其主要成分为 $BaTi_{0.8}Co_{0.2}O_{3-\delta}$,另外还含有少量的 Zn 元素,可能是助烧剂中的 Zn 离子扩散进入晶格。由于 Zn^{2+} 的半径(60 pm)与 Ti^{4+}(74.5 pm)和 Co^{3+} 相似,因此 Zn 将置换 Ti 或 Co 的位置。而衬度较低的区域,其主要成分为 $BaAl_2O_4$,与 DSCJTG 和 XRD 测试结果相符。因此可以得出,在 939.8 ℃ 的放热峰 Al 离子与晶格的 Ba 离子反应生成 $BaAl_2O_4$ 引起的。由于生成的杂质相较多,所以样品的电性能发生改变,未呈现 NTC 效应。由于掺入的助烧剂组分配方中 Al 离子的含量较低,其他的 Al 可能来自球磨过程中引入的 Al_2O_3 杂质。

5. 烧结助剂对晶粒／晶界效应的影响

对 A2 样品进行了交流阻抗测试,分析添加 Li—P—Ti—Co—O 助烧剂对材料的晶粒／晶界的电性能的影响。较低温度时,测得的数据点仍然为晶粒弧和晶界弧相重叠,所测得的半圆弧的圆心均在实轴下方,20 ℃ 时的曲线,在低频端电极效应比较明显。随着温度升高,样品的电阻逐渐减小,所以测得的圆弧的半径逐渐减小。由于测试频率的限制,高频端的半圆弧逐渐不能完全测出。同时,低频端的图像出现向晶粒弧内部弯曲,这是由 Ag 电极与样品表面的接触界面以及样品与测试夹头之间的接触界面所引起的。

表 5—4 是拟合后的 1 000 ℃ 烧结的 A2 样品在不同温度下的晶粒电阻 R_g、晶界电阻 R_{gb}、晶粒电容 C_g 和晶界电容 C_{gb} 的值。从表中可以看出,与未添加助烧剂的 $BaTi_{0.8}Co_{0.2}O_{3-\delta}$ 陶瓷相比,掺入助烧剂后晶界电阻和晶粒电阻的差值明显减小,样品的晶界效应增强。这是因为掺入助烧剂后,样品的晶粒尺寸更小,而且长大更均匀,晶界数量增加,所以晶界效应更明显。

表 5—4　1 000 ℃ 烧结的 A2 样品在不同温度下晶粒／晶界的电阻和电容值

$T/℃$	晶粒电阻 R_g/Ω	晶粒电容 C_g/F	晶界电阻 R_{gb}/Ω	晶界电容 C_{gb}/F
20	2 237	1.46×10^{-09}	7 843	2.50×10^{-07}
60	6 053	1.22×10^{-09}	5 156	3.59×10^{-09}
100	3 540	1.04×10^{-09}	1 198	9.21×10^{-09}
140	857.1	1.01×10^{-09}	611	5.91×10^{-09}
180	624.5	6.85×10^{-10}	527.1	3.44×10^{-09}
220	367.4	4.07×10^{-10}	285.9	1.83×10^{-09}
260	421.9	5.77×10^{-11}	174	1.54×10^{-09}
300	392.3	1.36×10^{-11}	113.3	1.60×10^{-09}

晶界电阻和总电阻均随温度升高呈下降趋势,显示出 NTC 效应。20 ℃ 时晶粒电阻比晶界电阻小,60 ℃ 时晶粒电阻升高。然后随着温度的升高,晶粒电阻开始下降呈现 NTC 效应,此时晶粒电阻比晶界电阻稍大。晶粒和晶界的电阻相差不大,对材料的电性能都起重要的作用。

（四）小结

（1）通过添加助烧剂，在 950～1 050 ℃ 下烧结得到 $BaTi_{0.8}Co_{0.2}O_{3-\delta}$ 陶瓷样品。与未添加助烧剂的 $BaTi_{0.8}Co_{0.2}O_{3-\delta}$ 陶瓷相比，烧结温度降低了 200～300 ℃。添加助烧剂后的样品仍然为六方晶系结构，气孔减少，晶粒较小，致密度明显提高。

（2）添加适量的 Li－P－Ti－Co－O 作为助烧剂后，得到的样品有良好的 NTC 效应，而添加 B－Zn－Si－Li－O 或 B_2O_3 作为助烧剂时，样品的电性能受到影响，不呈现 NTC 效应。

（3）添加 Li－P－Ti－Co－O 助烧剂后，在 1 000 ℃ 下烧结的样品 NTC 性能较好，1 050 ℃ 烧结时电性能改变。经交流阻抗分析，样品的晶界效应比未添加助烧剂时明显，晶粒和晶界同时对电性能起重要的作用。

四、施主掺杂对 $BaTi_{0.8}Co_{0.2}O_{3-\delta}$ 陶瓷的影响

（一）综述

钛酸钡（$BaTiO_3$）是具有钙钛矿结构的铁电体，被广泛用于制造陶瓷电容器、正温度系数（PTC）热敏元件等，一般通过掺杂改性，使 $BaTiO_3$ 形成复合钙钛矿结构，改善其电学和物理性能。如通常掺杂 Pb 和 Sr 使 $BaTiO_3$ 基 PTC 陶瓷材料的居里点发生移动。杂质离子占据点阵中的位置与基质组成、杂质离子半径、掺杂浓度、烧成制度、气氛条件以及离子间相互作用等因素密切相关。

$BaTiO_3$ 基陶瓷常用的施主掺杂物可分为三类：一类是与 Ba^{2+} 半径相近、化合价高于 Ba^{2+} 取代 Ba^{2+} 充当施主的元素，一般有 La^{3+}、Y^{3+}、Bi^{3+}、Nd^{3+}、Dy^{3+} 等；另一类是与 Ti^{4+} 半径相近、化合价高于 Ti^{4+}、取代 Ti^{4+} 充当施主的元素，一般有 Nb^{5+}、Ta^{5+}、V^{5+}、W^{5+} 等；第三类是离子半径和化合价介于 Ba^{2+} 和 Ti^{4+} 之间，根据不同的化学计量和结构，既可以取代 Ba^{2+} 又可以取代 Ti^{4+} 的施主元素，一般有 Er^{3+}、Eu^{3+}、Ho^{3+}、Sm^{3+}、Gd^{3+}、Sb^{3+} 等。

实验用 La、Sb 和 Bi 对 $BaTi_{0.8}Co_{0.2}O_{3-\delta}$ 陶瓷进行施主掺杂，研究了掺杂对其晶体结构和电性能的影响，探索了通过掺杂调节 $BaTi_{0.8}Co_{0.2}O_{3-\delta}$ 陶瓷的 NTC 性能的可行性。

（二）实验方法

1. 原材料与仪器

（1）原材料。

碳酸钡 $BaCO_3$，分析纯（≥99.0%）；

碱式碳酸钴 $2CoCO_3 \cdot 3Co(OH)_2 \cdot 3H_2O$，分析纯（≥99.0%）；

钛酸丁酯 $[CH_3(CH_2)_3O]_4Ti$，化学纯（≥98.0%）；

无水乙醇 CH_3CH_2OH，分析纯（≥99.7%）；

氧化镧 La_2O_3，分析纯（≥98.0%）；

氧化锑 Sb_2O_3，分析纯（≥99.0%）；

氧化铋 Bi_2O_3，分析纯（≥99.7%）。

（2）仪器。

实验仪器和设备同上文。

2. 样品制备

首先分别制备了 La、Sb 和 Bi 掺杂的 $BaTi_{0.8}Co_{0.2}O_{3-\delta}$ 陶瓷材料，配比分别为 $BaLa_xTi_{0.8}Co_{0.2}O_{3-\delta}$（$x = 0$、0.000 4、0.000 8、0.001 2、0.001 6、0.002）；$BaSb_yTi_{0.8}Co_{0.2}O_{3-\delta}$（$y = 0$、0.000 4、0.000 8、0.001 2、0.001 6、0.002）和 $BaBi_zTi_{0.8}Co_{0.2}O_{3-\delta}$（$z = 0$、0.000 5、0.001、0.001 5、0.002）。

以 $BaLa_xTi_{0.8}Co_{0.2}O_{3-\delta}$ 为例，简述样品制备过程。以碳酸钡（$BaCO_3$）、钛酸四丁酯（$[CH_3(CH_2)_3O]_4Ti$）、碱式碳酸钴（$2CoCO_3 \cdot 3Co(OH)_2 \cdot 3H_2O$）、氧化镧（$La_2O_3$）为原料，按照化学式 $BaLa_xTi_{0.8}Co_{0.2}O_{3-\delta}$ 计算配料。先将钛酸四丁酯溶于无水乙醇，$BaCO_3$、La_2O_3 和碱式碳酸钴分别溶于硝酸，然后将以上两种溶液混合，再加入适量 PVA 溶液做聚合剂，将所得溶液加热搅拌 6～7 h 至水分完全蒸发得到前驱体粉料，所得粉料在 1 050 ℃ 煅烧 2 h，然后压制成型，将生坯片在 1 230 ℃ 烧结 2 h 获得最终块体材料，烧成后的瓷片经两面平磨后涂以银浆，并烧渗欧姆银电极。

3. 测试方法

用日本理学 D/MAX 2500 型 X 射线衍射（XRD）仪分析煅烧后粉末和烧结后块体材料的相组成。用 Jade 5 软件进行图谱的分析。试样的电阻温度（$R-T$）特性用 $R-T$ 特性测试系统进行测试。

（三）结果与讨论

1. 掺杂对相组成的影响

$BaLa_{0.001 2}Ti_{0.8}Co_{0.2}O_{3-\delta}$ 样品煅烧后粉末和烧结后主晶相均为六方结构。煅烧后的粉末在 $2\theta = 28.6°$ 和 $29.2°$ 时出现 Ba_2TiO_4 相的衍射峰，在 $2\theta = 45.3°$ 时出现 TiO_2 的衍射峰。对于烧结后的样品，其六方相的衍射峰强度增强，而杂质相的衍射峰减弱，TiO_2 的衍射峰消失，Ba_2TiO_4 的衍射峰仍然保留。经计算得到烧结后样品的晶格常数为 $a = 0.571 9$ nm、$c = 1.399 7$ nm。没有观察到 La_2O_3 的衍射峰，说明 La 离子进入了 $BaTi_{0.8}Co_{0.2}O_{3-\delta}$ 的晶格。由于 La^{3+} 半径（117 pm）与 Ba^{2+} 半径（149 pm）相近，所以 La 应该替换 Ba 的晶格位置。被替换的 Ba^{2+} 可能形成间隙离子或迁移到晶界处。由于 Ba^{2+} 半径较大，所以更可能通过扩散作用迁移到晶界，产生富 Ba 相 Ba_2TiO_4。

$BaSb_{0.001 6}Ti_{0.8}Co_{0.2}O_{3-\delta}$ 样品煅烧后粉末和烧结后主晶相均为六方结构。在 $2\theta = 28.7°$ 和 $29.3°$ 时出现少量杂质相的衍射峰，经物相鉴定为 Ba_2TiO_4 相。对于烧结后的样品，杂质相的衍射峰减弱，物相比煅烧后的粉末纯净。经计算得到烧结后样品的晶格常数为 $a = 0.571 2$ nm，$c = 1.398 2$ nm。没有观察到 Sb_2O_3 的衍射峰，说明 Sb 离子进入了 $BaTi_{0.8}Co_{0.2}O_{3-\delta}$ 的晶格。Sb^{3+} 的半径为 90 pm，普遍认为会替换 Ba^{2+} 的位置。另外在高温热处理时，Sb^{3+} 会被氧化成 Sb^{5+}（74 pm），因此也可能有部分的 Sb^{5+} 会替换 Ti^{4+} 的位置。被替换的 Ba^{2+} 通过扩散作用迁移到晶界，产生富 Ba 相 Ba_2TiO_4。

综上所述，微量的施主元素掺杂没有改变 $BaTi_{0.8}Co_{0.2}O_{3-\delta}$ 的晶体构型，材料的主晶相仍然是六方结构，掺杂离子替换 Ba 离子后，可能形成 Ba 离子在晶界出的偏析而出现了 Ba_2TiO_4 相。

2. 掺杂对电性能的影响

对材料进行施主掺杂会提高载流子的浓度,对材料的电性能必然会有影响,因此对施主掺杂的样品进行了阻温特性测试。

烧结后 $BaLa_xTi_{0.8}Co_{0.2}O_{3-\delta}$ 陶瓷样品的电阻温度。掺杂 La 以后,材料的电阻率比未掺杂的样品降低。这是因为施主掺杂后提高了材料的载流子浓度,所以电阻率下降。当 $x=0.0004$ 时,材料的电阻率有所降低,但是 $B_{50/120}$ 常数增大;$x=0.0008$ 时,材料的电阻率和材料常数 $B_{50/120}$ 出现反常,电阻率比未掺杂的时候大,$B_{50/120}$ 常数也明显增大;当 $x\geqslant0.0012$ 时,材料的电阻率和 $B_{50/120}$ 又降低,随掺杂量增大呈下降趋势,但彼此相差不大。表 5-5 列出了不同掺杂量时 $BaLa_xTi_{0.8}Co_{0.2}O_{3-\delta}$ 陶瓷样品的室温电阻率 ρ_{25} 和材料常数 $B_{50/120}$ 的值。

表 5-5　$BaLa_xTi_{0.8}Co_{0.2}O_{3-\delta}$ 陶瓷样品的室温电阻率 ρ_{25} 和材料常数 $B_{50/120}$ 的值

	$x=0$	$x=0.0004$	$x=0.0008$	$x=0.0012$	$x=0.0016$	$x=0.002$
$\rho_{25}/(\Omega\cdot cm)$	7.32×10^5	5.08×10^5	1.10×10^7	8.71×10^3	9.52×10^3	1.3×10^4
$B_{50/120}/K$	3 187	4 397	5 700	2 679	2 745	2 932

烧结后 $BaSb_yTi_{0.8}Co_{0.2}O_{3-\delta}$ 陶瓷样品的电阻温度。$y=0.0004$ 时,材料的电阻率和材料常数 $B_{50/120}$ 出现反常,电阻率和 $B_{50/120}$ 常数均比未掺杂的时候大;当 $y\geqslant0.0008$ 时,材料的电阻率均比未掺杂的样品降低,$B_{50/120}$ 常数略有减少。表 5-6 列出了不同掺杂量时的 $BaSb_yTi_{0.8}Co_{0.2}O_{3-\delta}$ 陶瓷样品的室温电阻率 ρ_{25} 和材料常数 $B_{50/120}$ 的值。

表 5-6　$BaSb_yTi_{0.8}Co_{0.2}O_{3-\delta}$ 陶瓷样品的室温电阻率 ρ_{25} 和材料常数 $B_{50/120}$ 的值

	$y=0$	$y=0.0004$	$y=0.0008$	$y=0.0012$	$y=0.0016$	$y=0.002$
$\rho_{25}/(\Omega\cdot cm)$	7.32×10^5	8.44×10^6	1.61×10^4	1.49×10^4	8.16×10^3	1.09×10^4
$B_{50/120}/K$	3 187	4 662	2 614	2 768	2 692	2 714

烧结后的 $BaBi_zTi_{0.8}Co_{0.2}O_{3-\delta}$ 陶瓷样品的电阻温度。掺杂 Bi 后没有出现电阻率异常增大的现象,掺杂后样品的电阻率均比未掺杂的样品要低。当 $0<z\leqslant0.0015$ 时,材料的电阻率随掺杂量的增大呈降低趋势,$B_{50/120}$ 常数变化不大;当 $z=0.002$ 时,材料的电阻率明显降低,$B_{50/120}$ 常数亦明显降低,所对应的电阻率随温度下降程度较平缓。表 5-7 列出了不同掺杂量时的 $BaBi_zTi_{0.8}Co_{0.2}O_{3-\delta}$ 陶瓷样品的室温电阻率 ρ_{25} 和材料常数 $B_{50/120}$ 的值。

表 5-7　$BaBi_zTi_{0.8}Co_{0.2}O_{3-\delta}$ 陶瓷样品的室温电阻率 ρ_{25} 和材料常数 $B_{50/120}$ 的值

	$z=0$	$z=0.0005$	$z=0.001$	$z=0.0015$	$z=0.002$
$\rho_{25}/(\Omega\cdot cm)$	7.32×10^5	3.51×10^5	1.32×10^5	1.82×10^5	333
$B_{50/120}/K$	3 187	2 568	2 654	2 800	935

3. 掺杂后的导电机理

未掺杂的 $BaTiO_3$ 陶瓷是绝缘体,掺杂能使 $BaTiO_3$ 半导化。用施主离子掺杂取代 Ba^{2+} 以后,为了维持电中性,晶体中会形成一系列的缺陷进行补偿。以 La^{3+} 掺杂的 $BaTiO_3$ 为例,其缺陷反应方程为

$$Ba^{2+}Ti^{4+}O_3^{2-}+xLa^{3+}\longrightarrow Ba_{(1-x)}^{2+}La_x^{3+}(Ti_{1-x}^{4+}Ti_x^{3+})O_3+xBa^{2+}$$

即施主掺杂会使 Ti^{4+} 转变为 Ti^{3+}。另外,两个 La^{3+} 占据 Ba^{2+} 的位置后也可以形成一个 Ba 缺位,V''_{Ba} 为负电中心,在晶格中起受主作用,也能补偿施主。当掺杂 La^{3+} 的量很少时,晶体中的 V''_{Ba} 和 La^{3+} 的浓度很低,因而彼此独立。随着掺杂 La^{3+} 的量增加,V''_{Ba} 和 La^{3+} 的浓度增大,彼此间的库仑引力会使 V''_{Ba} 和 La^{3+} 缔合形成复合缺陷,此复合缺陷会导致材料的电阻率升高。

在 $BaTi_{0.8}Co_{0.2}O_{3-\delta}$ 陶瓷中,其导电机制包括电子在 Co^{3+}/Co^{2+} 离子对之间跳跃和空穴在价带中运动。施主掺杂后,材料的 $B_{50/120}$ 常数和电阻率会出现异常增大的现象,说明掺杂可能引入新的补偿机制和导电机制。现以 $BaLa_xTi_{0.8}Co_{0.2}O_{3-\delta}$ 为例,分析掺杂对其导电性的影响。对于 ABO_3 型化合物,其 A 位和 B 位的价态分布有 A^{4+} 和 B^{2+}(如 $BaTiO_3$)、A^{3+} 和 B^{3+}(如 $LaCoO_3$)。La^{3+} 掺杂后进入 A 位,体系中可能在 B 位形成 B^{3+} 以生成稳定的 ABO_3 结构。当 $x=0.0004$ 时,载流子浓度增加,因此材料的电阻率有所降低。其 $B_{50/120}$ 常数增大,是因为部分 Co^{2+} 转变为 Co^{3+} 形成 $A^{3+}B^{3+}O_3$ 结构。Co^{2+} 的浓度减小后电子跳跃的概率降低,因此需要的激活能增大,表现为材料的 $B_{50/120}$ 常数增大。Co^{2+} 价态升高后的释放的电子能被钡空位 V''_{Ba} 补偿。当 $x=0.0008$ 时,$(V''_{Ba}La^{3+})$ 复合缺陷增多,所以材料的电阻率上升。此时 Co^{2+} 的浓度继续降低,所以 $B_{50/120}$ 常数增大。当 $x>0.0008$ 时,La^{3+} 增加的速度超过 V''_{Ba} 形成的速度,体系中施主能级的作用开始变得明显。施主作用使载流子数量增加,而且电子从施主能级激发需要的能量比跳跃小,所以材料的电阻率和 $B_{50/120}$ 常数均减小。

对于 Sb 和 Bi 掺杂的 $BaTi_{0.8}Co_{0.2}O_{3-\delta}$,其导电机理也与 La 掺杂时类似,在 Bi 掺杂的样品中没有观察到电阻率和 $B_{50/120}$ 常数增大的现象,可能是因为其出现增大时的掺杂浓度在很小的范围内,在实验中未能涉及。

五、结论

本节以 $BaTi_{0.8}Co_{0.2}O_{3-\delta}$ 陶瓷为对象,对不同 Co 含量对其电性能和晶体结构的影响,其 NTC 效应的导电机理,$BaTi_{0.8}Co_{0.2}O_{3-\delta}$ 的低温烧结和掺杂改性等方面进行研究,并得到以下结论:

(1)Co 含量不同使 $BaTi_{1-x}Co_xO_{3-\delta}$ 陶瓷出现四方相－四方／六方复相－六方相的转变。Co 摩尔分数较低时($x=0.2$),样品为纯六方相结构。受主态的 Co 掺杂使材料中出现氧空位,随 Co 含量的增加,氧空位浓度增加,对材料六方相的形成起重要作用。

(2)首次发现 $BaTi_{1-x}Co_xO_{3-\delta}$ 陶瓷材料存在明显的电阻负温度系数效应,适当钴掺杂量能获得优异 NTC 效应的热敏陶瓷材料。

(3)当 $x<0.2$ 时,$BaTi_{1-x}Co_xO_{3-\delta}$ 陶瓷的电阻率随温度的升高先升高后下降,当 $x\geqslant 0.2$ 时,样品的电阻率随温度升高单调下降,呈现 NTC 效应。用小极化子理论解释了其导电机理。电子被 Co^{3+} 俘获成为小极化子,材料的电阻率随温度升高而升高是小极化子能带导电所致。而电阻率随温度升高而下降则是小极化子跳跃导电的结果。

(4)当 $x\geqslant 0.2$ 时,$BaTi_{1-x}Co_xO_{3-\delta}$ 陶瓷材料的 NTC 特性主要是晶粒效应起主要作用。对单相的 $BaTi_{0.8}Co_{0.2}O_{3-\delta}$ 陶瓷的研究还发现,其 NTC 效应为小极化子跳跃和空穴在价带中运动两种机制的结果。在低温时主要是电子在 Co^{3+}/Co^{2+} 离子对之间跳跃起主要作用;在中温范围内主要是空穴在价带中运动起主要作用;在较高温度时主要导电机制为电子受热激活从价带激发后被 Co^{3+} 俘获,然后电子在 Co^{3+}/Co^{2+} 离子对之间跳跃。

（5）适量的 $Li-P-Ti-Co-O$ 适合作为 $BaTi_{0.8}Co_{0.2}O_{3-\delta}$ 陶瓷的烧结助剂。添加助烧剂后可降低 $BaTi_{0.8}Co_{0.2}O_{3-\delta}$ 陶瓷的烧结温度，明显改善陶瓷的烧结性能，得到的陶瓷样品的主晶相仍然为六方相。在 1 000 ℃ 下烧结后的样品的 NTC 性能较好，晶界和晶粒效应均对材料的 NTC 性能做贡献。而 $B-Zn-Si-Li-O$ 和 B_2O_3 作为助烧剂，样品的电性能受到影响，不呈现 NTC 效应。

（6）La、Sb 和 Bi 进行施主掺杂能改变 $BaTi_{0.8}Co_{0.2}O_{3-\delta}$ 陶瓷的电阻率和 $B_{50/120}$ 常数。由于施主能级的作用，大部分样品在施主掺杂后电阻率和 $B_{50/120}$ 常数均减小。当掺杂量达到一定值时，样品的电阻率和 $B_{50/120}$ 常数会出现增大，这与 $(V''_{Ba}La^{3+})$ 复合缺陷的产生和 Co^{2+} 的浓度降低有关。

第六章　PTC 热敏陶瓷的结构与导电机理探究

第一节　CaTiO₃ 对 PTC 热敏陶瓷显微结构的影响

$BaTiO_3$ 基 PTC 陶瓷材料,依靠其独特的电阻-温度特性,可以用来制造各种自动恒温发热体、启动开关元件、过流及过热保护元件和旁热信息感应的温度传感器。$CaTiO_3$ 一直被当作一种提高 $BaTiO_3$ 基 PTC 材料性能的有用添加剂,很多研究论文表明,掺入适量 $CaTiO_3$,有助于晶粒均匀及细化,提高耐电压强度、抗还原性和耐热变性。低成本和高性能是 PTC 热敏电阻的发展趋势,本节利用低成本的针状型 $BaCO_3$ 原料,研究 $CaTiO_3$ 对材料性能和显微结构的影响。

一、实验

(一) 配方组成

试样的主配方可以表达为 $Ba_{0.8}Pb_{0.2}TiO_3$。$BaTiO_3$ 和 $PbTiO_3$ 分别由 $BaCO_3$、Pb_3O_4 和 TiO_2 煅烧合成,$CaTiO_3$ 的摩尔分数为 $0 \sim 10\%$,其余的添加料为 Al_2O_3、SiO_2、Nb_2O_5、$Mn(NO_3)_2$。

(二) 样品制备

混料球磨 2 h 后烘干,用质量分数为 5% 的 PVA 混合后造粒,压成 $\Phi 12~mm \times 3~mm$ 的圆片,成型压力为 180 MPa。生坯排胶后在 $1~210 \sim 1~270$ ℃ 保温 30 min 进行烧成。

(三) 测试

陶瓷片经过超声波清洗后,表面涂上铝浆,640 ℃ 下烧电极。然后测室温电阻,用阻温测试仪进行电阻温度特性测试。将 PTC 陶瓷片抛光后进行热腐蚀,然后用扫描电子显微镜进行显微结构分析。

二、实验结果与分析

(一) 原料的选择

PTC 陶瓷制造过程中,原料及配方是基础,没有好的原料,就难于获得优良性能的 PTC 陶瓷。图 6—1 和图 6—2 所示为辛集市纳新电子材料有限公司生产的两种规格不同的 $BaCO_3$ 粉,一种为 NB—D1(价格 2 000 元/t),一种为 NB—D2(价格 8 000 元/t)。NB—D1 号 $BaCO_3$ 粉体为针状型,NB－D2 号 BaCO$_3$ 粉体为粒状。很多公司都用 NB－D2 号 BaCO$_3$ 粉体作为原料,这大大提高了生产成本。实验以低成本的 NB－D1 号针状型 BaCO$_3$ 粉体作为原料。

图 6－1　NB－D1 号 BaCO$_3$ 粉体

图 6－2　NB－D2 号 BaCO$_3$ 粉体

(二)CaTiO$_3$ 对 PTC 陶瓷性能的影响

PTC 材料要有适当的电阻率,此次研制的高温 PTC 材料,用途为加热片,在 220 V 电压下一般电阻率要求 $10^3 \sim 10^5 \Omega \cdot cm$。随添加 CaTiO$_3$ 含量的增加,样品室温电阻率 ρ_{25} 呈 U 形曲线趋势变化。当 CaTiO$_3$ 摩尔分数小于 1%,样品完全绝缘。随着 CaTiO$_3$ 添加量增加,室温电阻率 ρ_{25} 逐渐减小,实验显示在其摩尔分数为 3% 时陶瓷的室温电阻率达到最小值。然而随着其含量的继续增加,室温电阻率增大。随着烧成温度的增加,室温电阻率逐渐变大。

在实验过程中,发现添加 CaTiO$_3$ 还能促进样品半导化。在不同烧结温度制度下,没有添加 CaTiO$_3$ 时样品表面呈黄色,随着添加 CaTiO$_3$ 量的增加,可以发现样品表面出现蓝色,颜色逐渐加深。样品半导化并显示蓝色,是因为 Ti^{4+} 被还原,陶瓷结构中出现了色心的缘故。电子在色心上离解时会吸收一定的能量($0.82 \sim 0.84$ eV),在可见光谱上出现了相应的吸收带,因而材料显示与吸收带相对应的补色。通过样品表面的颜色变化,发现添加 CaTiO$_3$ 量越多,样品半导化效应越好。

烧成温度为 1 250 ℃ 下掺摩尔分数为 2% ~ 10% 的 CaTiO$_3$ 时样品的阻温曲线表明 CaTiO$_3$ 摩尔分数为 3% 的样品 PTC 效应最好,温度系数和电阻突跳都最大。CaTiO$_3$ 的加入一方面改善了显微结构提高了 PTC 效应,另一方面又因为是非铁电体而降低了 PTC 效应,这样综合起来使得掺 3% 时样品 PTC 效应最好。

由 $CaTiO_3$ 摩尔分数为 3％ 时样品在 1 210～1 270 ℃ 烧成时的阻温曲线可以知道,随着烧成温度的增加,PTC 效应有所增加,室温电阻率不断升高。对于含铅的高温 PTC 材料,烧成温度越高铅会挥发的更多,使组分配比偏差,从而导致材料性能的下降;烧成温度越高,晶界氧化程度越深,这利于改善 PTC 效应,但会增加室温电阻值。综上所述,PTC 产品有一最佳烧成温度,在该温度下产品可以获得最低电阻值,低于该温度,产品因半导化不充分而导致产品电阻升高,性能下降,高于该温度则因晶粒细化造成产品电阻升高,但性能不会降低,而且还会因为晶粒增多使耐电压性能略有提高。

在实验中选择 $CaTiO_3$ 摩尔分数为 2.5％、3％ 和 3.5％ 的样品进行电压性能测试,在 600 V 电压 1 min 情况下,没有样品被击穿,这说明添加 $CaTiO_3$ 后样品的耐压特性很好。

(三)形貌分析

在 1 250 ℃ 烧结的不同含量 $CaTiO_3$PTC 陶瓷的 SEM 分析,其中未掺杂 $CaTiO_3$ 晶粒较小,且呈棒状,晶界较多,空隙多,因此样品电阻很大,表现出绝缘。掺杂 3％ 晶粒呈粒状,晶粒大小分布比较均匀致密,因此此时样品阻值较小,PTC 效应较好,耐压性也改善。掺杂 110％ 时个别晶粒发生异常长大,并且含有明显的气孔。

掺杂 3％$CaTiO_3$ 不同烧结温度下 PTC 陶瓷的 SEM 分析,各样品的最高烧成温度为 1 210 ℃、1 230 ℃、1 250 ℃、1 270 ℃,可以观察到烧成温度从 1 210 ℃ 升到 1 270 ℃ 对掺杂 3％$CaTiO_3$ 的 PTC 陶瓷微观结构变化不大,都比较均匀致密,晶粒大小也相当。

三、结论

在 $Ba_{0.8}Pb_{0.2}TiO_3$ 基陶瓷中添加 3％$CaTiO_3$ 时,陶瓷的室温电阻率达到最小值,温度系数最大,加入 3％$CaTiO_3$ 后利于获得晶粒分布均匀的显微结构。烧成工艺制度表明,烧成温度越高,PTC 效应改善,但室温电阻率就越大,最佳的烧成温度为 1 230～1 250 ℃。

第二节　　PTC 热敏陶瓷导电机理分析

一、聚合物 PTC 热敏陶瓷复合材料的导电机理

高分子复合材料的 PTC 效应还与基体材料的性质、种类以及分散相的结构特征有关。实验结果显示,结晶度较高的基体材料,如高密度聚乙烯作为基体材料时比低密度聚乙烯的 PTC 效应高,具有高次结构的炭黑作为分散相能获得比石墨高的 PTC 效应,具有较大颗粒的分散相获得的 PTC 效应也更加明显。这些现象基本上都可以通过热膨胀说和晶体破坏说两个理论在一定程度上得到解释。关于 PTC 效应的产生主要有以下几种理论解释:

(一)导电链与热膨胀模型

1. 热膨胀说

根据该理论,认为当复合材料温度升高时材料发生热膨胀,而且导电材料的膨胀系数小于基体材料。根据导电通道理论,由于连续相和分散相热膨胀的不均匀性,原来由导电颗粒形成的导电网络随着热膨胀而逐步受到破坏,因此电阻率升高。其次,根据隧道导电理论,

复合材料的电阻率与导电粒子之间的距离呈指数关系,热膨胀将造成 ω 的增大,会引起电阻率迅速升高。由于高分子在不同温度下热膨胀性质不同,因此,PTC 效应在不同的温度范围内是不同的,并且呈现非线性特征。

2. 晶区破坏说

这一理论的基础是对于高分子复合材料,添加的分散相仅分布在高分子的非晶区范围,即当聚合物存在部分结晶状态时,导电粒子只分散在非结晶区。这样高分子材料的结晶度越大,非晶区比例越小,导电粒子在其中的浓度就越大,就更容易形成完整导电通路,在同样浓度下电导率较高。当温度升高能够引起晶区减少时,非晶区比例将随之增加,导致导电颗粒在非晶区的相对浓度下降,电阻率会随之上升,呈现正温度效应。一般认为,当温度接近或超过高分子材料软化点温度时,其晶区开始受到破坏,晶区变小,造成电阻率迅速上升。这一现象可以解释为什么高分子 PTC 材料的温度敏感范围在玻璃化转变温度以上的原因。但是,当材料的温度超过其熔融温度后,由于导电颗粒流动性增强,发生导电颗粒的聚集作用,分布不再均匀,因此形成大量新的导电通路,电阻率会掉头向下发生负温度效应NTC。这样也就解释了在熔融温度之上发生 NTC 效应的机理。

(二)渗滤阈值理论

渗流理论的实践基础是复合型导电材料,其添加浓度必须达到一定数值后才具有导电性质。导电分散相在连续相中形成导电网络必然需要一定浓度和分散度,只有在这个浓度以上时复合材料的导电能力会急剧升高,因此这个浓度也称为临界浓度,只有在此浓度以上,导电材料粒子作为分散相在连续相高分子材料中互相接触形成导电网络。该理论认为这种在复合材料体系中形成的导电网络是导电的主要原因。根据上述理论,导电网络的形成自然要取决于导电粒子在连续相中的浓度、分散度和粒子大小等内容。因此,形成复合导电材料的导电能力与导电添加材料的电阻率、相界面间的接触电阻、导电网络的结构等有关。

目前根据渗流理论推导出的各种数学关系式主要用来解释导电复合物电阻率-填料浓度的关系,是从宏观角度来解释复合物的导电现象,寻找出的与电流-电压曲线相符合的经验公式。它们的指导意义是借用实验数据找出一些合适的常数,使经验公式用于制备工艺研究。

(三)隧道导电理论与电场发射学说

虽然导电通道理论能够解释部分实验现象,但是人们在电子显微镜下发现,在导电分散相的浓度还不足以形成网络的情况下,复合体系也具有一定导电性能,或者说在临界浓度时导电分散相颗粒浓度还不足以形成完整导电网络。比如,Polley 等在研究炭黑/橡胶复合的导电材料时,在电子显微镜下观察发现在炭黑还没有形成导电网络时已经具有导电能力,因此认为导电现象的产生必然还有其他非接触原因。解释这种非接触导电现象主要有电子转移隧道效应和电场发射理论。前者认为,当导电粒子接近到一定距离时,在热振动时电子可以在电场作用下通过相邻导电粒子之间形成的某种隧道实现定向迁移,完成导电过程。后者认为这种非接触导电是由于两个相邻导电粒子之间存在电位差,在电场作用下发生电子发射过程,实现电子的定向流动而导电。但是在后者情况下复合材料的电阻应该是非欧姆性的,与实验结果吻合不好。

　　B. Narkis 等认为,在复合导电体系中,被基体聚合物分隔开的导电粒子受通电电流作用会产生高强度电场,并进一步产生发射电流而导电。相关学者分别研究了电阻随电压 V 上升呈指数下降的规律,给出公式: $I=aVP$。其中,a 为隧穿频率因子,反映了材料的导电能力;P 反映了材料 I-V 特性偏离欧姆行为的程度或透射概率;I 为发射电流或隧穿电流,随电压提高,隧穿概率增加,电流提高很大。在高 CB 填充量下体系表现为欧姆特性,在低填充量下则强烈地偏离欧姆规律。

　　以上理论均从不同角度对 PTC 现象做解释,要全面正确地理解实验中产生的 PTC 现象就必须将这几种理论结合起来考虑。它们是相辅相成、互相依存的,以导电通道的电路模型较易理解,导电粒子在其中有三种排列方式。

（四）碳粒聚集态结构变化及迁移模型

　　Klason 等人在1978年提出了这个模型,他们认为温度低于熔点 T_m 时,碳粒的聚集态结构高度依赖于聚合物的结晶结构。炭黑粒子与晶相不相容,在非晶相形成连通的导电通道。熔点时,这种结构遭到破坏形成更为均匀的粒子分布,因而电阻增加。当温度高于熔点时碳粒形成极不均匀的新分布,导致电阻减小。因此电阻的峰值与这两种碳粒聚集态结构之间的转变有关。Klason 认为以非晶聚合物如 PS-PMMA 为基体的材料其电阻的变化是由体积的变化引起的,而以结晶聚合物如 PE-PP 为基体的材料由于炭黑颗粒与基体中的晶相不相容,低温时只能分布在非晶相中,高温时晶相消失,炭黑颗粒的分布变得均匀。炭黑颗粒这种分布的变化引起了 PTC 现象,温度更高时炭黑颗粒的分布重新变化使电阻再度减小而出现 NTC 现象。Voet 则认为在没有结晶的情况下也有相似的效应,他将 PTC 效应归因于聚合物在熔融时体积的膨胀,以及晶体和非晶相熔融时均匀结构的形成固态时,碳粒集中在非晶相熔融时碳粒向原先不含碳粒的晶相迁移而分散于整个体积,从而稀释了聚合物中导电粒子的浓度引起电阻的增加,但是这些观点缺乏直接的实验依据。

（五）欧姆导电模型

　　Allak 研究了聚合物／炭黑复合材料的伏安特性,发现在熔点 T_m 以上和室温时电压与电流呈现线性关系显示出优良的欧姆特性。据此他认为此类复合体系的电导不是隧道电导,Allak 测量了聚乙烯／炭黑复合材料的伏安特性,发现不管在136 ℃ 还是在室温 I-V 都是线性关系,即呈现很好的欧姆特性。这与 Meyer 的隧道模型相矛盾。

　　Allak 根据上述欧姆导电之说提出了解释 PTC 现象的一个新模型,他认为 PTC 效应是结晶熔融和体积膨胀双重变化共同作用的结果。室温时,碳粒分布在非晶相。假定非晶相在晶相之间形成连续的网络,此时非晶相中的炭黑很容易在整个材料中形成导电链。在这里假设非晶相散布于结晶相之中而形成开放的连续网络。这样压缩于非晶相之中的炭黑很容易在整个材料中形成稳定的导电链。这与关于通过结晶相发生隧道导电形成导电网络的前提截然不同。

　　当温度接近结晶聚合物的熔点时,结晶相开始变成非晶相。这个过程同时伴随着一个突然而巨大的体积膨胀(对于 HDPE 总的体积膨胀可以达到20％)。结果,这些新形成和扩大的非晶相(它们是绝缘的,不包含炭黑粒子)之间的间隙大大减小,从而大大减小甚至完全隔断导电电路。

　　当温度高于熔点时,聚合物的流动性增加,位于原先无定形区域的炭黑粒子开始向新形成的非晶相迁移,这样可以通过连接隙缝和形成短路而引起导电电路的形成。结果,电阻开始下降而引起 NTC 效应。Allak 的模型有一定的合理性,较之 Kohler 的热膨胀模型,考虑了晶相及其变化对材料 PTC 特性的影响,同时对 NTC 效应也做一定的解释,但其欧姆导电之说缺乏足够的重复实验结果。

（六）微晶薄膜模型

Meyer 的实验结果说明,膨胀系数与 PTC 强度之间并无固定的关系,他认为结晶高分子膜的导电性比非晶高分子膜高得多（由于隧道效应）。温度较低时,晶体的晶区尚未熔化,炭黑粒子之间可以通过晶区而产生隧道效应,电阻较小;晶区熔化时,由于晶区到非晶区的转变,材料的导电能力减弱,电阻增加;高温后电阻降低是由于原来处于受压态的炭黑粒子开始附聚成导电网络。

二、基于晶界势垒的热敏陶瓷导电机理分析

众所周知,钛酸钡（$BaTiO_3$）是一种铁电材料,其相变从室温时四方相的钙钛矿结构（ABO_3）转变为居里温度下的立方相结构。在 $BaTiO_3$ 中掺入少量的三价稀土元素和五价元素来分别替代它的 A 位或 B 位,可以使材料变成半导体,且其电阻在 T_c 附近突然地增大,一般称这种现象为电阻的正温度（PTC）效应。目前,人们普遍公认 Heywang 模型对 PTC 效应的解释,后来 Jonker 进行了修正。根据 Heywang — Jonker 模型,$BaTiO_3$ 基陶瓷的 PTC 效应是一种晶界效应。当温度低于 T_c 时,其势垒将被铁电极化产生的电子势垒抵消。另外,还有 Daniels 的缺陷化学模型,晶界氧吸附及扩散理论,Desu 的晶界偏析理论模型,Roseman 的晶界电畴取向模型等。郑占申研究了晶界氧元素的作用。尽管在空气中烧制 $BaTiO_3$ 基 PTC 陶瓷的性能比在还原气氛中好,但是利用还原 — 再氧化的烧结工艺可以获得更低的室温电阻率,而多层片式 PTC 陶瓷具有更低的室温电阻,然而,很少人研究在还原气氛中烧结时施主掺杂 $BaTiO_3$ 基片式陶瓷样品的半导化机制和缺陷行为。

本节主要讨论了不同 Sm_2O_3 掺杂量的 $BaTiO_3$ 基样品在还原气氛中烧结时样品的半导化机制,研究了烧结温度和再氧化处理对样品的电性能以及 PTC 效应的影响。从氧化物半导体理论出发,阐述 $BaTiO_3$ 半导瓷的缺陷模型、晶界特性及导电机理等,着重讨论在还原 — 再氧化过程中,施主掺杂 $BaTiO_3$ 基陶瓷缺陷状态的变化及其对晶界势垒特性的影响。

（一）实验

实验使用高纯的 $BaCO_3$（$\geqslant 99.8\%$）、TiO_2（$\geqslant 99.8\%$）、Sm_2O_3（$\geqslant 99.99\%$）和少量的 SiO_2 作为原料,按照下面的公式配料:$(Ba_{1.022-x}Sm_x)TiO_3$ 其中 $x=0.2\% \sim 0.8\%$（摩尔分数）,将配好原料放入聚氨酯球磨罐中,加入适量的去离子水,以 Zr 球作为球磨介质,料:球:水的质量比为 1:2:1.5,在行星球磨机上球磨 4 h,把干燥、过筛后的粉料置入炉中在 1 150 ℃ 下烧结 2 h,预烧后的粉体再次球磨 4 h,在干燥、过筛后的粉体中加入适量的分散剂、消泡剂、溶剂和黏合剂,然后将它们放在尼龙罐中球磨 18 h,再把浆料流延成 55 μm 厚的生坯,将这些生坯体在 50 ℃ 下一层一层地叠压在一起,形成一块坯体,然后将其切成很小的生坯体（长×宽×高＝5.7 mm×4.9 mm×1 mm）,随后,先在 280 ℃ 下慢速地排胶,接着将样品放入刚玉氧化铝管式炉中在 3% H_2/N_2 还原气氛中 1 200 ℃ 下烧结 30 min,升温和降温速率分别为 5 ℃/min 和 2～7 ℃/min,并在降温过程中 1 150 ℃ 保温 30 min,将烧

结后的样品分别放入空气炉中 700 ℃ 和 800 ℃ 下再氧化 1 h 和 0～2 h,再在样品的表面上涂上 In－ca 电极。使用数字万用表来测量样品的室温电阻,使用华中科技大学研制的计算机温控炉测量样品从室温至 250 ℃ 范围内的电阻温度曲线,升温速率为 1.6 ℃/min。

（二）结果与讨论

1. BaTiO₃ 的晶体结构

$BaTiO_3$ 是属于典型的钙钛矿型晶体结构,该立方体结构的 8 个顶角上有 Ba 离子,体心上有 Ti 离子,6 个面心上的 O 离子可以构成正氧八面体,八面体中心位置有 Ti 离子。钙钛矿结构的填充率是很高的,为了便于讨论,在研究中不考虑它的填隙结构,并且忽略各种缺陷间的相互作用,同时也不考虑它的各种反缺陷结构。由于在不同的氧分压和不同的恒温区条件下,样品内各种缺陷的浓度是不同的,因此样品的电导特性也是不同的,如果钡缺位占主导,那么它的导电类型为 p 型电导;如果氧缺位占主导,那么它的导电类型为 n 型电导。因此,材料的电导特性取决于缺陷浓度随氧分压的变化关系。

2. 施主掺杂 BaTiO₃ 基陶瓷的电性能与导电机理

TiO_3 基陶瓷在还原气氛中 1 200 ℃ 烧结 30 min 并在 800 ℃ 再氧化 0 h、1 h 和 2 h 后室温电阻率随施主掺杂 Sm^{3+} 摩尔分数从 0.2%～0.8% 范围内的变化关系,TiO_3 基陶瓷在还原气氛中 1 200 ℃ 烧结 30 min 并在空气中 800 ℃ 再氧化 2 h 后不同含量样品(分别为 $x=0.002$,$x=0.004$,$x=0.006$,$x=0.008$)的阻温特性曲线。从此曲线中可以得到施主掺杂 0.4%Sm 的 $(Ba_{1.022-x}Sm_x)TiO_3$ 基陶瓷的电性能好,其室温电阻率和升阻比分别为 431.3 Ω·cm 和 3.3 个数量级。$(Ba_{1.022-x}Sm_x)TiO_3$ 基陶瓷的室温电阻率随着施主掺杂含量的增加呈现出先减小(当 $0.002 \leqslant x \leqslant 0.006$ 时)后增加(当 $0.006 \leqslant x \leqslant 0.008$ 时)的变化趋势,尤其是当施主掺杂 0.6%Sm 的 $(Ba_{1.022-x}Sm_x)TiO_3$ 基陶瓷的室温电阻率是最低的。此结果表明该陶瓷的临界施主掺杂浓度比较高,这可能是由于烧结气氛烧结对样品的电性能产生了一定的影响。此外,还可以得出氧化时间延长,随着 x 变化效果明显。

总而言之,在高氧分压下,氧空位浓度将减小,与此同时钡空位浓度将增大,施主杂质剂的半导化作用就会逐渐地显示出来。当氧分压很低时,氧空位浓度将很高,少量的施主掺杂剂几乎很难对样品起到半导化作用,所以在体积分数为 3% 的 H_2/N_2 还原气氛中烧结的样品中应该掺入稍高浓度的施主掺杂剂,这样才能有效地使样品半导化。因此,样品在合适温度下再氧化热处理,就会重新获得较好的 PTC 效应。

3. 晶界势垒层的重构

施主掺杂 0.2%Sm 的 $(Ba_{1.022-x}Sm_x)TiO_3$ 基陶瓷在还原气氛中 1 200 ℃ 烧结 30 min 然后以不同冷却速率从最高温降至 800 ℃,其中在 1 150 ℃ 保温 30 min,接着在空气中 700 ℃ 再氧化 1 h 后该样品的电阻温度变化曲线。该实验结果表明样品的降温速率越慢,其室温电阻越低,但其 PTC 效应反而越差;反之,降温速率越快的样品的 PTC 效应就越好,而室温电阻率越高。

对于上述实验结果,从下面几个方面进行探论,首先,分析样品在还原再氧化过程中 PTC 效应的产生根源。为施主掺杂 0.4%Sm^{3+} 的 $BaTiO_3$ 基陶瓷在还原气氛中 1 200 ℃ 烧结 30 min,接着以 2 ℃/min 的速率降温至 800 ℃。根据丹尼尔斯(Daniles)模型,PTC 效应的形成取决于钡空位在晶界上的不均匀分布而产生的高阻势垒层。此外,再氧化前样品内存在着大量的电子和氧空位,它们的浓度远高于钡空位的浓度。因此,该样品晶界内钡空位不起主导作用。然而再氧化后样品内的自由电子和氧空位与晶界上所吸附的氧原子产生淹没,导致晶界上的钡空位又重新开始吸附氧原子,并再次析出于样品晶界内,重新形成高阻势垒层,于是使得样品具有 PTC 效应。

其次,针对钡缺位和氧原子的扩散速率的差异性,当冷却速率很快时,由于钡位的扩散系数很小,它扩散到晶界内很浅的深度处,就被"冻结"起来了,因此晶界内钡缺位基本保留在晶界内。由于样品处于高氧空位环境中,样品内的钡缺位基本上全被淹没,几乎不起作用。与之相反,当慢速冷却时,在还原气氛下样品的晶粒和晶界内将产生更多的自由电子和氧空位,同时伴随着少量的钡空位产生,而这些钡空位在较长的时间内不断地由晶界向晶体内扩散,这就导致留在晶界内钡空位的浓度下降。总之,高速冷却的样品晶界内钡空位浓度将更高一些。这个钡空位由晶界向晶体内扩散程度与冷却速率有关的机理已经被实验所证实。再次,由于氧原子的扩散系数较大,再氧化的过程中氧原子将很快地扩散至晶界内,并淹没晶界内的氧空位,因此晶界内钡空位的作用得以显现,致使其浓度逐渐地升高,最终在样品晶界上重新形成高阻势垒层。

综上所述,慢速冷却样品的晶界内钡空位的浓度较低,晶界高阻势垒也较低,因此样品的 PTC 效应差。当样品再氧化温度和再氧化时间相同时,氧原子淹没低冷却速率样品内自由电子和氧空位的浓度与高速冷却速率样品的应该是相同的,而低速冷却样品内还剩余较多自由电子和氧空位,再加上较低的晶界高阻层,导致样品的室温电阻率较低。

（三）结论

研究表明 $(Ba_{1.022-x}Sm_x)TiO_3$ 基陶瓷在还原气氛中 1 200 ℃烧结 30 min 并在 800 ℃再氧化热处理后其临界施主掺杂浓度较高,利用缺陷化学理论成功地解释了该实验结果,并提出了该样品在还原再氧化烧结过程中的导电机理。其次,研究显示在还原烧结气氛中慢速冷却的样品的室温电阻较低,PTC 效应较差;反之,快速冷却的样品的室温电阻率较高,PTC 效应较好。通过研究钡空位在晶界内的浓度变化、钡空位的扩散速率以及氧原子的扩散速率等因素与冷却速率和烧结气氛之间的关系,提出了在还原再氧化过程烧结中钡缺位在晶界内的重构想法,解释了冷却速率以及再氧化时间对样品晶界势垒以及 PTC 效应的影响。这些将给人们研究 PTC 陶瓷在还原再氧化烧结过程中导电机理及其 PTC 特性提供理论支持。

第七章 热敏陶瓷的其他研究

第一节 叠层片式 PTC 热敏陶瓷与基体研究进展

随着微电子技术的迅速发展,电阻器、电感器、敏感元件和电容器等成为非常重要的电子元器件。为了符合市场的需求,该类电子信息元件朝着微型化、轻量化的方向发展,这就必然促进这类产品向片式化方向发展,而 PTC 热敏陶瓷低阻化的市场需求也与日俱增,导致 PTC 热敏陶瓷朝着叠层片式化的趋势发展。20 世纪 80 年代早期,表面组装技术(SMT)得到了快速发展,这就要求电子产品的发展与该技术相适应,从而促进电子元件片式化的快速发展进程。表面贴装电子元件的年产量约占全部电子元件年产量的 80%,绝大部分电子元件需要贴装在芯片上,并且在使用过程中很多电子元件要发热。此外,在集成电路中电子元件不仅对电路中电压和电流的脉冲冲击比较敏感,容易损坏这些 IC 器件,而且它自身的耐热击穿能力也是比较差的,目前片式小尺寸电子元件的耐热击穿能力就变得更差。因此在集成电路中具有过载和过热保护功能的电子元件就显得十分重要,而片式 PTC 热敏陶瓷在 IC 电路中既具有过载保护的作用又具有过热保护的功能,所以该电子元件是当前市场上急需的产品,总之,PTC 热敏陶瓷的叠层片式化已经成为当今 PTC 热敏陶瓷的发展趋势。它的应用领域十分广泛,例如家用电器、电子、汽车和通信等领域,主要应用于高清彩电、移动电话、蓝牙产品、汽车电子设备等电路中起保护作用。本书总结了叠层片式 PTC 热敏陶瓷的研究历程与现状,分析了叠层片式 PTC 热敏陶瓷在制备过程中存在的问题以及解决的方法,同时指出片式 PTC 热敏陶瓷的发展动向。

一、叠层片式 PTC 热敏陶瓷的发展历程及研究

(一) 现状

随着微电子技术和 SMT 技术的快速发展,PTC 热敏电阻元件朝着片式化、微型化和低电阻化方向发展,这就要求该类元件应该制作成叠层片式结构。与经典制备方法相比,叠层片式 PTC 热敏陶瓷的制备技术含量很高。

片式热敏陶瓷的研究经过以下几个阶段:20 世纪 80 年代早期,一般采用经典的方法来制备块体 PTC 热敏陶瓷,它的室温电阻率很高,不能应用于低压集成电路中。20 世纪 90 年代早期,研究人员就开始研制低阻 PTC 热敏陶瓷材料,当前世界上 PTC 热敏陶瓷的室温电阻率能达到 $10\ \Omega \cdot cm$ 以下,最低可以制备出十几欧姆的电阻,这个阻值几乎达到了极限。此外,国内外大量的研究也表明,通过降低材料的室温电阻率来降低其室温电阻的技术路径是行不通的。

德国 Siemens 公司首创叠层片式 PTC 热敏陶瓷,由于他们采用了新结构的思想和新的制备技术路线,可以进一步降低 PTC 热敏陶瓷的电阻。从 20 世纪 90 年代中期,德国和日本

等国家的电子企业就开始对叠层片式 PTC 热敏陶瓷进行一些研究,起初人们利用"先烧后叠"法来制作叠层片式 PTC 热敏陶瓷,即先将生坯片烧结成薄瓷片,后在其表面上印刷电极和黏结剂,接着叠一层薄瓷片,其次在该层上位于相邻第一层电极两端位置处相互交错地印刷第二层电极和黏结剂,再次叠压一层瓷片,依此类推,最后再经过烧结就可获得叠层片式 PTC 热敏陶瓷,但是这种制备方法只能叠几层单瓷片,且生产效率很低,因此此法只能有限地降低样品电阻。

21 世纪初,片式电子元件的市场需求与日俱增,这就推动了叠层片式 PTC 热敏元件的市场需求,使得各国的研究机构对叠层片式 PTC 热敏陶瓷的关键技术进行研究。其中日本的村田制作所在该研究领域处于领先地位,其次是奥地利的 EPCOS 公司和日本松下公司。

(二)陶瓷的研究现状

1. 国内的研究现状

国内对叠层片式 PTC 热敏陶瓷的研究从 20 世纪 90 年代中后期开始,一些相应研究机构,如清华大学、中科院新疆理化技术研究所和华中科技大学等,中科院新疆理化技术研究所已经成功研制了叠层片式负温度系数热敏电阻器件,清华大学的课题组用铝箔做内电极制备出有机片式 PTC 陶瓷器件,而华中科技大学的课题组采用先烧后叠法研究了轧膜成型技术、注凝成型技术和共烧技术来制备片式 PTC 陶瓷以及水基流延技术。程绪信等采用流延和共烧法制备了叠层片式 $BaTiO_3$ 基 PTC 热敏陶瓷器件,其具有两对 Ni 内电极的叠层片式结构示意图,若样品的尺寸为 3.6 mm×1.8 mm×1.4 mm,它的室温电阻和升阻比分别为 0.3 Ω 和 3.2 个数量级。他们还研究得出:样品的室温电阻随着再氧化温度的升高(500 ~ 900 ℃)呈现出先缓慢地增加而后非常迅速地升高,由此可以知道,样品中 Ni 内电极很难承受较高的再氧化温度。总而言之,尽管国内对片式 PTC 热敏陶瓷进行了大量的研究工作,取得了一定的研究成果,但尚未实现产业化。

2. 国外的研究现状

国外自从 20 世纪 80 年代就开始对叠层片式 PTC 热敏陶瓷进行研究。最先由村田制作所的万代治文采用 Pb—Sn 合金作为内电极,将多孔的 PTC 生坯层相互交错地叠压在一起,制作出室温电阻为 3 ~ 10 Ω 的样品,但 Pb—Sn 合金的熔点较低,难以起到过流保护的作用。研究人员采用 Ni—Pd 或 Ni—Pt 合金作为内电极来制备叠层片式 PTC 热敏陶瓷,获得室温电阻为 10 Ω 的样品。尽管这两种合金电极的抗氧化能力很好,但是 Pd 或 Pt 都是贵金属,增加了产品的生产成本,接着他们采用 Ni—Cr 合金作为内电极来制作样品,其室温电阻为 8 Ω,此阻值依然较高。再后来分别采用了 Co、W、C、Mo、Ti 和 Fe 作为主料,再掺入少量 Pd 或 Pt 作为内电极,最后终于将样品的室温电阻降至 0.6 Ω。制备出多孔叠层片式 PTC 热敏材料,获得 1.4 Ω 的低电阻和 3.2 个数量级的高升阻比。2007 年研究人员采用流延法制备出叠层片式 TiO_3 基半导瓷,样品的长宽尺寸为 3.2 mm×2.5 mm,它的介质层为 35 层,每层生坯的厚度为 28 μm,相互交错地印刷 Ni 电极,当 x 为 0.003 5 时样品经还原烧结和再氧化热处理,它的升阻比约为 3 个数量级,室温电阻为 0.05 Ω。Kawamoto 等研究了物质的量比 $r(Ba/Ti)$ 对 PTC 热敏陶瓷电性能的影响,结果表明:样品的 $r(Ba/Ti)$ 应控制在 0.99 ~ 1.01 范围内,并制备出室温电阻低于 0.2 Ω,升阻比为 3 个数量级以上的样品。为了降低样品的烧结温度和再氧化温度,硼原子(B)

的掺入量需控制在 $0.001 \leqslant B/\beta \leqslant 0.50$ 且 $0.5 \leqslant B/(\alpha-\beta) \leqslant 10.0$ 范围内,其中 B 和 α、β 分别指硼原子数和 Ba、Ti 位上总的原子数。还可以通过减少介质层的厚度来降低样品的室温电阻,而样品介质层的厚度需满足:$5~\mu m \leqslant X \leqslant 18~\mu m$ 且 $4 \leqslant X/Y \leqslant 10$,其中 Y 是指施主掺杂剂与 Ti 的物质的量比再乘以 100。结果表明,当厚度($X=15~\mu m$)一定时,样品的室温电阻随着 Y 值的增加而呈现先减少后增大的变化趋势;当 $X \cdot Y = 6$ 时,它的室温电阻随着 Y 的增大而减小,而且样品的实际室温电阻都高于理论计算值,这就表明介质厚度以及 Ni 内电极的扩散与氧化对电阻都有一定的影响,此外在介质层中掺入低于摩尔分数 0.2% 的 NiO,可以增大样品的耐压值,而掺入 NiO 的量超过摩尔分数 0.2% 时,样品的室温电阻就会突然增大。另外,在烧结后,样品的平均晶粒尺寸和相对密度一般分别控制在 $0.7 \sim 1.5~\mu m$ 和 $85\% \sim 90\%$ 范围内,便于再氧化处理,获得较大的 PTC 效应。而 Kawamoto 等指出 $BaTiO_3$ 半导瓷的平均晶粒尺寸应控制在 $0.9~\mu m$ 以下,才利于获得低电阻和高升阻比的样品。目前,村田制作所已经可以生产出尺寸为"0603"的叠层片式 PTC 热敏陶瓷器件,品名为"PRG18BC1ROMM1RB",在 25 ℃ 时它的电阻、跳闸电流和不动作电流分别为 1 Ω、740 mA 和 330 mA,最大电流和最大电压分别为 7 500 mA 和 6 V;尺寸为"0805"的叠层片式 PTC 陶瓷器件,品名为"PRG2IBCOR2 mm1RA",在 25 ℃ 时它的电阻、跳闸电流和不动作电流分别为 0.2 Ω、1 620 mA 和 750 mA,最大电流和最大电压分别为 10 000 mA 和 6 V。

综上所述,国内尽管有很多的科研机构对施主掺杂 $BaTiO_3$ 基叠层片式 PTC 热敏陶瓷元件进行了一些研究,但至今尚未实现产业化。

二、叠层片式 PTC 热敏陶瓷基体的研究

经典的 PTC 热敏陶瓷材料基体配方一般需要满足化学计量比(Ba 位与 Ti 位原子的物质的量比(m)为 1),需要加入适量的烧结助剂(如 SiO_2、BN 等)来降低样品的烧结温度,还需要加入少量的 $Mn(NO_3)_2$ 来提高样品的升阻比,但叠层片式 PTC 热敏陶瓷材料基体配方在上述三个方面存在着一定的差异。

(一)化学计量比的研究

经典 PTC 热敏陶瓷材料一般在空气中烧结而成,在其基体配方中 m 一般为 1,即满足化学计量比。为了保护叠层片式 PTC 热敏陶瓷的 Ni 内电极,该器件需要在还原气氛中烧结,其配方一般采用非化学计量比法来进行设计,一般 Ba 位过量样品具有较好的 PTC 特性。因而研究 m 值对样品的电性能以及 PTC 特性的影响是十分必要的。研究人员指出 m 为 $1.005 \sim 1.01$ 时样品的 PTC 效应较好,尤其是 m 为 1.002 时样品的 PTC 效应最佳。因为与 Ti 位过量样品相比,Ba 位过量样品的晶界电阻更易于再氧化热处理,从而样品的晶界电阻值就比较高。另外,他还制备出 m 为 1.02 的 Ba 位过量样品,并获得了升阻比为 6 个数量级的 PTC 效应。周东祥和程绪信等研究发现 m 为 1.022 时样品的 PTC 效应较好,其室温电阻率和升阻比分别为 157.4 Ω·cm 和 3.2 个数量级。程绪信等研究结果表明,m 为 1.005 时样品的 PTC 效应也比较好,它的室温电阻和升阻比分别为 0.3 Ω 和 3.2 个数量级。

(二)施主掺杂剂的研究

对于施主掺杂 $BaTiO_3$(ABO:钙钛矿结构)基 PTC 热敏陶瓷材料来说,施主掺杂剂主要有四种情况:一是 A 位施主掺杂剂,如:Sm_2O_3、Y_2O_3、La_2O_3 和 Sb_2O_3 等,它们可以替代 Ba

位(A位),主要起施主作用;二是B位施主掺杂剂,如:Nb_2O_5、Ta_2O_5和Nd_2O_5等,它们可以替代Ti位(B位),主要起施主作用;三是双施主掺杂剂,在$BaTiO_3$基体中掺入两种稀土掺杂剂分别替代基体中A位和B位,起半导化作用;四是同一种掺杂剂具有双重作用,即它既具有施主作用,又具有受主作用。在经典PTC热敏陶瓷材料中,人们已经对上述四种掺杂的样品研究得非常透彻,但这些研究主要局限于在空气中烧结后样品的PTC特性。目前,叠层片式PTC热敏陶瓷器件需要在还原气氛中烧结,随着施主掺杂浓度的升高,样品的缺陷补偿机制不仅由电子补偿机制转变为阳离子空位补偿机制,而且同时还需考虑氧空位的补偿。因为在还原气氛中烧结后,样品中存在大量的氧空位和自由电子,它们是成对出现的,结果导致"U"形半导化曲线整体向高施主掺杂方向移动。

(三)烧结助剂和Mn^{2+}的掺入

为了降低样品的烧结温度,通常需要加入一些烧结助剂,常用的烧结助剂有SiO_2、BN等,它们在高温下容易形成玻璃相,其中SiO_2作为玻璃相的样品烧结温度一般要高于1 250 ℃,而叠层片式PTC热敏陶瓷材料的烧结温度一般为1 200～1 250 ℃,所以在叠层片式PTC热敏陶瓷材料中加入SiO_2的作用难以显现出来。总之,在叠层片式PTC热敏陶瓷材料中应尽量不加或者加入极少量的SiO_2。另一方面,在样品中加入适量的BN来降低样品的成瓷温度。此外,在样品中掺入少量的Mn^{2+},其结果表明,它不仅没有大幅度地提高样品的升阻比,反而提高了样品的室温电阻,所以人们在样品中尽量不加$Mn(NO_3)_2$。

三、叠层片式PTC热敏陶瓷的发展方向

随着微电子技术和SMT技术的快速发展,片式PTC热敏陶瓷器件向着绿色化、低成本化方向发展。首先,叠层片式PTC热敏陶瓷器件主要应用于低压集成电路中,起过载保护的功能,其中主要起过载电流保护作用,而集成电路中各种电子元器件的尺寸不能太大,做得越小越好,这就要求该类器件朝着片式化和小型化的方向发展,才能适应市场的需求。其次,由于IC电路中电压是比较低的,为了提高电流反应的灵敏度,要求该器件的室温电阻越低越好,而叠层片式PTC热敏陶瓷元件的室温电阻可以降得更低,这就推动该样品向着低阻化方向发展。再次,该器件的前驱体一般采用有机溶剂,而部分有机溶剂是属于有毒物质,会对环境造成一定的影响,因此,人们尝试利用水作为溶剂来制备前驱体,可以实现绿色化生产。当前环境保护的力度越来越大,实现电子元器件的绿色化生产是大势所趋。最后,为了降低叠层片式PTC热敏陶瓷的生产成本,内电极一般不能用Ni—Pt或Ni—Pd等含有贵金属的合金电极,因此开发高温抗氧化的贱金属电极(如:Ni电极)将成为发展趋势。

四、叠层片式PTC热敏陶瓷材料展望

采用流延共烧法来制备叠层片式$BaTiO_3$基PTC热敏陶瓷元件,可以获得较低的电阻,基本可以达到市场应用的要求,从上面可知,叠层片式样品的升阻比一般均在3个数量级左右,很少有超过4个数量级的样品,这就表明升阻比和电性能还有待进一步提高。因此,本节提出了一些后期实验改进方法。具体内容如下:① 草酸氧钛钡可以用来制备多孔PTC热敏陶瓷,而多孔PTC热敏陶瓷可以显著地提高升阻比,这种PTC热敏陶瓷具有很高的升阻比;② 还需要深入地研究单层的厚度与Ni电极之间的相互扩散的关系,通过实验来获得最佳的单层厚度;③ 为了进一步降低样品的烧结温度和提高样品的致密度,可以试着在样品

中加入适量的 BN。尽管掺入 BN 陶瓷样品的晶粒呈方形,但它可以明显地降低陶瓷样品的烧结温度。

第二节　工艺条件对热敏陶瓷喷雾造粒的影响

　　喷雾造粒是用喷雾法把微粒悬浮液溶液乳浊液或含水分的浆状物料送入热干燥媒介质中经过一次工序获得干燥粉粒的工艺:在生产陶瓷粉料时,供料通常是水基悬浮乳液即浆料,干燥介质是热空气。浆料用泵送到位于干燥室的喷嘴并由此雾化成大量液滴,表面张力的影响液滴迅速成为球形液滴的表面积－体积比很大,可以使水分快速蒸发,形成干燥粉料喷雾造粒是连续批量制备陶瓷粉体的有效方法,操作控制适当,可以生产特性均匀、流动性好、残余水分可控的粒状粉料,在规模化的生产中得到越来越广泛的应用。

　　本节结合喷雾浆料,造粒颗粒的相关工艺控制,采用压力喷雾造粒的方式对 $BaTiO_3$ 系 PTCR 热敏陶瓷粉体进行喷雾造粒处理,研究了喷雾造粒过程中浆料组成和雾化条件等因素对 $BaTiO_3$ 系 PTCR 敏陶瓷粉体性能的影响。

一、实验

　　实验中 $BaTiO_3$ 浆料采用程控交换机过流保护用 PTC 热敏电阻的配方组合,先将水、聚丙烯酸分散剂、聚乙烯醇(PVA)黏结剂、正辛醇消泡剂与预烧后的配方原料置于搅拌机中共混磨制备喷雾浆料,然后在压力喷雾造粒机中造粒。粉体的松装密度按美国材料实验协会标准(ASTM)B212－82 规定的步骤测定:将喷雾造粒好的 PTCR 热敏电阻粉料经玻璃漏斗以约 20 g/min 的速度装入 250 mL 量杯中,不允许量杯有任何抖动,读出粉体在量杯中的体积,用该体积除装入量杯中的粉体质量即得出松装密度,根据实际生产中 PTCR 热敏陶瓷粉体粒径的实际情况,先用筛分法测定 601 m 以上粒径粉体颗粒的粒度分布,对 601 m 以下颗粒粒度分布用光学显微镜测定,浆料黏度用 NDJ－79 型旋转式黏度计测定残余水分含量和有机物含量用热处理方法测定。

二、结果和讨论

　　刘上述喷雾造粒工艺中所得 $BaTiO_3$ 系 PTCR 热敏陶瓷粉体测定了粒度分布、松装密度及休止角等常用来表征粉体性能的几个参数,这些参数都与喷雾造粒过程中各工艺参数和料浆的组成有关。

(一)黏合剂的影响

　　为了稳定在喷雾造粒过程中机械雾化的雾滴和造粒产生的球状颗粒,并且使颗粒具有一定强度以便于生坯成型,在 $BaTiO_3$ 陶瓷浆料中要加入黏结剂,黏结剂种类和用量根据热排除性成型性能和环境湿度等因素来决定。在实验中选择从日本进口的聚乙烯醇,结果表明,喷雾造粒浆料黏结剂含量较多时,会增加浆料的黏度系数,雾化角变小,雾滴经干燥造粒后易互相团聚在一起,得到的粉体粒度分布范围流动性差,松装密度下降,从而降低了粉体的均匀性和致密化程度,此外,黏结剂含量太高时,导致浆料黏度增加,对喷雾造粒机的压力喷嘴的部件易磨损,同时还会有粉体黏壁现象。

（二）固体物含量的影响

浆料中固体物含量是喷雾造粒过程中的一个非常重要的浆料参数,有时浆料的固体物含量的小的变化就可能造成粉体特性的显著变化,在 PTCR 陶瓷粉体成型时,总希望其松装密度大、流动性好。而影响喷雾造粒粉体松装密度很多,实验发现:浆料固体物含量的高低直接影响到粉体的松装密度,提高浆料的固体物含量利于提高粉体的松装密度,事实上,喷雾造粒的粉体颗粒有一部分为空心球状,内部包含有气孔,即使表面上看到的实心球体,也是由包含微气孔的多孔体所组成,当使用高固体物含量的浆料,能形成较多的实心球体,同时即使是空心颗粒,其壳壁也会变厚,但因含量太高,就会造成黏度增加影响浆料的流变性,因此,认为选择固体物含量为 60% ~ 65%(质量比)的浆料较合适。

（三）浆料黏度的影响

浆料黏度是决定雾化时形成雾滴尺寸的重要参数,其结果将直接影响陶瓷粉体的性能,浆料黏度增大,使得浆料中 $BaTiO_3$ 颗粒之间相互作用增强,部分颗粒紧密团聚,雾化角变小,雾滴增大,水分蒸发量小,干燥将不完全这样浆料经喷雾造粒干燥后,导致 $BaTiO_3$ 陶瓷粉体内部的固有团聚程度相对增大,强度大小分布不均匀,粉体含水量增大成型后的生坯强度减小。为了提高浆料的固体物含量,减小浆料黏度,采取加入分散剂的做法,改善浆料的流动性和分散性,分散剂可以降低浆料的黏度,改善浆料的性能。

（四）雾化压力的影响

浆料雾化过程中将液态物料制成由雾滴组成的具有很高比表面积的料雾,料雾与热空气接触将水分蒸发而获得干燥产品,使浆料雾化有 3 种不同的方式,利用高压液泵将 $BaTiO_3$ 浆料液体压过喷嘴分散成雾滴。浆料喷出后形成的料雾呈中空圆锥状 —— 喷嘴中心周围形成的对称体在浆料离开喷嘴处有一明显而固定的雾化角,雾化角随压力的增高而减小,是影响粉体残余水分含量的一个重要因素。在雾化压力较低时,空心锥形料雾化角较大、雾化的雾滴较大,水分来不及蒸发,粉体颗粒粒径虽大,但含水率高,导致流动性差;但当压力过高时,空心锥形料雾化角变小,雾滴喷射扬程高,水分蒸发较多,粉体颗粒细小,甚至变成干细粉末。

（五）喷嘴大小的影响

喷嘴是使浆料在压力作用下雾化形成雾滴的雾化器,喷嘴选择合适,可以增大液体与热空气的接触面积,在表面张力作用下收缩干燥形成理想的球状颗粒,喷嘴直径越小,浆料喷雾雾化角越小,雾滴也越小,喷射高度增加,制得的粉体粒径小、流动性差。当喷嘴直径较大时,雾滴也大,得到的粉体呈球状颗粒填充性好,松装密度大,而当喷嘴直径过大时,浆料质量流量大,很难得到合乎要求的粉体。根据研究结果,选用直径为 0.6 ~ 0.8 mm 的喷嘴与适当厚度(1.5 ~ 1.7 mm)的涡旋片组合可生产出组配合理、流动性好、成型强度高的粉体。

（六）影响粉体水分含量的因素

粉体残余水分含量直接影响生坯的干压成型,一般陶瓷工艺中对粉体的水分含量都有明确的要求。根据研究,提高浆料的固体物含量,由于蒸发负荷的减小,可以使产品的水分含量降低,同时进口温度也可以减少产品中的水分含量。事实上,在喷雾造粒中由于存在会膨胀的液滴,当进口温度提高到一定程度时,蒸发变得非常快,最终会导致液滴因过度膨胀而破碎,或者崩解分散,最后生成不希望得到的粉末状物质。

三、结论

(1)PTCR 热敏陶瓷喷雾造粒粉体是一种由固有团聚体组成的人造团聚体,对于水—黏结剂—分散剂—$BaTiO_3$ 浆料体系,其喷雾造粒粉体的性能主要取决于浆料中黏结剂的加入量、固体物含量的高低及黏度的大小,黏结剂、固体物含量增加,浆料黏度增大。为了满足后续工艺条件,可以采取加入分散剂来降低浆料的黏度在浆料中加入一定量的消泡剂,利于形成实心粉体颗粒。

(2)控制雾化压力,喷嘴直径是保证制备高性能粉体极为重要的因素。实验表明,控制雾化压力为 $1.3 \sim 1.5$ MPa,喷嘴直径为 $0.6 \sim 0.8$ mm,并配合 $1.5 \sim 1.7$ mm 厚的涡旋片可以得到供坯体成型的优质 $BaTiO_3$ 陶瓷粉体。

(3)研究结果表明,PTCR 热敏陶瓷粉体喷雾造粒的最佳黏结剂加入量为 0.5%(质量分数),固体物含量为 $60\% \sim 65\%$(质量分数),黏度为 18 mPa·s,分散剂浓度为 0.5%。

参 考 文 献

[1] 王忠兵,吴蕾,韩效钊,等. NTC 热敏陶瓷 $Ni_{0.66}Mn_{2.34}-xCo_xO_4$ 的电性能研究[J]. 电子元件与材料,2009,28(7):17-19.

[2] 袁昌来,刘心宇,马家峰,等. $Bi_{0.5}Ba_{0.5}Fe_{0.5}Ti_{0.49}Nb_{0.01}O_3$ 热敏陶瓷的微结构和电学性能研究[J]. 物理学报,2010,59(6):4253-4260.

[3] 杨涛. 高温 NTC 热敏陶瓷材料的研究[D].成都:电子科技大学,2013.

[4] 段媛媛. 尖晶石型 NTC 热敏陶瓷材料性能研究[D].西安:西安电子科技大学,2014.

[5] 彭昌文,张惠敏,常爱民,等. 热敏陶瓷材料 $Mn_{2.25-x}Ni_{0.75}Co_xO_4$ 微结构与电学性能研究[J]. 无机材料学报,2011,26(10):1037-1042.

[6] 张奇男,姚金城,陈龙,等. 流变相法制备 $NiMn_2O_4$ 热敏陶瓷材料及电学性能研究[J]. 功能材料,2016,47(8):8248-8252.

[7] 汶建彤. 掺杂对 $Mn-Co-Ni-O$ 及 $Mn-Ni-Cu-O$ 系 NTC 热敏陶瓷电性能的影响研究[D].合肥:合肥工业大学,2013.

[8] 赵丽君. $(LaMn_{1-x}Al_xO_3)_{1-y}(Al_2O_3)_y(0 \leqslant x \leqslant 0.4,0.05 \leqslant y \leqslant 0.2)$NTC 热敏陶瓷材料制备及电性能研究[D].北京:中国科学院大学,2013.

[9] 张朝华. 基于纳米粉体制备微纳晶钛酸钡热敏陶瓷材料研究[D].武汉:华中科技大学,2016.

[10] 詹丽君,濮义达,左真国,等. Ca 量对高温 PTC 热敏陶瓷的热膨胀性能的研究[J]. 山东陶瓷,2014(6):3-5.

[11] 杨静芬,焦永峰,濮义达. 氮化硼改善 $BaTiO_3$ 基高温热敏陶瓷耐压特性的研究[J]. 江苏陶瓷,2010,43(2):7-9.

[12] 关芳. 复合 NTC 热敏陶瓷材料 $(LaMMn)_2O_3-NiMn_2O_4$(M:Ca,Ti)制备与电性能研究[D].北京:中国科学院研究生院,2012.

[13] 谷岩. $SrFe_xSn_{1-x}O_{3-\delta}$ 基热敏陶瓷的制备与电性能的研究[D].桂林:桂林电子科技大学,2010.

[14] 王守明. 钙钛矿结构负温度系数热敏陶瓷的电性能研究[D].合肥:中国科学技术大学,2008.

[15] 杨斌,刘敬肖,史非,等. Y^{3+} 掺杂量对 $BaTiO_3$ 基热敏陶瓷性能的影响[J]. 大连工业大学学报,2017,36(4):283-286.

[16] 褚君浩,张玉龙. 半导体材料技术[M].杭州:浙江科学技术出版社,2010.

[17] 施美圆,汪健,李一宇,等. $Li-Co-Ti-P-O$ 助烧剂对 $BaTi_{0.8}Co_{0.2}O_{3-\delta}$ 基 NTC 热敏陶瓷烧结性和阻温特性的影响[J]. 粉末冶金材料科学与工程,2011,16(4):511-516.

[18] 范积伟,陈林,张小立,等. 柠檬酸凝胶法制备 $Mn-Ni-Fe$ 基负温度系数热敏陶瓷[J]. 硅酸盐学报,2010(8):1430-1433.

[19] 张奇男. (Co)−Mn−Ni−O系热敏陶瓷材料流变相法的制备及性能研究[D]. 昌吉：昌吉学院，2016.

[20] 黄振兴. 钛酸钡基NTC热敏陶瓷电阻的制备与研究[D]. 成都：成都理工大学，2011.

[21] 曹恒淇. SnO_2基陶瓷半导体热电材料的研究及制备[D]. 长沙：长沙理工大学，2009.

[22] 李卫波. 飞秒激光抛光碳化硅陶瓷材料的工艺过程研究[D]. 哈尔滨：哈尔滨工业大学，2011.

[23] 冯德圣. 钒酸铋基半导体功能材料的制备与性能研究[D]. 淮南：安徽理工大学，2015.

[24] 李海龙. 镍锰基NTC热敏陶瓷和铁基钙钛矿材料的结构设计与导电机理研究[D]. 乌鲁木齐：新疆大学，2016.

[25] 朱佩，黄延民，沓世我，等. 钌掺杂尖晶石型热敏陶瓷的制备与电性能表征[J]. 电子科学技术(北京)，2015，2(4)：386-389.

[26] 刘心宇，张奎，骆颖. $Sr_2Bi_2O_5$高掺杂$BaTiO_3$负温度系数热敏陶瓷的相组成与热稳定性能[J]. 桂林理工大学学报，2008，28(1)：68-73.

[27] 岑嘉宝. 钛酸钡基PTC陶瓷溅射金属化的研究[D]. 杭州：浙江大学，2012.

[28] 方志远，沈春英，丘泰. MgO对$(Ba,Pb)TiO_3$系PTC热敏材料性能的影响[J]. 化工新型材料，2011，39(7)：98-99，113.

[29] 章践立，张嗣春，夏海平. $Zr_xNiMn_{1.8-x}Fe_{0.2}O_4$系热敏电阻的溶胶−凝胶法制备及热敏特性研究[J]. 宁波大学学报(理工版)，2008，21(2)：246-250.

[30] 陈小龙. PTC陶瓷用欧姆接触Al电极浆料的研究[D]. 西安：陕西科技大学，2011.

[31] 李健华. Mn^{2+}掺杂$12CaO \cdot 7Al_2O_3$粉体光学性质与陶瓷电学性质的研究[D]. 长春：东北师范大学，2013.

[32] 梅松柏. 稀土氧化物CeO_2、La_2O_3掺杂SnO_2基陶瓷的性能研究[D]. 上海：东华大学，2009.

[33] 周礼礼. 微纳结构半导体材料的制备研究[D]. 天津：天津大学，2008.

[34] 沙沙. 具有电容−压敏复合功能特性的掺杂SrTiO陶瓷的研究[D]. 南宁：广西大学，2010.

[35] 骆春媛，刘敬肖，史非，等. Y、La及Nb掺杂的$BaTiO_3$半导体陶瓷的研究[J]. 中国陶瓷，2013(7)：28-30.

[36] 王琪琳. 二氧化锡半导体陶瓷的掺杂改性研究[D]. 镇江：江苏大学，2016.

[37] 赵礼刚. 金刚石线锯切割半导体陶瓷的机理与工艺研究[D]. 南京：南京航空航天大学，2010.

[38] 金雪琴. 钛酸钡陶瓷材料的光谱研究[D]. 上海：上海师范大学，2008.

[39] 啜艳明. 液相掺杂$BaTiO_3$基PTC陶瓷材料的制备、表征及电性能研究[D]. 保定：河北大学，2011.

[40] 袁昌来. 高性能负温度系数热敏陶瓷和厚膜制备及基于阻抗谱的电学性能研究[D]. 长沙：中南大学，2012.

[41] 马成建，刘云飞，吕忆农，等. Bi_2O_3掺杂对Ni−Mn−O基NTC热敏陶瓷显微结构及电性能的影响[J]. 南京工业大学学报(自科版)，2014，36(6)：1-6.

[42] 钟朝位，游文南，张树人. Sol−Gel法制备全组分高温PTC陶瓷材料[J]. 电子元件与材料，1997，16(6)：31-33.

[43] 徐慢,袁启华,张亮明. 液相原料制备 PTC 粉体及其性能研究[J]. 中国陶瓷,1998,34(1):3-5.

[44] 王玲玲,李剑,宋黎英,等. PTC陶瓷与纯Pd电极的共烧[J].压电与声光,1995,17(6):37-39.

[45] 贾素兰,陈朝阳,范艳伟,等. ZnO—CuO掺杂对 Mn—Co—O系 NTC热敏电阻微观结构与电性能的影响[J].电子元件与材料,2011(2):11-14.